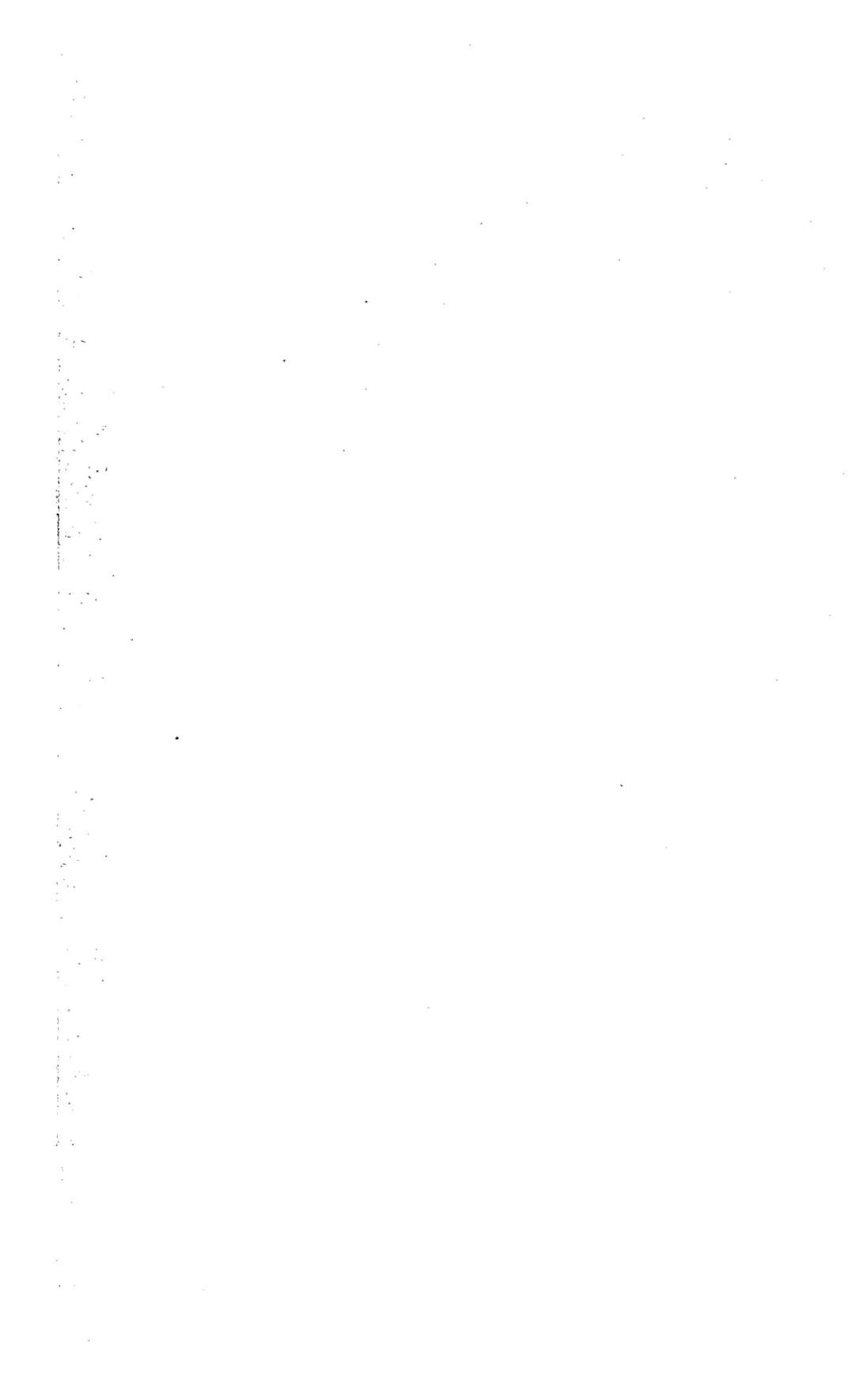

TRAITÉ

D'ALGÈBRE

OUVRAGES DU MÊME AUTEUR :

Traité d'Arithmétique, 4e édition, contenant les matières exigées par les derniers programmes officiels. 1 volume in-8 Prix, broché. . . . . 4 fr.

Traité d'Algèbre, à l'usage des classes de mathématiques spéciales. 1 volume in-8. Prix, broché . . . . . . 5 »

Rapport sur les progrès les plus récents de l'analyse mathématique. . . . . 2 »

Typographie Lahure, rue de Fleurus, 9, à Paris.

TRAITÉ
D'ALGÈBRE

PAR

JOSEPH BERTRAND

Membre de l'Institut (Académie des sciences)
Professeur à l'École polytechnique et au Collége de France

PREMIÈRE PARTIE

à l'usage des classes de mathématiques élémentaires

NEUVIÈME ÉDITION

REVUE ET MISE EN HARMONIE AVEC LES DERNIERS PROGRAMMES OFFICIELS

PAR JOSEPH BERTRAND

ET

PAR HENRI GARCET

Ancien élève de l'École normale
Ancien professeur de mathématiques au lycée Henri IV

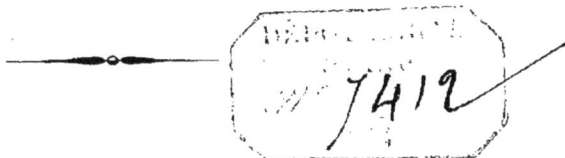

PARIS

LIBRAIRIE HACHETTE ET Cie

79, BOULEVARD SAINT-GERMAIN, 79

1874

AVERTISSEMENT.

Le *Traité d'Algèbre* (première partie) dont nous publions aujourd'hui la septième édition, n'a subi aucune modification. Le texte en a été revu avec soin : quelques améliorations de détail y ont été introduites.

Nous avions cru devoir, dans les éditions précédentes, faire droit aux observations de quelques personnes, qui trouvaient trop considérables les dimensions du premier volume. Nous avions donc supprimé les résumés qui terminaient chaque chapitre. Nous avions diminué le nombre des exercices, en mettant de côté ceux qui étaient les plus difficiles, et qui paraissaient au-dessus de la portée des commençants. Enfin le chapitre sur *les expressions qui se présentent sous une forme indéterminée* avait été rayé : nous avions pensé qu'il valait mieux ne s'occuper de ces sortes de questions qu'après avoir étudié les propriétés des dérivées. Nous avions pu, de cette manière, sans sacrifier rien d'essentiel, ramener notre premier volume dans les limites ordinaires. Nous avons maintenu, pour la présente édition, toutes ces modifications.

H. GARCET.

Septembre 1870

AVERTISSEMENT

PLACÉ EN TÊTE DE LA TROISIÈME ÉDITION.

M. J. BERTRAND nous a confié le soin de réimprimer son *Algèbre*. En acceptant cette mission, nous lui avons soumis le plan de quelques modifications qu'il a admises, et dont nous allons rendre compte.

L'ouvrage se compose de deux volumes. Le premier comprend les éléments proprement dits, c'est-à-dire, le calcul algébrique, la résolution des équations du premier et du second degré, les progressions, les logarithmes et leurs applications les plus simples. Le second comprend les séries, la formule du binôme, les compléments de la théorie des logarithmes, les fonctions dérivées et la théorie générale des équations.

Les éléments d'Algèbre doivent être, à notre avis, enseignés avec les plus grands détails. La matière est si abstraite en elle-même ; les généralisations, que l'on rencontre tout d'abord, sont si importantes pour le succès des études ultérieures ; les discussions, à l'aide desquelles on envisage une question sous toutes ses faces, sont si délicates, qu'on ne doit négliger aucun développement, pour initier les élèves aux méthodes et aux procédés de l'*Arithmétique universelle*. Or, lorsqu'on ne consacre qu'un volume à l'exposé de toutes les théories de l'Algèbre, il est bien difficile de ne pas sacrifier la première partie à la seconde, si l'on ne veut pas donner au volume des dimensions trop considérables. Il nous a donc paru convenable et utile de partager l'ouvrage en deux volumes.

D'un autre côté, la division que nous avons adoptée correspond exactement aux divisions mêmes de l'enseignement dans les lycées. Le premier volume renferme le développement du programme de mathématiques pures et appliquées, il comprend toutes les connaissances exigées pour l'examen du baccalauréat ès sciences, et pour les épreuves d'admission à l'École Militaire, à l'École Navale, à l'École Forestière et à l'École Centrale des Arts et Manufactures. Il s'adresse, par conséquent, à la grande majorité des élèves qui suivent les cours de sciences, dans les établissements d'instruction secondaire. Le second volume contient les matières dont la connaissance n'est exigée que des candidats à l'Ecole Polytechnique, à l'École Normale supérieure et à la licence ès sciences mathématiques. Il est destiné aux élèves de mathématiques spéciales. A cet autre point de vue, la division en deux volumes nous a paru indispensable.

Nous n'avons pas besoin de dire qu'en nous chargeant de cette troisième édition, nous avons scrupuleusement respecté les doctrines qui distinguent ce livre des autres ouvrages écrits sur le même sujet. Depuis longtemps déjà, nous aimons et nous cherchons à propager les idées de l'auteur. Nous n'avons donc rien changé à l'esprit du livre ; et notre rôle s'est borné à développer quelques théories qui s'y trouvaient, peut-être, trop succinctement exposées, et que nous avons présentées avec plus de détails. Lorsqu'on hésite entre deux formes, l'expérience de l'enseignement conduit presque toujours, en effet, à préférer celle qui présume le moins de la pénétration des auditeurs. Nous avons, sous ce rapport, traité nos lecteurs comme nos jeunes élèves. Ils nous le pardonneront, si, comme eux, ils arrivent par là, avec moins d'efforts, à comprendre et à savoir aussi bien.

Les nombreux *exercices*, proposés à la fin de chaque chapitre, ont été augmentés, et classés de manière à graduer, autant que possible, les difficultés. Nous avons cru devoir indiquer, par un mot, la solution de chacun d'eux ; nous avons même donné très-brièvement la marche à suivre, lorsque cette solution nous a paru trop difficile à découvrir. Nous avons voulu, par là, aider l'élève dans ses recherches, tout en laissant un aliment suffisant à son travail.

Ces exercices multipliés et leurs solutions nous ont forcé de donner au premier volume, qui paraît aujourd'hui, des dimensions assez considérables; mais nous espérons que le lecteur n'aura pas à se plaindre d'une extension qui tourne au profit de ses études.

H. GARCET.

Novembre 1862.

TRAITÉ

D'ALGÈBRE.

PREMIÈRE PARTIE.

NOTIONS PRÉLIMINAIRES.

1. DÉFINITION DE L'ALGÈBRE. — *L'algèbre* a pour objet *d'abréger*, de *simplifier* et surtout de *généraliser* la résolution des questions que l'on peut se proposer sur les nombres.

Pour atteindre ce but, l'algèbre emploie les *lettres* et les *signes*.

2. EMPLOI DES LETTRES. — Les lettres représentent les nombres. Au lieu de raisonner et d'opérer, comme en arithmétique, sur des nombres particuliers désignés d'avance, on raisonne et on opère, en algèbre, sur des lettres a, b, c,... x, y.... Par suite, les démonstrations que l'on donne et les règles auxquelles on arrive, s'appliquant à tous les nombres indistinctement, sont générales.

3. SIGNES ALGÉBRIQUES. — Les nombres devant rester indéterminés, on ne peut pas effectuer les opérations, et il faut se borner à les indiquer à l'aide de certains signes abréviatifs.

Les signes usités en algèbre sont les suivants :

$+$ est le signe de l'addition ; il se prononce *plus :* $7 + 5$ indique la somme des deux nombres 7 et 5.

$-$ est le signe de la soustraction ; il se prononce *moins :* $7 - 5$ indique la différence entre les deux nombres 7 et 5.

$\times$ est le signe de la multiplication; il se prononce *multiplié par;* 4×5 indique le produit des deux nombres 4 et 5. On indique aussi la multiplication par un point; ainsi l'on écrit 4.5. On supprime souvent ces signes, lorsque les nombres sont représentés par des lettres; et l'on se borne à indiquer la multiplication, en écrivant les facteurs l'un après l'autre, *ab* au lieu de $a \times b$, ou de *a.b*. Cette simplification ne peut être adoptée pour les facteurs numériques; car elle conduirait, par exemple, à représenter de la même manière le nombre 54 et le produit 5×4.

: signifie *divisé par;* 5 : 7 indique le quotient de la division du nombre 5 par le nombre 7. On indique aussi les divisions en écrivant le diviseur au-dessous du dividende, et en séparant les deux termes par une barre horizontale; $\frac{5}{7}$ indique le quotient de la division de 5 par 7.

Lorsque les divers facteurs d'un produit sont égaux entre eux, on se borne à écrire l'un deux, en plaçant à droite et *au-dessus* de lui l'indication du nombre des facteurs égaux que l'on doit multiplier; ainsi a^2 représente $a \times a$, ou le carré de a; a^3 représente $a \times a \times a$, ou le cube de a; a^m représente le produit de m facteurs égaux à a, ou la puissance m^{me} de a. Le nombre des facteurs égaux reçoit le nom d'*exposant*.

$\sqrt{\ }$ indique la racine carrée; $\sqrt{7}$ indique la racine carrée du nombre 7. On indique les racines cubique, quatrième.... de a, par $\sqrt[3]{a}$, $\sqrt[4]{a}$... En désignant par m un nombre entier quelconque, $\sqrt[m]{a}$ indique la racine m^{me} de a, c'est-à-dire le nombre qui multiplié $(m-1)$ fois par lui-même, reproduit a.

$=$ exprime l'égalité des expressions placées à droite et à gauche de ce signe; $a = b$ exprime l'égalité des deux nombres représentés par a et b.

$>$ s'énonce *plus grand que;* $a > b$ exprime que le nombre désigné par a est plus grand que le nombre désigné par b.

$<$ s'énonce *plus petit que;* $a < b$ exprime que le nombre désigné par a est plus petit que le nombre désigné par b.

Lorsqu'on place une expression entre deux parenthèses, il faut regarder comme effectuées les opérations qui y sont indiquées, et la parenthèse comme exprimant le nombre qui en résulte. Ainsi l'expression $19 - (4 + 2 - 1)$ indique l'excès de 19 sur le nombre $(4+2-1)$, c'est-à-dire sur 5. De même l'expression $(a+b)(c-d)$ indique le produit de la somme des nombres représentés par a et b et de la différence des nombres représentés par c et d.

Lorsque, dans une question, certaines quantités ont été représentées par des lettres, on représente souvent des quantités analogues par les mêmes lettres, en leur donnant un ou plusieurs *accents*, ou en les affectant de certains *indices* numériques.

Ainsi on écrit $\qquad a, a', a'', a''', \ldots$

et l'on énonce *a, a prime, a seconde, a tierce....*;

ou bien l'on écrit $\qquad a, a_1, a_2, a_3, \ldots$

et l'on énonce, *a, a indice 1, a indice 2, a indice 3....*

Montrons maintenant, par quelques exemples, comment l'emploi des lettres et des signes abrège et généralise les solutions.

4. EMPLOI DES SIGNES COMME MOYEN D'ABRÉVIATION. — *On propose de partager* 540^f *entre trois personnes, de telle sorte que la part de la première surpasse la part de la seconde de* 48^f, *et que la part de la seconde surpasse la part de la troisième de* 75^f.

Le problème serait résolu, si l'on connaissait la troisième part. Or la seconde vaut la troisième augmentée de 75^f.

La première, valant la seconde augmentée de 48^f, vaut, par suite, la troisième augmentée de 75^f et de 48^f, c'est-à-dire de 123^f.

Les trois parts valent donc, en somme, trois fois la troisième, plus 75^f et 123^f, c'est-à-dire plus 198^f.

Comme la somme à partager est 540^f, en retranchant 198^f de 540^f, ce qui donne 342^f, on obtient trois fois la troisième part.

La troisième part est donc le tiers de 342^f, ou 114^f.

Par suite, la seconde, qui vaut 75^f de plus, est égale à 189^f.

Et la première, qui vaut 48^f de plus que la seconde, est égale à 237^f.

Comme vérification, on remarque que la somme des trois nombres 237, 189 et 114 est bien égale à 540.

Employons maintenant les signes, et représentons par une

lettre x la part de la troisième personne : nous formerons le tableau suivant :

Part de la troisième personne................... x

Part de la seconde........................... $x + 75$

Part de la première............ $x + 75 + 48$, ou $x + 123$

Somme des trois parts.. $x + x + 75 + x + 123$, ou $3x + 198$

On a donc................. $3x + 198 = 540.$

Si de ces deux quantités égales on retranche 198, les restes sont égaux, et l'on a

$$3x = 540 - 198, \quad \text{ou } 3x = 342.$$

Par suite $$x = \frac{342}{3}, \quad \text{ou } x = 114.$$

On voit aisément comment l'emploi des signes et de la lettre x, pour représenter l'inconnue, abrége et facilite la solution du problème.

5. Emploi des lettres comme moyen de généralisation. — La méthode que nous venons de donner ne nous fournit qu'un résultat isolé. Rien, dans ce résultat, ne nous indique les opérations à faire pour déduire des données la solution demandée : et si nous voulions résoudre le même problème, en changeant ces données, il nous faudrait recommencer le raisonnement et le calcul pour obtenir la solution nouvelle. Mais si l'on représente les données par des lettres, les calculs ne peuvent plus s'effectuer; et le résultat obtenu fournit la marche à suivre pour résoudre numériquement tous les problèmes de même espèce.

Reprenons, en effet, le problème précédent; et désignons par n le nombre à partager, par d_1 l'excès de la première partie sur la seconde, et par d_2 l'excès de la seconde sur la troisième. En répétant sur ces lettres les raisonnements du n° 4, nous formerons le tableau suivant :

Troisième partie............. x

Seconde partie.............. $x + d_2$

Première partie.............. $x + d_2 + d_1$

Somme des trois parties......... $3x + 2d_2 + d_1.$

Puisque, d'après l'énoncé, n est le nombre à partager,

$$3x + 2d_2 + d_1 = n.$$

Soustrayant d_1 et $2d_2$ des deux membres,

$$3x = n - d_1 - 2d_2,$$

et divisant par 3,

$$x = \frac{n - d_1 - 2d_2}{3}. \qquad [1,$$

Ce résultat nous apprend que, *pour trouver la troisième part, il faut, du nombre à partager, soustraire successivement la première différence et deux fois la seconde, puis diviser le reste par* 3.

On a ainsi une *règle générale* pour résoudre tous les problèmes de cette espèce, c'est-à-dire tous ceux dont l'énoncé ne variera que par la valeur numérique du nombre à partager et par les différences successives de ses parties.

6. Formules algébriques. — Les expressions telles que [1] qui indiquent la série des opérations à effectuer pour résoudre une question, lorsque les nombres donnés sont représentés par des lettres, se nomment des *formules*.

On dit quelquefois que l'algèbre est la *science des formules.*

7. Utilité des formules. — L'avantage qu'il y a à renfermer ainsi, dans une formule générale, un nombre infini de cas particuliers, est une chose évidente en elle-même. Il n'est pas inutile cependant de le faire ressortir, dès à présent, par quelques exemples.

En premier lieu, l'énoncé des théorèmes généraux se trouve considérablement abrégé, et, par là, plus facile à retenir. Ainsi, au lieu de dire : *La somme de deux nombres est la même dans quelque ordre qu'on les ajoute ; le produit de deux facteurs ne change pas quand on les intervertit ; pour multiplier deux puissances d'un même nombre, il suffit d'ajouter les exposants ;* on écrira :

$$a + b = b + a, \quad ab = ba, \quad a^m \times a^n = a^{m+n};$$

et pour quiconque connaît la langue algébrique, les théorèmes sont tout aussi bien énoncés par ces formules que par les trois phrases écrites plus haut.

En second lieu, l'emploi des formules simplifie la démonstration des théorèmes. En voici un exemple :

Un mobile se meut d'un mouvement uniforme ; sa vitesse, c'est-à-

dire l'espace qu'il parcourt dans l'unité de temps, est v : *quel sera l'espace* x *parcouru dans un temps* t ?

D'après la définition du mouvement uniforme, les espaces parcourus sont proportionnels aux temps ; on a donc :

$$\frac{x}{v} = \frac{t}{1}.$$

D'où l'on conclut, en réduisant au même dénominateur,

$$x = vt ; \qquad\qquad [2]$$

c'est là la formule demandée.

On en déduit immédiatement les deux nouvelles formules ;

$$[3] \qquad v = \frac{x}{t}, \qquad\qquad t = \frac{x}{v}. \qquad [4]$$

La formule [2] rend évidents les théorèmes suivants :

Dans un mouvement uniforme, l'espace parcouru pendant un temps donné est proportionnel à la vitesse ; pour une vitesse donnée, il est proportionnel au temps ; et, en général, il est égal au produit du temps par la vitesse.

De la formule [3] on déduit les théorèmes suivants :

Dans un mouvement uniforme, la vitesse est proportionnelle à l'espace parcouru pendant un temps donné ; elle est en raison inverse du temps employé à parcourir un espace donné ; et, en général, elle est égale au rapport de l'espace parcouru au temps employé à le parcourir.

Enfin on conclut de la formule [4] :

Le temps employé à parcourir un espace donné est inversement proportionnel à la vitesse ; lorsque la vitesse est donnée, le temps est proportionnel à l'espace à parcourir ; et, en général, le temps est égal au rapport de l'espace parcouru à la vitesse du mobile.

Chacun de ces théorèmes exigerait une démonstration spéciale plus ou moins développée, si on les abordait directement * ; les formules [2], [3], [4], les rendent évidents pour tous ceux qui connaissent la valeur des locutions, grandeurs proportionnelles et inversement proportionnelles. (Voir l'*Arithmétique.*)

---

* Galilée, qui ne faisait pas usage de formules, y a consacré quatre pages. (*Giornata terza,* de *Motu æquabili.*)

Citons un autre exemple. On démontre en géométrie les théorèmes suivants :

1° Deux circonférences sont entre elles comme leurs rayons ; en d'autres termes, il existe, entre une circonférence C et son rayon R, un rapport constant 2π ; on a, par conséquent, la formule

$$C = 2\pi R. \qquad [5]$$

2° Deux cercles sont entre eux comme les carrés de leurs rayons.

3° Un cercle a pour mesure le produit de sa circonférence par la moitié de son rayon ; en d'autres termes, sa surface S est mesurée par le produit $C \times \dfrac{R}{2}$, et l'on a

$$S = C \times \frac{R}{2} = 2\pi R \times \frac{R}{2} = \pi R^2. \qquad [6]$$

Or cette dernière formule rend évident le second des théorèmes énoncés, « la surface d'un cercle est proportionnelle au carré de son rayon. » On pourrait donc se dispenser d'en faire un théorème distinct des deux autres ; et, surtout, on ne doit pas en donner une démonstration directe.

Si l'on se bornait à énoncer les théorèmes, sans en réduire les conséquences en formules, cette dépendance des propositions pourrait rester inaperçue.

8. CLASSIFICATION DES FORMULES. — On nomme *expression* ou *quantité algébrique*, un ensemble de lettres et de nombres réunis par quelques-uns des signes des opérations. Les expressions algébriques peuvent comprendre l'indication des six opérations : addition, soustraction, multiplication, division, élévation aux puissances, extraction des racines. Ainsi

$$\frac{13a^3b(2c+d)\sqrt{g}}{a-\sqrt{b}}$$

est une expression algébrique.

Une expression est *rationnelle*, quand aucune extraction de racine n'y est indiquée. Des deux expressions

$$\frac{7(x+3)(2a+b)}{5c}, \quad \sqrt[3]{a^2+b^2} - \sqrt{a+b+c} + k,$$

la première est rationnelle, et la seconde *irrationnelle*.

Une expression rationnelle, qui ne contient l'indication d'aucune division est dite *entière*. Des deux expressions

$$15\,(a+b)\,c^2, \qquad \frac{a^3-b}{a^2+b^2+c^2},$$

la première est entière et la seconde est *fractionnaire*.

Une expression, qui ne contient aucune indication d'addition ou de soustraction, se nomme *monome*. Par exemple, les expressions $13a^3b^4c$, $\frac{3}{4}\,x^2y$, sont des monomes.

On distingue dans un monome le *coefficient*, les lettres et leurs exposants. Le coefficient est le facteur numérique qui précède l'expression : il porte sur la quantité tout entière. Dans les exemples cités, 13 et $\frac{3}{4}$ sont des coefficients : ils indiquent que les quantités a^3b^4c, et x^2y doivent être respectivement multipliées par 13 et par $\frac{3}{4}$. L'exposant n'affecte que la lettre au-dessus de laquelle il se trouve. Ainsi l'expression $13a^3b^4c$ est l'indication abrégée du produit

$$a\times a\times a\times b\times b\times b\times b\times c\times 13.$$

Quand un monome n'a pas de coefficient, quand une lettre n'a pas d'exposant, on doit les considérer comme ayant le coefficient 1 ou l'exposant 1.

Lorsque plusieurs monomes sont réunis par les signes + ou −, l'expression est un *polynome*, dont ils sont les *termes*. On considère ordinairement, comme faisant partie d'un terme, le signe qui le précède. Ainsi, dans le polynome

$$8x^3-5ax^2+6a^2x-4a^3,$$

les termes sont $8x^3$, $-5ax^2$, $+6a^2x$, $-4a^3$.

Un terme qui n'a pas de signe est considéré comme ayant le signe +. Les termes affectés du signe + sont dits *positifs*; les termes précédés du signe − sont dits *négatifs*.

Un polynome se nomme *binome*, quand il a deux termes ; *trinome*, quand il en a trois, et ainsi de suite.

On nomme *degré* d'un monome entier, la somme des exposants des lettres qui y entrent. Ainsi l'expression $7a^3b^2c$ est un monome du 6e degré.

On dit qu'un polynome entier est *homogène*, lorsque tous ses termes sont du même degré : ce degré est le *degré d'homogénéité* du polynome. Ainsi l'expression $5x^4 - 3abx^2 + 4ac^2x - 2a^2bc$ est un polynome homogène du 4ᵉ degré.

9. *La valeur numérique* d'une expression algébrique est le nombre que l'on obtient, quand on remplace les lettres qui y entrent par les valeurs qui leur sont attribuées, et qu'on effectue les opérations indiquées par les signes. *Réduire* une expression algébrique en *nombre*, c'est trouver sa valeur numérique.

Il suit de la définition précédente, que l'on peut regarder la valeur numérique d'un polynome comme étant la différence entre la somme des valeurs numériques des termes qui sont précédés du signe $+$, et la somme des valeurs numériques des termes qui sont précédés du signe $-$.

S'il arrivait que la seconde somme l'emportât sur la première, le polynome n'aurait pas de signification. On verra bientôt comment on doit considérer de pareils résultats.

10. TERMES SEMBLABLES : LEUR RÉDUCTION. — On dit que des termes sont *semblables* dans un polynome, lorsqu'ils sont composés des mêmes lettres, et que ces lettres sont affectées des mêmes exposants. Par exemple, $+15a^3b^2c$, $-7a^3b^2c$. Deux termes semblables ne peuvent différer que par le coefficient et par le signe.

On peut toujours réduire des termes semblables en un seul. En effet, si l'on rencontre dans un polynome deux termes semblables positifs, par exemple, $+7a^2b + 9a^2b$, on peut les remplacer par le terme unique $+16a^2b$. Si les deux termes sont négatifs, comme $-7a^2b - 9a^2b$, on peut leur substituer le terme $-16a^2b$. S'ils sont de signes contraires, comme $+9a^2b - 7a^2b$, cette différence équivaut à $+2a^2b$. S'il s'agit de l'expression $+7a^2b - 9a^2b$, il est évident qu'on peut la remplacer par le terme $-2a^2b$.

Ainsi, *pour réduire plusieurs termes semblables en un seul, on fait la somme des coefficients des termes précédés du signe $+$, puis la somme des coefficients des termes précédés du signe $-$; on retranche ensuite la plus petite somme de la plus grande, et l'on met devant le reste le signe de cette dernière somme. Enfin on* *fait suivre ce coefficient de la partie littérale commune à tous le* termes.

Par exemple le polynome

$$5a^3b^2 + 12a^3b^2 - 6a^3b^2 - a^3b^2 - 4ab^3 - 7ab^3 + 2ab^3$$

se réduit à $\qquad\qquad 10a^3b^2 - 9ab^3.$

LIVRE I.

DU CALCUL ALGÉBRIQUE.

---

11. Expressions équivalentes. On dit que deux expressions algébriques sont *équivalentes*, lorsqu'en y remplaçant chacune des lettres qu'elles renferment par une valeur particulière, choisie arbitrairement, elles prennent des valeurs numériques toujours égales entre elles. Ainsi les deux expressions $(a+b)^2$ et $a^2+2ab+b^2$ sont équivalentes.

12. Opérations algébriques. Puisque toute quantité algébrique doit être considérée comme un nombre, on définit les *opérations algébriques* de la même manière que celles qui portent le même nom en arithmétique. Mais les opérations algébriques se faisant sur des lettres, il est impossible de les exécuter jusqu'au bout, et l'on doit se borner à les indiquer.

Aussi le *calcul algébrique consiste-t-il* seulement *à transformer une formule en une autre plus simple, mais équivalente.*

Par exemple, quand on substitue a^5 au produit $a^2 \times a^3$, ou $a+b$ à l'expression $\sqrt{a^2+2ab+b^2}$, on fait une opération algébrique : et l'on dit quelquefois que l'on *effectue* le produit de a^2 par a^3, ou l'extraction de la racine carrée de l'expression $a^2+2ab+b^2$.

CHAPITRE I.

ADDITION ET SOUSTRACTION ALGÉBRIQUES.

§ I. Addition et soustraction des monomes.

13. Règle d'addition des monomes. *Pour additionner des monomes, on les écrit les uns à la suite des autres, en les séparant par le signe +.* On forme ainsi un polynome qui est la *somme* cher-

chée : s'il renferme des termes semblables, on a soin de les ré
duire en un seul (**10**).

EXEMPLE. La somme des monomes $4a$, $3b$, $5c$, $2a$, $6b$, $8c$, est

$$4a + 3b + 5c + 2a + 6b + 8c,$$

et se réduit à $6a + 9b + 13c.$

14. RÈGLE DE SOUSTRACTION DES MONOMES. *Pour soustrair*
d'un monome un autre monome, on écrit le second à la suite d
premier, en les séparant par le signe —. On forme ainsi un binome, qui est la *différence* demandée. Si les deux termes son
semblables, on les réduit en un seul.

EXEMPLE. La différence des monomes $\sqrt{7a}$ et $\sqrt[3]{3b}$ est

$$\sqrt{7a} - \sqrt[3]{3b}.$$

Celle des monomes $8a^4b^3c$ et $5a^4b^3c$ est

$$8a^4b^3c - 5a^4b^3c$$

et se réduit à $3a^4b^3c.$

Ces deux opérations algébriques étant les plus simples de
toutes, on conçoit qu'il n'y a pas lieu de les simplifier.

§ II. Addition et soustraction des polynomes.

15. PRINCIPES POUR L'ADDITION ET LA SOUSTRACTION DES PO-
LYNOMES. L'addition et la soustraction des polynomes reposen
sur quelques principes que nous allons énoncer, et qui son
évidents pour la plupart.

1° *Une somme reste la même, dans quelque ordre que l'on ajout*
ses diverses parties.

2° *Un polynome ne change pas de valeur numérique, quel que*
·*soit l'ordre dans lequel on écrive ses termes.* Il est égal, en effet,
dans tous les cas, à l'excès de la somme de ceux qui sont précédés du signe + sur la somme de ceux qui sont précédés du
signe — (**9**).

3° *Pour ajouter à un nombre la somme de plusieurs autres, i*
suffit de lui ajouter successivement chacun d'eux.

4° *Pour ajouter à un nombre la différence de deux autres, il suffi*
de lui ajouter le premier, et de retrancher le second du résultat.

5° *Pour retrancher d'un nombre la somme de plusieurs autres, i*
suffit d'en retrancher successivement chacun d'eux.

6° *Pour retrancher d'un nombre a la différence* (b — c) *de deux autres, il faut lui ajouter le second* c, *et retrancher le premier* b *du résultat.* En effet, la différence entre deux nombres a et $(b-c)$ ne change pas, lorsqu'on ajoute un même nombre c à ses deux termes. L'excès de a sur $(b-c)$ est donc le même que celui de $(a+c)$ sur b ; il est donc $(a+c-b)$.

Ces principes s'expriment par les formules suivantes :

$$a+ b +c +d =d+c+b+a; \qquad [1]$$
$$a- b +c -d =c+a-b-d; \qquad [2]$$
$$a+(b+c +d)=a+b+c+d; \qquad [3]$$
$$a+(b-c)=a +b-c; \qquad [4]$$
$$a-(b+c)=a -b-c; \qquad [5]$$
$$a-(b-c)=a +c-b. \qquad [6].$$

Et ils conduisent aux règles suivantes :

16. Règle d'addition des polynomes. *Pour ajouter un polynome à un nombre, il faut lui ajouter les termes précédés du signe* +, *et retrancher du résultat les termes précédés du signe* —.

Soit, en effet, à ajouter au nombre P le polynome

$$a-b+c-d-e+f,$$

c'est-à-dire, à effectuer l'opération

$$P+(a-b+c-d-e+f).$$

Le polynome, en vertu du second principe (**15**), peut s'écrire :

$$a+c+f-b-d-e,$$

et, en vertu du cinquième principe, il est équivalent à

$$(a+c+f)-(b+d+e).$$

La somme demandée est donc :

$$P+\{(a+c+f)-(b+d+e)\}.$$

Or, d'après le quatrième principe, cette somme équivaut à

$$P+(a+c+f)-(b+d+e),$$

ou, d'après le troisième et le cinquième, à

$$P+a+c+f-b-d-e.$$

C'est précisément ce qu'il fallait démontrer.

17. Règle de soustraction des polynomes. *Pour retrancher d'un nombre un polynome, il faut ajouter à ce nombre les termes qui, dans le polynome, sont précédés du signe—, et retrancher les autres du résultat.*

Soit, en effet, à retrancher de P le polynome

$$a - b + c - d - e + f,$$

c'est-à-dire, à effectuer l'opération

$$P - (a - b + c - d - e + f).$$

Le polynome, en vertu des principes deuxième et cinquième, est égal à

$$(a + c + f) - (b + d + e);$$

la différence demandée est donc :

$$P - \{(a + c + f) - (b + d + e)\}.$$

Or, d'après les principes sixième, troisième et cinquième,

$$P - \{(a + c + f) - (b + d + e)\} = P + (b + d + e) - (a + c + f)$$
$$= P + b + d + e - a - c - f :$$

c'est précisément ce qu'il fallait démontrer.

18. Remarque. L'ordre, dans lequel on écrit les termes d'un polynome, étant indifférent (princ. 2e), on peut énoncer les règles précédentes en disant :

Pour ajouter à un nombre P un polynome, il faut écrire ses différents termes à la suite de P, en leur conservant leurs signes.

Pour retrancher d'un nombre P un polynome, il faut écrire ses différents termes à la suite de P, en changeant le signe de chacun d'eux.

On devra d'ailleurs, s'il y a lieu, réduire les termes semblables dans le résultat.

19. Exemples de ces deux opérations. Dans la pratique, lorsque les polynomes, sur lesquels on opère, renferment des termes semblables, on les dispose les uns au-dessous des autres, de manière que les termes semblables soient dans une même colonne verticale ; et l'on fait alors à la fois l'opération et la réduction.

Exemples. 1° Effectuer l'addition :

$$(4x^3 - 5a^2x - 8a^3 - 4ax^2) + (2a^2x - 3x^3 + 7a^3) + (9a^3 - 5ax^2 + 5x^3).$$

On écrit, en intervertissant convenablement les termes :

$$4x^3 - 4ax^2 - 5a^2x - 8a^3$$
$$-3x^3 \qquad + 2a^2x + 7a^3$$
$$5x^3 - 5ax^2 \qquad\quad + 9a^3$$

et l'on a : $6x^3 - 9ax^2 - 3a^2x + 8a^3.$

2° Effectuer la soustraction :

$$(7a^3b - 8a^2b^2 + 5a^4 - 2b^4) - (2a^4 - 4ab^3 + 4a^3b - 2b^4).$$

On écrit, en changeant les signes des termes du second polynome :

$$
\begin{array}{l}
5a^4 + 7a^3b - 8a^2b^2 \qquad\qquad - 2b^4 \\
-2a^4 - 4a^3b \qquad\qquad + 4ab^3 + 2b^4 \\
\hline
\end{array}
$$

et l'on a :
$$3a^4 + 3a^3b - 8a^2b^2 + 4ab^3.$$

§ III. Énoncé plus simple des résultats précédents.

20. Conventions qui introduisent les nombres négatifs pour simplifier les énoncés. La forme des résultats précédents peut se simplifier à l'aide d'une convention très-utile en algèbre. Cette convention consiste à *regarder tous les termes tant positifs que négatifs* (8) *d'un polynome comme* ajoutés *les uns aux autres*.

Ainsi, l'*on convient de regarder la différence* a — b *comme résultant de l'addition de* a *avec* (— b),

$$a - b = a + (-b). \qquad [1]$$

L'expression isolée (— b), que l'on nomme un nombre *négatif*, n'acquiert pour cela aucune signification ; seulement on dit : *ajouter* (— b), au lieu de dire : *retrancher* b.

On convient de même que *retrancher* (— b), signifie *ajouter* b,

$$a - (-b) = a + b. \qquad [2]$$

Il serait absurde de chercher à démontrer les formules [1] et [2] ; les définitions ne se démontrent pas. On doit remarquer cependant, que la convention exprimée par la formule [2] est une conséquence toute naturelle de la première. En effet, si l'on ajoute (— b) à a, on obtient, d'après la première convention, l'expression $a - b$: si maintenant on retranche (— b) du résultat, on a, d'après la seconde convention, $a - b + b$, ou simplement a : les deux opérations se détruisent, ce qui doit être. Mais si l'on ne faisait pas la seconde convention, il arriverait, qu'en ajoutant d'abord à un nombre a, puis en retranchant du résultat une même quantité (— b), on ne retrouverait pas le nombre a. Cette nouvelle convention est donc nécessaire, dès que l'on a adopté la première.

21. Règle générale d'addition. Ces deux conventions permettent de réduire la règle d'addition à l'énoncé suivant :

Pour ajouter deux polynomes, il faut AJOUTER *au premier tous les termes du second, quels que soient leurs signes.*

Soient, en effet, les deux polynomes :

$$a-b+c, \quad m-n+p-q;$$

leur somme est (18) :

$$a-b+c+m-n+p-q;$$

ce qui équivaut, d'après nos conventions, à

$$a-b+c+m+(-n)+p+(-q);$$

résultat conforme à l'énoncé.

22. Règle générale de soustraction. Les mêmes conventions permettent de réduire la règle de soustraction à l'énoncé suivant :

Pour retrancher un polynome d'une quantité quelconque A, *il faut en* RETRANCHER *successivement ses différents termes, quels que soient leurs signes.*

Soit, en effet, à retrancher de A le polynome $m-n-p+q$; on a vu (18) que la différence est :

$$A-m+n+p-q;$$

et ce résultat, d'après nos conventions, équivaut à

$$A-m-(-n)-(-p)-q;$$

ce qui est conforme à l'énoncé.

23. Remarque. L'introduction des nombres négatifs permet d'énoncer, avec plus de concision, des résultats auxquels cette forme nouvelle n'ajoute absolument rien. Nous verrons que tel est toujours, en algèbre, le but de leur introduction*.

24. Autre convention. Si l'on considère une différence $(a-b)$, et que l'on suppose b plus grand que a, l'opération est impossible ; *on convient alors de regarder l'expression* (a—b) *comme représentant un nombre négatif égal à l'excès de* b *sur* a.

$$a-b=-(b-a); \qquad [3]$$

---

* Les explications qui précèdent sont absolument indispensables; elles n'ont rien de commun avec l'emploi des nombres négatifs pour représenter les grandeurs; nous ne parlerons de cette autre théorie qu'à l'occasion des problèmes du premier degré.

Cette convention est toute naturelle; et, en ne la faisant pas, on détruirait l'analogie complète qui existe entre les opérations relatives aux nombres négatifs et positifs. Désignons, en effet, par d l'excès de b sur a:

$$a - b = a - (a + d);$$

si donc on applique la règle de soustraction (**22**), on aura:

$$a - b = a - (a + d) = a - a - d = - d = - (b - a).$$

Nous prouvons ainsi, qu'il est naturel de faire la convention en question; mais nous ne *démontrons* pas la formule [3]. Notre raisonnement, en effet, est fondé sur l'application d'une règle de soustraction (**22**), qui, jusqu'ici, n'a de sens que pour des soustractions possibles. Il est naturel et commode de l'étendre à tous les cas; mais cela n'en est pas moins arbitraire.

23. GÉNÉRALISATION DE QUELQUES RÉSULTATS. La convention que nous venons de faire permet de généraliser des résultats que l'on devrait, sans cela, énoncer avec restriction; on a, par exemple (**15**, 4°):

$$c + (a - b) = c + a - b.$$

Cette formule est évidente, lorsque a est plus grand que b. Notre convention la rend vraie dans tous les cas; car si a est moindre que b, on a [24]:

$$(a - b) = - (b - a);$$

et par suite, en appliquant successivement la première convention du n° **20**, et le sixième principe du n° **15**,

$$c + (a - b) = c - (b - a) = c + a - b$$

De même la formule,

$$c - (a - b) = b + (c - a),$$

devient vraie, par suite de nos conventions, lors même que c est moindre que a. Car, en vertu de la convention (**24**),

$$a - b = - (b - a).$$

Donc, en appliquant la 2ᵉ convention du n° **20**, puis les principes (**15**, 4° et 2°),

$$c - (a - b) = c + (b - a) = c + b - a = b + c - a.$$

D'un autre côté, d'après les mêmes conventions, c étant plus petit que a,

$$b+(c-a)=b-(a-c)=b+c-a;$$

donc

$$c-(a-b)=b+(c-a).$$

Si l'on représente une quantité négative *isolée* par une lettre m, les formules d'addition et de soustraction subsistent :

$$A+(-m)=A-m, \quad A-(-m)=A+m.$$

Car si l'on pose $m=-n$, n étant positif, on a :

$$A-m=A-(-n)=A+n=A+(-m),$$

et

$$A+m=A+(-n)=A-n=A-(-m);$$

ce qui démontre les deux formules.

26. Remarque. Dans les questions d'algèbre, les valeurs numériques des lettres ne sont jamais fixées d'avance ; et lorsqu'on a à faire une opération algébrique, on ne sait pas si la mise en nombres ultérieure n'amènera pas des résultats auxquels ne sauraient s'appliquer les formules démontrées pour certains cas. Il est donc fort important que les formules s'appliquent à tous les cas possibles ; et l'on comprend, d'après cela, quelle est la grande utilité des conventions relatives aux nombres négatifs.

EXERCICES.

I.

Deux courriers M et N parcourent la ligne OB. Au départ, ils sont situés, l'un en A et l'autre en B, à des distances a et b du point O ; ils s'éloignent avec des vitesses v et u, dans le sens OB. Trouver des formules pour exprimer, après le temps t, la distance x des deux courriers, et la distance y du point O au milieu de la droite qui les joint.

On trouve : $x=b-a+(u-v)t$, ou $x=a-b+(v-u)t$,

selon que N est en avant ou en arrière de M ;

puis

$$y=\frac{a+b}{2}+\frac{v+u}{2}\,t.$$

II. Trois vases contiennent des mélanges d'eau et de vin : le premier, a litres d'eau, b litres de vin ; le deuxième, a' litres d'eau, b' litres de vin ; le troisième, a'' litres d'eau, b'' litres de vin. On prend la moitié du liquide contenu dans le premier vase, et on le verse dans le deuxième ; puis le tiers du liquide qui se trouve alors contenu dans celui-ci, et on le verse dans le troisième. Trouver les formules qui indiquent la quantité d'eau et celle de vin contenues dans chaque vase après ces opérations.

On trouve :

	Eau.	Vin.
1er vase.........	$\dfrac{a}{2}$,	$\dfrac{b}{2}$;
2e vase.........	$\dfrac{2a'+a}{3}$,	$\dfrac{2b'+b}{3}$
3e vase.........	$\dfrac{6a''+2a'+a}{6}$,	$\dfrac{6b''+2b'+b}{6}$.

III. Deux vases A et A', dont les capacités sont v et v', sont pleins, l'un d'eau, l'autre de vin. A l'aide de deux mesures de même capacité, on extrait de chacun d'eux un même volume u de liquide ; et l'on verse dans A ce qui a été pris dans A', et réciproquement. On recommence trois fois cette opération. Trouver les formules qui expriment les quantités de vin et d'eau contenues dans chacun des vases.

On trouve : pour le vase A,

$$\text{quantité d'eau} = \left(\frac{(v-u)^2}{v} + \frac{u^2}{v'}\right)\frac{v-u}{v} + \left(\frac{v'-u}{v'} + \frac{v-u}{v}\right)\frac{u^2}{v'},$$

$$\text{quantité de vin} = \left(\frac{v-u}{v} + \frac{v'-u}{v'}\right)\frac{u(v-u)}{v} + \left(\frac{(v'-u)^2}{v'} + \frac{u^2}{v}\right)\frac{u}{v'};$$

et pour le vase A',

$$\text{quantité d'eau} = \left(\frac{v'-u}{v'} + \frac{v-u}{v}\right)\frac{u(v'-u)}{v'} + \left(\frac{(v-u)^2}{v} + \frac{u^2}{v'}\right)\frac{u}{v},$$

$$\text{quantité de vin} = \left(\frac{(v'-u)^2}{v'} + \frac{u^2}{v}\right)\frac{v'-u}{v'} + \left(\frac{v-u}{v} + \frac{v'-u}{v'}\right)\frac{u^2}{v}.$$

CHAPITRE II.

MULTIPLICATION ALGÉBRIQUE.

27. La multiplication algébrique comprend trois cas : 1° multiplication d'un monome par un monome ; 2° multiplication d'un polynome par un monome, et *vice versa* ; 3° multiplication d'un polynome par un polynome.

§ I. Multiplication des monomes.

28. RÈGLE DE MULTIPLICATION DES MONOMES. Le produit de deux monomes M et N est le monome MN.

Lorsque les deux monomes sont entiers, qu'ils ont des coefficients et qu'ils renferment certaines lettres communes, ce résultat peut se simplifier, et se nomme alors le *produit effectué* des deux monomes. La simplification repose sur les deux principes suivants, que l'on démontre en arithmétique :

1° Le produit de plusieurs facteurs est indépendant de l'ordre des opérations.

2° Pour multiplier un produit de plusieurs facteurs par un autre produit de plusieurs facteurs, il suffit d'effectuer le produit de tous les facteurs.

Cela posé, soient $M = 5a^4b^3c$, $N = 7a^5c^3d^2$.

En vertu du second principe,

$$M = aaaabbbc \times 5, \quad N = aaaaacccdd \times 7,$$

et par suite, $MN = aaaabbbc \times 5 \times aaaaacccdd \times 7$; ou, en vertu du premier principe,

$$MN = aaaaaaaaabbbccccdd \times 5 \times 7.$$

Appliquant de nouveau le second principe,

$$MN = a^9b^3c^4d^2 \times 35,$$

ou plus simplement, $MN = 35a^9b^3c^4d^2$.

La méthode est générale, et conduit à la règle suivante :

Pour faire le produit de deux monomes entiers, 1° on fait le produit de leurs coefficients; 2° on écrit à la suite, une fois chacune, les lettres que renferment les facteurs; 3° on donne à chaque lettre un exposant égal à la somme de ceux dont cette lettre est affectée dans chaque facteur. Si une lettre n'entre que dans l'un des facteurs, on la met au produit avec son exposant.

29. PRODUIT DE PLUSIEURS MONOMES. Ce qui précède suffit pour faire la multiplication d'un nombre quelconque de monomes. On multipliera, en effet, le premier par le second, puis le produit qui est un monome par le troisième, puis le nouveau produit par le quatrième, et ainsi de suite. Ainsi :

$$7a^3b^2e \times 5a^2bc^2 \times 8a^4c^3d^2 \times 2ade = 560a^{10}b^3c^5d^3e^2.$$

Par suite, la puissance m^{me} d'un monome s'obtient en formant la puissance m^{me} du coefficient, et en multipliant par m tous les exposants. Ainsi :

$$(5a^3b^2c)^m = 5^m a^{3m} b^{2m} c^m.$$

§ II. Multiplication d'un polynome par un monome.

30. Règle de multiplication. Soit à multiplier le polynome

$$P = a - b + c - d$$

par le monome m (a, b, c, d, sont des monomes quelconques). Nous distinguons plusieurs cas, pour plus de clarté.

1° m est entier. L'opération revient alors à faire l'addition de m polynomes égaux à P :

$$Pm = (a - b + c - d) + (a - b + c - d) + (a - b + c - d) + \ldots;$$

mais, d'après la règle d'addition (**24**), cette formule équivaut à

$$Pm = am - bm + cm - dm.$$

Ainsi chaque terme du multiplicande est multiplié par le multiplicateur, et conserve son signe.

2° m est fractionnaire de la forme $\frac{1}{p}$ (p étant entier). L'opération revient alors, comme on le sait, à prendre la p^{me} partie du multiplicande; et le résultat est :

$$Pm = \frac{a}{p} - \frac{b}{p} + \frac{c}{p} - \frac{d}{p};$$

car c'est bien là l'expression qui, multipliée par p, d'après la règle (1°), reproduit le multiplicande $(a - b + c - d)$.

D'ailleurs cette formule peut s'écrire :

$$Pm = a \times \frac{1}{p} - b \times \frac{1}{p} + c \times \frac{1}{p} - d \times \frac{1}{p},$$

ou

$$Pm = am - bm + cm - dm,$$

comme dans le premier cas.

3° m est fractionnaire de la forme $\frac{p}{q}$. Pour effectuer le produit, il faut, dans ce cas, répéter p fois la q^{me} partie du multiplicande. Or, d'après le second cas, le multiplicande divisé par q devient :

$$a \times \frac{1}{q} - b \times \frac{1}{q} + c \times \frac{1}{q} - d \times \frac{1}{q},$$

et le produit de ce résultat par p est :

$$a \times \frac{p}{q} - b \times \frac{p}{q} + c \times \frac{p}{q} - d \times \frac{p}{q} :$$

car multiplier par p la q^{me} partie d'un nombre, c'est multiplier ce nombre par $\frac{p}{q}$. Donc, dans ce cas, le produit est encore :

$$Pm = am - bm + cm - dm.$$

Ainsi, dans tous les cas, *pour multiplier un polynome par un monome, on multiplie séparément par le monome chaque terme du polynome, en lui conservant le signe qu'il avait primitivement.*

Comme on peut intervertir l'ordre des facteurs, qui représentent toujours des nombres (28), la même règle permettra de multiplier un monome par un polynome. Ainsi les produits

$$(3a^4b - 5a^3b^2 + 6abc^3 - 4b^2c) \times 5ab^2,$$
$$5ab^2 \times (3a^4b - 5a^3b^2 + 6abc^3 - 4b^2c),$$

sont équivalents à $15a^5b^3 - 25a^4b^4 + 30a^2b^3c^3 - 20ab^4c$.

31. Mettre un monome en facteur. La formule que nous venons de démontrer,

$$(a - b + c - d)m = am - bm + cm - dm$$

prouve que, si les termes d'un polynome $(am - bm + cm - dm)$ renferment un facteur commun m, on peut le supprimer dans chacun d'eux, ce qui donne l'expression $(a - b + c - d)$, et multiplier le résultat par m, c'est-à-dire écrire $(a - b + c - d)m$. C'est ce qu'on appelle *mettre un monome en facteur.* Ainsi les termes du polynome $12a^3x^4 - 8a^5x^2 + 16a^2x^5$ contiennent $4a^2x^2$ comme facteur commun. On peut donc écrire

$$12a^3x^4 - 8a^5x^2 + 16a^2x^5 = (3ax^2 - 2a^3 + 4x^3) \times 4a^2x^2.$$

§ III. Multiplication d'un polynome par un polynome.

32. Cas où les deux polynomes ne contiennent que des termes séparés par le signe +. Soit à multiplier le polynome $P = a + b + c$ par le polynome $Q = p + q + r$; a, b, c, p, q, r désignant des nombres quelconques, qui peuvent eux-mêmes être représentés par des expressions algébriques plus ou moins compliquées. On a, d'après la règle du n° 30 :

$$PQ = P(p + q + r) = Pp + Pq + Pr,$$

ou $\qquad PQ = (a + b + c)p + (a + b + c)q + (a + b + c)r.$

Appliquant encore la règle (30) à chacun des produits, on a :

$$PQ = ap + bp + cp + aq + bq + cq + ar + br + cr,$$

résultat qu'on peut énoncer ainsi :

Le produit de deux polynomes, dont les termes sont positifs, est un polynome égal à la somme des produits qu'on obtient en multipliant tous les termes du premier par chacun des termes du second.

33. CAS OU LES DEUX POLYNOMES CONTIENNENT DES TERMES PRÉCÉDÉS DU SIGNE —. On peut toujours former un groupe de l'ensemble des termes qui, dans le multiplicande, sont précédés du signe +, et un autre groupe de l'ensemble des termes qui sont précédés du signe — (**15**, 2°). Nommons ces deux groupes A et B. Désignons par C et D les sommes analogues dans le multiplicateur. Les deux facteurs sont alors :

$$P = A - B, \quad Q = C - D.$$

On a, en appliquant la règle (30) :

$$PQ = P(C - D) = PC - PD = (A - B)C - (A - B)D.$$

Appliquant la même règle à chacun des produits partiels, on a :

$$PQ = (AC - BC) - (AD - BD),$$

ou, d'après la règle de soustraction des polynomes (**22**),

$$PQ = AC - BC - AD + BD.$$

D'ailleurs AC, BC, AD, BD, sont des produits de polynomes à termes positifs : on les effectuera d'après la règle du n° 32 ; puis on fera les additions et les soustractions indiquées par les signes. On obtiendra ainsi un polynome unique, qui sera le produit demandé. Le produit de deux polynomes peut donc toujours être remplacé par un polynome unique, que l'on nomme souvent *leur produit effectué.*

34. RÈGLE DE MULTIPLICATION DE DEUX POLYNOMES. Si l'on examine comment le produit PQ est composé avec les termes qui entrent dans les deux facteurs, on remarque d'abord qu'il contient les produits de chacun des termes du multiplicande par chacun des termes du multiplicateur. Quant aux signes qu'il faut donner à chaque terme du produit, on voit que tous les termes du produit partiel AC ont le signe +, et qu'ils sont fournis par des termes qui ont le signe + dans les deux facteurs ; que, de même, tous les termes du produit BD ont le signe +, mais qu'ils sont fournis par des termes qui ont le signe — dans les deux facteurs; qu'au contraire, les termes des deux produits BC et AD sont précédés du signe —, et qu'ils sont fournis par des termes qui ont des signes différents dans les deux facteurs.

On conclut de là la règle suivante :

Pour multiplier un polynome par un autre, on multiplie chacun des termes du multiplicande par chacun des termes du multiplicateur; on affecte du signe + chacun des termes qui, dans le produit, proviennent de la multiplication de deux termes affectés tous deux du signe +, ou tous deux du signe —; et l'on affecte du signe — chacun de ceux qui proviennent de la multiplication de deux termes affectés de signes différents. Puis on opère, s'il y a lieu, la réduction des termes semblables.

Cette *règle des signes* se traduit par le tableau suivant :

$$+ a \times + b = + ab,$$
$$- a \times + b = - ab,$$
$$+ a \times - b = - ab,$$
$$- a \times - b = + ab.$$

55. Manière plus simple d'énoncer les résultats précédents. L'énoncé de la règle précédente se simplifie, si l'on considère, ainsi que nous l'avons déjà fait (**20**), les termes qui sont précédés du signe —, comme des nombres *négatifs ajoutés* aux termes précédents, et si l'on adopte, en outre, les *définitions* suivantes :

Le produit d'un nombre négatif (— a) *par un nombre positif* b, *est* — (a × b).

$$(- a)(b) = - (a \times b). \qquad [1]$$

Le produit de deux nombres négatifs (— a) *et* (— b) *est* a × b.

$$(-a)(-b) = ab. \qquad [2]$$

D'après ces *conventions*, la règle de multiplication peut s'énoncer en disant : *le produit de deux polynomes s'obtient en multipliant chacun des termes du multiplicande par chacun des termes du multiplicateur, et en AJOUTANT les résultats obtenus.*

En effet, soit, par exemple, à multiplier $(a - b)$ par $(c - d)$; le produit est (**54**) :

$$ac - bc - ad + bd,$$

ou, d'après nos conventions,

$$ac + (- b) c + (- d) a + (- b) (- d);$$

ce qui est bien la somme des produits obtenus en multipliant chacun des termes a et $-b$ du multiplicande par chacun des termes c et $-d$ du multiplicateur.

36. REMARQUE I. Il n'y a pas lieu de chercher à démontrer les formules

$$[1] \qquad (-a)\,(b) \ = -ab, \quad (-a)\,(-b) = ab; \qquad [2]$$

elles expriment des définitions. *Ces définitions permettent de renfermer sous un seul énoncé les différents cas qu'il fallait distinguer dans la règle de multiplication des polynomes.*

37. REMARQUE II. On a vu (**35**), que

$$PQ, \text{ ou } (A-B)\,(C-D) = AC - BC - AD + BD. \qquad [3]$$

La démonstration supposait que A et C étaient respectivement plus grands que B et D; les conventions, que nous venons de faire, rendent cette formule vraie, dans tous les cas.

Supposons, en effet, que l'un des facteurs soit négatif; que l'on ait, par exemple :

$$A < B, \quad C > D.$$

A — B étant négatif et égal (**24**) à $-(B-A)$, on a, d'après la première convention (**35**) :

$$PQ, \text{ ou } (A-B)\,(C-D) = -(B-A)\,(C-D).$$

Effectuant le produit d'après la règle (**34**), on a :

$$PQ = -(BC - AC - BD + AD),$$

ou, d'après la convention du n° **24** :

$$PQ = -BC + AC + BD - AD;$$

ce qui coïncide, à l'ordre des termes près, avec la formule [3].

Supposons, en second lieu, que les deux différences A — B et C — D soient négatives; leur produit sera (**35**) le même que si elles étaient prises positivement, et l'on aura :

$$PQ, \text{ ou } (A-B)\,(C-D) = (B-A)\,(D-C) = BD - AD - BC + AC;$$

ce qui est encore conforme à la formule [3].

38. REMARQUE III. Nous représenterons dorénavant un polynome quelconque, quels que soient les signes de ses termes, par une expression de la forme

$$a + b + c + p + q + r;$$

a, b, c, p, q, r désignant des nombres positifs ou négatifs.

Par exemple, la formule

$$(a+b)^2 = a^2 + 2ab + b^2,$$

qui résulte immédiatement de la règle de multiplication, est vraie, par cela même, quels que soient les signes des quantités désignées par a et b. On peut donc supposer que b y représente un nombre négatif $(-b')$. Cette formule devient alors :

$$(a - b')^2 = a^2 + 2a(-b') + (-b')^2,$$

ou, en appliquant les conventions (35),

$$(a - b')^2 = a^2 - 2ab' + b'^2.$$

Les formules qui donnent le carré d'une somme et celui d'une différence se trouvent ainsi ramenées à une seule.

De même la formule

$$(a+b)^3 = a^3 + 3a^2b + 3ab^2 + b^3,$$

que l'on obtient en multipliant les deux membres de la précédente par $(a+b)$, devient, dans les mêmes circonstances,

$$(a - b')^3 = a^3 - 3a^2b' + 3ab'^2 - b'^3;$$

de sorte que les formules qui donnent le cube d'une somme et celui d'une différence sont aussi ramenées à une seule.

59. REMARQUE IV. Les formules

[1] $(-a)b = -ab,$ $(-a)(-b) = ab,$ [2]

expriment des conventions faites en supposant que a et b sont des nombres positifs ; mais il est facile de voir que, par suite des mêmes conventions, ces formules ne cessent pas d'avoir lieu, lors même que a et b désignent des nombres négatifs.

La première formule peut, en effet, s'énoncer de la manière suivante :

Si, dans un produit, on change le signe de l'un des facteurs, le produit change de signe sans changer de valeur.

Et la seconde formule peut s'énoncer en disant :

Si, dans un produit, on change les signes des deux facteurs, le produit ne change ni de signe ni de valeur.

Or, nos conventions rendent ces deux propositions évidentes. Car considérons un produit *ab* de deux facteurs quelconques; si ces deux facteurs sont de même signe, leur produit
est positif (55); en changeant le signe de l'un d'eux, ils deviennent de signes différents, et leur produit est négatif. C'est
l'inverse, si les deux facteurs primitifs sont de signes contraires.

40. REMARQUE V. Lorsque, dans *un produit de plusieurs
facteurs*, quelques-uns sont négatifs, le produit se définit
comme en arithmétique : c'est le résultat obtenu en multipliant le premier facteur par le second, puis le produit effectué
par le troisième facteur, puis le résultat par le quatrième, et
ainsi de suite.

Il suit de là, que *le produit aura même valeur absolue que si tous
les facteurs étaient regardés comme positifs. Il sera précédé du
signe +, si le nombre des facteurs négatifs est pair, et du signe —,
si ce nombre est impair.*

Pour le démontrer, remarquons que l'on peut toujours introduire + 1 comme premier facteur. Dans les multiplications successives que l'on aura à effectuer pour former le produit, le signe
qui, d'après cela, est d'abord +, changera autant de fois qu'il
y a de facteurs négatifs; et comme deux changements consécutifs ramènent le signe +, il est évident que le signe sera
+ si le nombre des changements est pair, et — dans le cas
contraire.

Il résulte évidemment de ce qui précède, que les puissances
paires d'un nombre négatif sont positives, et que les puissances
impaires sont négatives.

41. DÉFINITION DE LA DIVISION, QUAND LE DIVIDENDE ET LE
DIVISEUR NE SONT PAS TOUS DEUX POSITIFS. Si l'on nomme *quotient* de deux nombres A et B, un troisième nombre qui, multiplié par le diviseur B, reproduit le dividende A, il résulte des
conventions précédentes, que *la valeur absolue du quotient de deux
nombres ne dépend pas de leurs signes, et que ce quotient est positif
si le dividende et le diviseur ont le même signe, et négatif dans le
cas contraire.*

En effet, si le dividende est positif, le quotient doit avoir le
même signe que le diviseur; et si le dividende est négatif, le

quotient doit avoir un signe contraire à celui du diviseur (34).
Cette *règle des signes* est consignée dans le tableau suivant :

$$+a : +b = +\frac{a}{b},$$

$$+a : -b = -\frac{a}{b},$$

$$-a : +b = -\frac{a}{b},$$

$$-a : -b = +\frac{a}{b}.$$

42. Multiplication d'un nombre quelconque de polynomes.
*Pour faire le produit d'un nombre quelconque de polynomes, il faut
d'abord multiplier le premier par le second, puis le résultat par le
troisième, et ainsi de suite.* Le produit effectué de deux polynomes
étant toujours un polynome, il suffira, quel que soit le nombre
des facteurs, de savoir multiplier deux polynomes l'un par
l'autre (34).

Soient P_1, P_2, P_3, P_4 les différents polynomes dont on veut
former le produit; en multipliant P_1 par P_2, on obtiendra un
produit Q_1, dont les termes sont (35) les produits de tous les
termes de P_1 par tous ceux de P_2; on multipliera Q_1 par P_3, et
on obtiendra un produit Q_2, qui sera la somme des produits de
tous les termes de Q_1 par tous ceux de P_3, c'est-à-dire la somme
de tous les produits de trois facteurs obtenus, en prenant un
facteur parmi les termes de P_1, un parmi les termes de P_2, et un
enfin parmi les termes de P_3. On multipliera ensuite Q_2 par P_4.
Le résultat Q_3 de cette multiplication sera la somme des produits des termes de Q_2 par ceux de P_4, c'est-à-dire la somme de
tous les produits de quatre facteurs pris respectivement dans
les polynomes P_1, P_2, P_3, P_4. On pourra continuer indéfiniment le raisonnement; et l'on verra que le *produit des polynomes*
P_1, P_2, P_3,... P_n, *est la somme de tous les produits de n facteurs
formés avec un terme de P_1, un terme de P_2, un terme de P_3,... et
un terme de P_n.*

§ IV. Produit des polynomes ordonnés.

43. Ce que c'est qu'ordonner un polynome. *Ordonner un
polynome par rapport à une lettre,* c'est disposer ses termes dans

un ordre tel, qu'en les considérant depuis le premier jusqu'au dernier, les exposants de cette lettre aillent tous en diminuant, ou tous en augmentant. Ainsi

$$8x^5 + 3x^4 + 2x^3 - x^2 - 11x + 1$$

est un polynome ordonné par rapport aux *puissances décroissantes* de la lettre x; et le polynome

$$5a^4 - 3a^3b - 6ab^3 + 4b^4$$

est ordonné par rapport aux *puissances croissantes* de la lettre b, et aussi par rapport aux puissances décroissantes de la lettre a.

Un polynome est *complet*, lorsqu'il contient la lettre *ordonnatrice* à tous les degrés, à partir du degré le plus élevé. Le premier des deux polynomes précédents est complet; le second est *incomplet*, car le terme en a^2b^2 manque. Un polynome complet renferme autant de termes, plus un, qu'il y a d'unités dans l'exposant de la lettre ordonnatrice: car il contient un terme indépendant de la lettre ordonnatrice, ou de *degré zéro*.

Lorsque plusieurs termes du polynome contiennent la lettre ordonnatrice avec le même exposant, on réunit tous ces termes en un seul, en *mettant en facteur* (**31**) la puissance de cette lettre; et l'on regarde le multiplicateur polynome que l'on obtient ainsi, comme le coefficient de cette puissance. On place d'ailleurs ce coefficient dans une parenthèse, ou bien on le dispose en colonne verticale à gauche de la puissance.

EXEMPLE. Le polynome

$$a^2x^5 - 2abx^5 + b^2x^5 + 2a^3x^4 - 4b^3x^4 - a^4x^3 - a^2b^2x^2 + b^4x^3 + 3a^2b^3x^2 - 2ab^4x^2$$

s'écrira

$$(a^2 - 2ab + b^2)\,x^5 + (2a^3 - 4b^3)\,x^4 - (a^4 + a^2b^2 - b^4)\,x^3 + (3a^2b^3 - 2ab^4)x^2,$$

ou bien

a^2	$x^5 + 2a^3$	$x^4 - a^4$	$x^3 + 3a^2b^3$	x^2
$-2ab$	$-4b^3$	$-a^2b^2$	$-2ab^4$	
$+b^2$		$+b^4$		

La barre verticale sépare ainsi de son coefficient chaque puissance de la lettre ordonnatrice.

44. EXEMPLES DE MULTIPLICATIONS ORDONNÉES. Dans la pratique, on ordonne les deux facteurs par rapport à la même lettre, s'ils ont une lettre commune; et l'on place le multiplicateur sous le multiplicande, comme en arithmétique. Les produits partiels du multiplicande par chaque terme du multiplicateur sont alors ordonnés par rapport à la même lettre; et l'on peut facilement placer les termes semblables les uns sous les autres, et en opérer ensuite la réduction.

EXEMPLE I. Les deux polynomes sont complets.

Multiplicande.... $3x^4 - 5ax^3 - 4a^2x^2 + 7a^3x - 2a^4$
Multiplicateur.... $2x^3 - 5ax^2 - 3a^2x + 4a^3$

$$
\begin{array}{l}
\text{Produits} \quad 2x^3 \quad 6x^7 - 10ax^6 - 8a^2x^5 + 14a^3x^4 - 4a^4x^3 \\
\quad \text{du} \qquad -5ax^2 \qquad\quad -15ax^6 + 25a^2x^5 + 20a^3x^4 - 35a^4x^3 + 10a^5x^2 \\
\text{multiplic}^{de} \quad -3a^2x \qquad\qquad\qquad -9a^2x^5 + 15a^3x^4 + 12a^4x^3 - 21a^5x^2 + 6a^6x \\
\quad \text{par} \qquad +4a^3 \qquad\qquad\qquad\qquad +12a^3x^4 - 20a^4x^3 - 16a^5x^2 + 28a^6x - 8a^7
\end{array}
$$

Produit simplifié. $6x^7 - 25ax^6 + 8a^2x^5 + 61a^3x^4 - 47a^4x^3 - 27a^5x^2 + 34a^6x - 8a^7$

EXEMPLE II. Les polynomes sont incomplets. On laisse des intervalles vides, pour pouvoir placer les termes semblables les uns sous les autres.

Multiplicande.... $5a^5 - 3a^4b - 2a^2b^3 + b^5$
Multiplicateur.... $3a^3 - 5ab^2 + 2b^3$

$$
\begin{array}{l}
\text{Produits} \quad 3a^3.. \quad 15a^8 - 9a^7b \qquad\quad - 6a^5b^3 \qquad\quad + 3a^3b^5 \\
\quad \text{du} \qquad -5ab^2 \qquad\qquad -25a^6b^2 + 15a^5b^3 \qquad +10a^3b^5 \qquad -5ab^7 \\
\text{multiplic}^{de} \quad +2b^3. \qquad\qquad\qquad +10a^5b^3 - 6a^4b^4 \qquad\quad -4a^2b^6 \qquad +2b^8 \\
\quad \text{par}
\end{array}
$$

Produit simplifié. $15a^8 - 9a^7b - 25a^6b^2 + 19a^5b^3 - 6a^4b^4 + 13a^3b^5 - 4a^2b^6 - 5ab^7 + 2b^8$

EXEMPLE III. Les polynomes ont des coefficients polynomes.

$$\text{Multiplicande..}\begin{cases} a^2 \\ -2ab \\ +b^2 \end{cases}\begin{vmatrix} x^3+2a^3 \\ -4b^3 \end{vmatrix}\begin{vmatrix} x^2-a^4 \\ -a^2b^2 \\ +b^4 \end{vmatrix}\begin{vmatrix} x+3a^2b^3 \\ -2ab^4 \end{vmatrix}$$

$$\text{Multiplicateur..}\begin{cases} a \\ -b \end{cases}\begin{vmatrix} x^2+a^2 \\ -ab \\ -b^2 \end{vmatrix}\begin{vmatrix} x-a^3 \\ +b^3 \end{vmatrix}$$

Produits partiels par :

	a^3	x^5+2a^4	x^4-a^5	$x^3+3a^3b^3$	x^2	x
ax^2	a^3	x^5+2a^4	x^4-a^5	$x^3+3a^3b^3$	x^2	
	$-2a^2b$	$-4ab^3$	$-a^3b^2$	$-2a^2b^4$		
	$+ab^2$		$+ab^4$			
$-bx^2$	$-a^2b$	$-2a^3b$	$+a^4b$	$-3a^2b^4$		
	$+2ab^2$	$+4b^4$	$+a^2b^3$	$+2ab^5$		
	$-b^3$		$-b^5$			
a^2x		$+a^4$	$+2a^5$	$-a^6$	$+3a^4b^3$	
		$-2a^3b$	$-4a^2b^3$	$-a^4b^2$	$-2a^3b^4$	
		$+a^2b^2$		$+a^2b^4$		
$-abx$		$-a^3b$	$-2a^4b$	$+a^5b$	$-3a^3b^4$	
		$+2a^2b^2$	$+4ab^4$	$+a^3b^3$	$+2a^2b^5$	
		$-ab^3$		$-ab^5$		
$-b^2x$		$-a^2b^2$	$-2a^3b^2$	$+a^4b^2$	$-3a^2b^5$	
		$+2ab^3$	$+4b^5$	$+a^3b^4$	$+2ab^6$	
		$-b^4$		$-b^6$		
$-a^3$			$-a^5$	$-2a^6$	$+a^7$	$-3a^5b^3$
			$+2a^4b$	$+4a^3b^3$	$+a^5b^2$	$+2a^4b^4$
			$-a^3b^2$		$-a^3b^4$	
b^3			$+a^2b^3$	$+2a^3b^3$	$-a^4b^3$	$+3a^2b^6$
			$-2ab^4$	$-4b^6$	$-a^2b^5$	$-2ab^7$
			$+b^5$		$+b^7$	
Produit total simplifié	a^8	x^5+3a^4	x^4+a^4b	x^3-3a^6	x^2+a^7	$x-3a^5b^3$
	$-3a^2b$	$-5a^3b$	$-4a^3b^2$	$+a^5b$	$+a^5b^2$	$+2a^4b^4$
	$+3ab^2$	$+2a^2b^2$	$-2a^2b^3$	$+10a^3b^3$	$+2a^4b^3$	$+3a^2b^6$
	$-b^3$	$-3ab^3$	$+3ab^4$	$-3a^2b^4$	$-6a^3b^4$	$-2ab^7$
		$+3b^4$	$+4b^5$	$+ab^5$	$-2a^2b^5$	
				$-5b^6$	$+2ab^6$	
					$+b^7$	

On voit que, dans ce cas, l'opération est plus longue, mais la règle est toujours la même : on multiplie toujours tous les termes du multiplicande par tous ceux du multiplicateur, et l'on opère la réduction des termes semblables.

§ V. Théorèmes et applications.

45. NOMBRE MINIMUM DES TERMES DU PRODUIT. Lorsque l'on multiplie un polynome par un autre, on vient de voir que le produit peut renfermer des termes semblables, qui se réduisent les uns avec les autres. Mais *il existe dans chaque produit deux termes au moins qui ne se réduisent avec aucun autre.* Ce sont lorsque les polynomes sont ordonnés par rapport aux puissances décroissantes d'une même lettre, le produit du premier terme du multiplicande par le premier terme du multiplicateur, et celui du dernier terme du multiplicande par le dernier terme du multiplicateur.

En effet, un terme quelconque du produit est le produit d'un terme du multiplicande par un terme du multiplicateur, et l'exposant de la lettre ordonnatrice dans ce terme est la somme des exposants dont cette lettre est affectée dans les deux facteurs. Par conséquent, dans le produit du premier terme du multiplicande et du premier terme du multiplicateur, l'exposant de la lettre ordonnatrice est la somme des exposants les plus élevés; il est donc plus fort qu'aucun autre. De même, dans le produit des derniers termes, l'exposant est la somme des exposants les moins élevés; il est plus faible qu'aucun autre. Les deux termes ainsi obtenus ne peuvent donc se réduire avec les autres.

Le produit de deux polynomes, ou d'un polynome par un monome, a donc toujours au moins deux termes. Il peut d'ailleurs ne renfermer que ces deux-là.

EXEMPLE : Multiplicande .... $x^7 + x^6 + x^5 + x^4 + x^3 + x^2 + x + 1$
Multiplicateur.... $x - 1$

$$x^8 + x^7 + x^6 + x^5 + x^4 + x^3 + x^2 + x$$
$$- x^7 - x^6 - x^5 - x^4 - x^3 - x^2 - x - 1$$

Produit simplifié. x^8 -1

On voit qu'ici tous les termes se détruisent, à l'exception de x^8 et de -1, qui sont les produits des premiers termes entre eux et des derniers termes entre eux.

46. REMARQUE. Si les deux polynomes contiennent plusieurs lettres, on pourra les ordonner successivement par rapport à chacune d'elles; et, en appliquant la remarque précédente, on obtiendra un certain nombre de termes, qui devront subsister sans réduction dans le produit. Par exemple, si l'on multiplie les deux polynomes suivants, qui sont ordonnés par rapport à a,

$$a^4 - a^3b^5 + a^2b^3 - b^4, \text{ et } a^6 + a^4b - a^3b^7 - ab^2,$$

les termes $a^4 \times a^6$ ou a^{10}, et $(-b^4)(-ab^2)$ ou ab^6, seront irréductibles dans le produit. Mais si l'on ordonne ces deux polynomes par rapport à b,

$$-a^3b^5 - b^4 + a^2b^3 + a^4, \quad \text{et} \quad -a^3b^7 - ab^2 + a^4b + a^6,$$

ce seront les produits $(-a^3b^5)(-a^3b^7)$ ou a^6b^{12}, et $a^4 . a^6$ ou a^{10}, qui devront subsister dans le produit. Le terme a^{10} se présente, comme on voit, de deux manières différentes : et nous trouvons seulement trois termes distincts, qui, dans le résultat, ne peuvent éprouver aucune réduction.

47. NOMBRE MAXIMUM DES TERMES DU PRODUIT. Le produit du multiplicande par l'un des termes du multiplicateur contient autant de termes qu'il y en a dans le multiplicande. Donc, si le résultat n'offre pas de termes semblables à réduire, *le nombre des termes du produit total sera le produit du nombre des termes du multiplicande par le nombre des termes du multiplicateur.* C'est là évidemment *le plus grand* nombre de termes du résultat.

48. PRODUITS HOMOGÈNES. Nous nous contenterons d'énoncer le théorème suivant :

Le produit de plusieurs polynomes homogènes (8) *est un polynome homogène, dont le degré est la somme des degrés des facteurs.*

49. THÉORÈME. *Le produit de la somme de deux nombres* a *et* b *par leur différence est égal à la différence des carrés des deux nombres.* Ce théorème résulte immédiatement de l'application de la règle de multiplication au produit de $(a+b)$ par $(a-b)$: il fournit la formule

$$(a+b)(a-b) = a^2 - b^2.$$

Cette formule est importante : elle sert surtout à *décomposer la différence de deux carrés en un produit de deux facteurs, dont l'un est la somme et l'autre la différence des racines.*

EXEMPLES :

$$1° \quad (a^2 + ab + b^2)^2 - (a^2 - ab + b^2)^2 = (2a^2 + 2b^2)\,2ab$$
$$= 4ab\,(a^2 + b^2);$$

$$2° \quad \left(\frac{m+n}{2}\right)^2 - \left(\frac{m-n}{2}\right)^2 = \frac{2m}{2} \times \frac{2n}{2} = mn.$$

50. THÉORÈME. *Le carré d'un polynome est égal à la somme des carrés de ses différents termes, plus deux fois la somme de leurs produits deux à deux.*

ALG. B. Iʳᵉ PARTIE.   3

Le théorème est connu pour le binome :

$$(a+b)^2 = a^2 + 2ab + b^2.$$

Il se démontre aisément pour le trinome $(a+b+c)$. Car représentons par s la somme $a+b$ des deux premiers termes ; nous aurons, en appliquant la formule précédente,

$$(a+b+c)^2 = (s+c)^2 = s^2 + 2sc + c^2.$$

Remplaçant s par sa valeur, et effectuant les calculs, nous aurons :

$$(a+b+c)^2 = (a+b)^2 + 2(a+b)c + c^2$$
$$= a^2 + 2ab + b^2 + 2ac + 2bc + c^2$$
$$= a^2 + b^2 + c^2 + 2ab + 2ac + 2bc.$$

Il est facile d'étendre le théorème à un polynome de n termes,

$$P = a+b+c+\ldots+k+l.$$

Car représentons par s la somme des $(n-1)$ premiers termes ; nous aurons :

$$P^2 = (a+b+c+\ldots+k+l)^2 = (s+l)^2 = s^2 + 2sl + l^2.$$

Si l'on suppose que le théorème est vrai pour le polynome s, s^2 renferme les carrés des termes a, b, c,... k et leurs doubles produits deux à deux ; $2sl$ renferme les doubles produits des termes a, b, c.... k par le nouveau terme l, et l^2 est le carré de ce dernier terme. Donc P^2 renferme les carrés de tous les termes de P, ainsi que leurs doubles produits deux à deux. Donc, si le théorème a lieu pour un polynome de $(n-1)$ termes, il subsiste pour un polynome qui contient n termes, c'est-à-dire un terme de plus. Or il est démontré pour un polynome de trois termes ; donc il subsiste pour un polynome de quatre termes : mais, s'il a lieu pour un polynome de quatre termes, notre raisonnement montre qu'il a lieu pour un polynome de cinq termes, et ainsi de suite. Ainsi le théorème est général.

On formule souvent ainsi ce théorème :

$$(\Sigma a)^2 = \Sigma a^2 + 2\Sigma ab,$$

le signe Σ indiquant la somme d'une série de termes analogues à celui que ce signe précède.

Le raisonnement que nous venons de faire, à l'aide duquel on s'élève d'une formule démontrée pour un cas particulier à une formule générale, doit être remarqué : on l'emploie souvent en algèbre.

Lorsque l'on veut effectuer dans la pratique le carré d'un polynome, on suit dans le calcul la marche fournie par la démonstration précédente, c'est-à-dire que l'on fait le carré du premier terme, le double produit du premier par le second, et le carré du second ; puis le double produit de la somme des deux premiers par le troisième, et le carré du troisième ; puis le double produit de la somme des trois premiers par le quatrième, et le carré du quatrième ; et ainsi de suite. D'ailleurs, pour réduire plus aisément les termes semblables, on dispose les calculs, comme on le voit dans l'exemple suivant, de manière que chaque ligne horizontale soit terminée par le carré d'un terme.

Soit à effectuer le carré du polynome

$$3x^4 - 4ax^3 - 5a^2x^2 + 2a^3x - a^4 ;$$

on aura :

$$9x^8$$
$$-24ax^7 + 16a^2x^6$$
$$-30a^2x^6 + 40a^3x^5 + 25a^4x^4$$
$$+12a^3x^5 - 16a^4x^4 - 20a^5x^3 + 4a^6x^2$$
$$- 6a^4x^4 + 8a^5x^3 + 10a^6x^2 - 4a^7x + a^8$$

Carré simplifié.. $9x^8 - 24ax^7 - 14a^2x^6 + 52a^3x^5 + 3a^4x^4 - 12a^5x^3 + 14a^6x^2 - 4a^7x + a^8$

51. REMARQUE. *Le carré d'un polynome contient au moins quatre termes qui n'éprouvent pas de réduction.* Ce sont, lorsque le polynome est ordonné, les deux premiers et les deux derniers. En effet, soient α et β les exposants de la lettre ordonnatrice dans les deux premiers termes du polynome, les exposants de cette lettre, dans les deux premiers termes du carré, seront 2α et $\alpha + \beta$; or ces deux exposants sont différents, puisque, par hypothèse, $\alpha > \beta$; et ils sont évidemment supérieurs à ceux dont la lettre est affectée dans les autres termes du carré. Donc ces deux termes ne sauraient éprouver aucune réduction. On verra de même, que le double produit des deux derniers termes du polynome et le carré du dernier sont irréductibles.

EXERCICES.

I. Démontrer que le cube d'un polynome est égal à la somme des cubes des termes, plus trois fois la somme des produits de l'un des termes par le

carré d'un autre, plus six fois la somme des produits des termes trois à trois ;
ou que

$$(\Sigma a)^3 = \Sigma a^3 + 3\,\Sigma a^2 b + 6\,\Sigma\,abc.$$

La démonstration est analogue à celle du n° 50.

II. Vérifier la formule

$$(a+b+c)\,(a+b-c)\,(a+c-b)\,(b+c-a) = 2a^2 b^2 + 2a^2 c^2 + 2b^2 c^2 - a^4 - b^4 - c^4.$$

III. Vérifier l'égalité

$$(a^2 + b^2 + c^2 + d^2)\,(p^2 + q^2 + r^2 + s^2) = (ap + bq + cr + ds)^2 + (aq - bp + cs - dr)^2$$
$$+ (ar - cp + dq - bs)^2 + (as - dp + br - cq)^2.$$

IV. Si l'on pose
$$a + b + c + d = A,$$
$$a + b - c - d = B,$$
$$a - b + c - d = C,$$
$$a - b - c + d = D;$$

et, si l'on a, en même temps,

$$ab\,(a^2 + b^2) = cd\,(c^2 + d^2);$$

on propose de vérifier la formule

$$AB\,(A^2 + B^2) = CD\,(C^2 + D^2).$$

Les exercices II, III, IV, n'offrent d'autre difficulté que la longueur des calculs.

V. Soient x, y, z, u, v, w, des nombres quelconques. Si l'on pose

$$m = \frac{x-y}{x+y}, \quad p = \frac{y-z}{y+z}, \quad q = \frac{z-u}{z+u}, \quad r = \frac{u-v}{u+v}, \quad s = \frac{v-w}{v+w}, \quad t = \frac{w-x}{w+x},$$

prouver que l'on a la formule

$$(1 + m)\,(1 + p)\,(1 + q)\,(1 + r)\,(1 + s)\,(1 + t)$$
$$= (1 - m)\,(1 - p)\,(1 - q)\,(1 - r)\,(1 - s)\,(1 - t).$$

VI. Démontrer que $2y^2 + 3z^2 + 6t^2$ est égal à la somme de trois carrés.

VII. Simplifier l'expression

$$\tfrac{1}{6}\{x\,(x+1)\,(x+2) + x\,(x-1)\,(x-2)\} + \tfrac{3}{2}\,(x-1)\,x\,(x+1).$$

On trouve
$$\frac{x\,(11\,x^2 - 5)}{6}.$$

VIII. Vérifier la formule

$$4\,\{(a^2 - b^2)\,cd + (c^2 - d^2)\,ab\}^2 + \{(a^2 - b^2)\,(c^2 - d^2) - 4abcd\}^2 = (a^2 + b^2)^2\,(c^2 + d^2)^2.$$

IX. Réduire l'expression

$$\frac{x\,(x+1)\,(x+2)}{3} - \frac{x\,(x+1)\,(2x+1)}{6}.$$

On trouve
$$\frac{x\,(x+1)}{2}.$$

X. Si l'on fait, dans le polynome,
$$ax^2 + 2bxy + cy^2,$$
la substitution
$$x = \alpha x' + \beta y',$$
$$y = \alpha' x' + \beta' y',$$
il prendra la forme
$$A x'^2 + 2B x'y' + C y'^2 ;$$
et l'on aura la formule
$$B^2 - AC = (b^2 - ac)(\alpha\beta' - \beta\alpha')^2.$$

XI. Vérifier les égalités
$$1 + x^4 = (1 + x^2 + x\sqrt{2})(1 + x^2 - x\sqrt{2});$$
$$1 + x^6 = (1 + x^2)(1 + x^2 + x\sqrt{3})(1 + x^2 - x\sqrt{3}).$$

XII. Si l'on pose
$$B = b^2 + bc + c^2, \quad C = b^2c + bc^2,$$
on aura la formule
$$4B^3 - 27C^2 = (b - c)^2 (2b^2 + 5bc + 2c^2)^2$$
et, par conséquent, $4B^3 - 27C^2$ est toujours positif.

Les formules VIII, X, XI, XII, se vérifient en effectuant les calculs : les deux membres deviennent alors identiques.

XIII. Démontrer que, si deux nombres entiers a et b sont tous deux pairs, ou tous deux impairs, la demi-somme de leurs carrés est une somme de deux carrés.

On s'appuie sur le théorème (50).

XIV. Si a, b, m sont des nombres entiers, et si l'expression $a^2 + 2mb^2$ est un carré, démontrer que $a^2 + mb^2$ est la somme de deux carrés.

On applique le théorème précédent.

CHAPITRE III.

DIVISION ALGÉBRIQUE.

52. Lorsqu'on a à diviser une expression algébrique A par une autre B, on indique le quotient, en plaçant le dividende au-dessus du diviseur, et en les séparant par une barre horizontale. On écrit $\dfrac{A}{B}$, et, le plus souvent, il est impossible de transformer la formule en une autre plus simple.

Mais lorsque A et B renferment des lettres communes, il arrive quelquefois que l'on peut simplifier le quotient ; et c'est ce qu'on appelle alors *effectuer* la division. Nous allons étudier l'opération à ce point de vue pour les monomes et les polynomes ; nous donnerons la règle à suivre dans chaque cas, et nous étudierons en même temps les conditions, sans lesquelles le calcul n'est pas possible.

53. La division algébrique présente trois cas : 1° division d'un monome par un monome ; 2° division d'un polynome par un monome ; 3° division d'un polynome par un polynome.

§ I. Division des monomes.

54. Règle de division. Soit à diviser $75\,a^7b^4c^2d^5$ par $25\,a^3bc^2$; et *supposons* qu'il existe un monome entier qui, multiplié par le diviseur, reproduise le dividende. D'après la règle de multiplication (**28**), le coefficient 75 du dividende doit être le produit du coefficient 25 du diviseur par celui du quotient : ce dernier s'obtiendra donc en divisant 75 par 25 ; il sera 3. D'après la même règle, l'exposant 7 de la lettre *a* dans le dividende doit être la somme de l'exposant 3 de la même lettre dans le diviseur, et de celui de cette lettre dans le quotient ; on obtiendra donc ce dernier en retranchant 3 de 7 ; il sera 4. De même l'exposant de *b* sera 3. Comme *c* entre avec le même exposant 2 au dividende et au diviseur, cette lettre n'entrera pas au quotient ; et comme *d* entre au dividende sans entrer au diviseur, elle devra se trouver au quotient avec son exposant 5. Le quotient est donc $3a^4b^3d^5$.

La méthode est générale ; elle conduit à la règle suivante :

Pour diviser un monome entier par un autre : 1° *on divise le coefficient du dividende par celui du diviseur ;* 2° *on écrit, une fois chacune, les lettres qui entrent au dividende avec un exposant plus grand qu'au diviseur ;* 3° *on affecte chacune de ces lettres d'un exposant égal à la différence de ceux qu'elle possède dans les deux monomes. Si une lettre n'entre qu'au dividende, elle entre au quotient avec son exposant.*

55. Conditions de possibilité. Nous avons supposé, pour faire le raisonnement, que le quotient existait sous forme d'un monome entier. Or il est évident que cette hypothèse sera vérifiée, toutes les fois que *le coefficient du dividende sera divisible par celui* du diviseur; qu'en outre, *les lettres du diviseur entreront toutes dans le dividende;* et qu'enfin *l'exposant de chacune d'elles au diviseur sera au plus égal à celui dont elle est affectée au dividende.* Car si ces conditions sont remplies, on pourra, en appliquant la règle (54), trouver un monome entier, qui multiplié par le diviseur, reproduira le dividende : ce sera donc le *quotient effectué.*

Mais si une ou plusieurs de ces trois conditions ne sont pas réalisées, il sera *impossible* d'obtenir le quotient sous forme d'un monome entier. Car, si le quotient existait sous cette forme, le raisonnement et la règle seraient applicables, et les trois conditions devraient être remplies.

Ce sont donc là les conditions nécessaires et suffisantes, pour que la division des monomes entiers soit possible.

56. Exposant zéro. D'après la règle que nous venons de donner, si une lettre a entre au dividende avec l'exposant m et au diviseur avec l'exposant n, elle entre au quotient avec l'exposant $m-n$. Mais la démonstration suppose que l'on a $m>n$. Si l'on a $m=n$, la lettre a disparaît du quotient, et la règle ne s'applique plus. Si toutefois l'on convenait de l'appliquer encore, on aurait a^{m-m} ou a^0; et comme le quotient de a^m par a^m est évidemment l'unité, on conserverait à la règle des exposants sa généralité, en faisant la *convention que* a^0 *représente l'unité,* quel que soit a. D'après cela,

$$75a^7b^4c^2d^5 : 25a^3bc^2 = 3a^4b^3c^0d^5 ;$$

et ce quotient n'est pas altéré par la convention, puisque le facteur $c^0=1$. On conserve d'ailleurs ainsi, dans le quotient, la trace d'une lettre qui, sans cela, disparaîtrait.

Nous donnerons plus loin de plus grands détails sur cette convention, qui se lie à la généralisation des exposants.

§ II. Division d'un polynome par un monome.

57. Règle de division. Le quotient de la division d'un polynome par un monome n'est jamais un monome; car le produit de deux monomes est toujours un monome (28). Ainsi, lorsque ce quotient existe sous forme entière, il ne peut être qu'un polynome. L'opération consiste donc, dans ce cas, à trouver un polynome qui, multiplié par le monome diviseur, reproduise le polynome dividende. Or on a vu (50), que le produit d'un polynome par un monome est la somme des produits de chaque terme du multiplicande par le multiplicateur. Donc le *quotient cherché s'obtiendra en divisant chaque terme du dividende par le diviseur : on donnera d'ailleurs à chaque quotient partiel le signe du terme du dividende qui l'a fourni.* Par exemple,

$$(36\,a^4x^5 - 24\,a^5x^6 + 28\,a^5x^2) : 4\,a^3x^2 = 9\,ax^3 - 6\,x^4 + 7a^2.$$

58. CONDITIONS DE POSSIBILITÉ. *Si chaque terme du dividende, pris isolément, est divisible par le diviseur,* il est évident que le quotient est un polynome entier, qu'on peut obtenir par l'application de la règle précédente ; et la démonstration de cette règle prouve, d'ailleurs, que cette condition est nécessaire.

§ III. Division des polynomes.

59. Il est bien rare que l'on puisse *effectuer* la division d'un polynome par un autre, c'est-à-dire *trouver un troisième polynome qui, multiplié par le second, reproduise le premier.* Cependant lorsque le dividende et le diviseur admettent une lettre commune, il arrive *quelquefois* que l'on peut mettre le quotient sous cette forme. Nous supposerons ici, que les deux polynomes sont ordonnés par rapport aux puissances décroissantes d'une même lettre, et nous chercherons, *s'il est possible,* à représenter le quotient par un polynome ordonné de la même manière.

Le procédé de division repose sur les théorèmes suivants :

60. THÉORÈME I. *Si deux polynomes sont ordonnés suivant les puissances décroissantes d'une même lettre, et que le quotient de leur division soit égal à un polynome ordonné de la même manière, le premier terme de ce quotient est le quotient de la division du premier terme du dividende par le premier terme du diviseur.*

En effet, le quotient, multiplié par le diviseur, doit reproduire le dividende. Or, le premier terme du produit de deux polynomes ordonnés provient, sans réduction (45), du produit des premiers termes de chacun d'eux. Le premier terme du dividende est donc le produit du premier terme du quotient par le premier terme du diviseur ; et le premier terme du quotient résulte, par conséquent, de la division du premier terme du dividende par le premier terme du diviseur.

On peut remarquer (41), que le premier terme du quotient sera positif ou négatif, suivant que le premier terme du dividende et le premier terme du diviseur auront ou n'auront pas le même signe.

61. THÉORÈME II. *Si l'on multiplie le diviseur par le premier terme du quotient, et si l'on retranche le produit du dividende, on obtiendra un reste qui, divisé par le diviseur, donnera pour résultat l'ensemble des autres termes du quotient.*

Le dividende est égal, en effet, au produit du diviseur par le quotient. Si donc on en retranche le produit du diviseur par un des termes du quotient, le reste sera le produit du diviseur par la somme des autres termes du quotient : cette somme sera, par suite, le quotient de la division du reste par le diviseur.

62. RÈGLE DE DIVISION. Les deux théorèmes précédents permettent de faire une division quelconque : car le premier donne le moyen de trouver le premier terme du quotient, et le second ramène la recherche de tous les autres à une division nouvelle. Le premier théorème, appliqué à cette division nouvelle, permet de trouver le premier terme du nouveau quotient, c'est-à-dire le second terme du quotient cherché; et le second théorème ramène la recherche des suivants à une troisième division, et ainsi de suite.

De là résulte cette règle :

Pour diviser un polynome par un autre : après les avoir ordonnés suivant les puissances décroissantes d'une même lettre, on divise le premier terme du dividende par le premier terme du diviseur; ce qui donne le premier terme du quotient. On multiplie le diviseur par ce quotient, et l'on retranche le produit du dividende: cette soustraction se fait en changeant le signe de chaque terme à soustraire, et en réduisant les termes semblables. On divise le premier terme du reste par le premier terme du diviseur; ce qui donne le second terme du quotient. On multiplie le diviseur par ce second terme, et l'on retranche le produit du reste. On obtient ainsi un second reste, dont on divise le premier terme par le premier terme du diviseur : ce qui donne le troisième terme du quotient. On multiplie le diviseur par ce troisième terme, et l'on retranche ce produit du second reste. On continue ainsi, jusqu'à ce que l'on trouve zéro pour reste.

Le polynome, dont on a obtenu ainsi les termes un à un, est

le quotient cherché ; car, en opérant d'après cette règle, on a retranché successivement du dividende les produits du diviseur par les différents termes de ce polynome ; puisqu'il ne reste rien, il faut que le dividende soit le produit du diviseur par ce polynome, c'est-à-dire que ce polynome soit le quotient.

62. EXEMPLE I. Soit à diviser $x^5 + 6x^4 + 4x^3 - 4x^2 + x - 1$ par $x^2 + x - 1$: on écrira, comme il suit, le diviseur à la droite du dividende, en les séparant par une barre verticale.

$$
\begin{array}{r|l}
\text{Dividende...} \quad x^5 + 6x^4 + 4x^3 - 4x^2 + x - 1 & x^2 + x - 1 \qquad \text{diviseur.} \\
\underline{ -x^5 - x^4 + x^3} & \overline{x^3 + 5x^2 + 1} \quad \text{quotient.} \\
\text{1^{er} reste.....} \quad 5x^4 + 5x^3 - 4x^2 + x - 1 & \\
\underline{ -5x^4 - 5x^3 + 5x^2} & \\
\text{2^{e} reste......} \qquad\qquad x^2 + x - 1 & \\
\underline{ -x^2 - x + 1} & \\
\qquad\qquad\qquad 0 &
\end{array}
$$

Le premier terme du quotient est x^3, quotient de la division de x^5 par x^2. Le produit du diviseur par x^3 est $x^5 + x^4 - x^3$; on écrit sous le dividende ce produit changé de signe ; ce qui réduit la soustraction à faire une simple réduction de termes semblables : et l'on obtient ainsi un premier reste $5x^4 + 5x^3 - 4x^2 + x - 1$.

Le second terme du quotient est $5x^2$, quotient de la division de $5x^4$ par x^2. On multiplie le diviseur par $5x^2$, ce qui donne $5x^4 + 5x^3 - 5x^2$; puis on écrit ce produit sous le premier reste en changeant son signe, et l'on opère la réduction. On obtient pour second reste $x^2 + x - 1$.

Le troisième terme du quotient est 1, quotient de x^2 par x^2. Si l'on multiplie le diviseur par 1, et qu'on retranche le produit du second reste, on obtient pour reste 0. Le quotient cherché est donc

$$x^3 + 5x^2 + 1.$$

On doit s'habituer à effectuer à la fois la multiplication de chaque terme du diviseur par le terme trouvé au quotient, la soustraction du terme correspondant du dividende, et la réduction des termes semblables. Le tableau du calcul se réduit alors, comme on le voit ici :

$$
\begin{array}{r|l}
\text{Dividende...} \quad x^5 + 6x^4 + 4x^3 - 4x^2 + x - 1 & x^2 + x - 1 \quad \text{diviseur.} \\
\text{1^{er} reste.....} \qquad 5x^4 + 5x^3 - 4x^2 + x - 1 & \overline{x^3 + 5x^2 + 1} \quad \text{quotient.} \\
\text{2^{e} reste.....} \qquad\qquad\qquad x^2 + x - 1 & \\
\qquad\qquad\qquad\qquad 0 &
\end{array}
$$

EXEMPLE II. Les coefficients de la lettre ordonnatrice sont des monomes littéraux.

Soit à diviser le polynome

$$15a^8 - 9a^7b - 25a^6b^2 + 19a^5b^3 - 6a^4b^4 + 13a^3b^5 - 4a^2b^6 - 5ab^7 + 2b^8$$

par le polynome

$$3a^3 - 5ab^2 + 2b^3.$$

Nous nous contenterons de faire le tableau du calcul.

$$D^{de} \quad 15a^8-9a^7b-25a^5b^2+19a^3b^3-6a^4b^4+13a^3b^5-4a^2b^6-5ab^7+2b^8 \mid 3a^3-5ab^2+2b^3 \quad D^r$$
$$\text{1er reste} \quad -9a^7b- \quad +9a^5b^3-6a^4b^4+13a^3b^5-4a^2b^6-5ab^7+2b^8 \mid 5a^5-3a^4b-2a^2b^3+b^5 \quad Q^t$$
$$\text{2e reste} \quad -6a^5b^3 \quad +13a^3b^5-4a^2b^6-5ab^7+2b^8$$
$$\text{3e reste} \quad +2a^{3b3} \quad -5ab^7+2b^8$$

64. EXEMPLE III. La règle précédente ne suppose nullement que les puissances de la lettre ordonnatrice aient des coefficients numériques ou monomes. Ces coefficients peuvent être des polynomes (43), sans qu'il y ait rien à changer aux raisonnements et à la manière de procéder. Seulement, quand les coefficients du premier terme du dividende et du premier terme du diviseur sont des polynomes, il y a des divisions partielles à opérer, chaque fois que l'on veut obtenir un nouveau terme du quotient. Voici un exemple :

1re *division partielle.*

$$a^4-3a^2b+3ab^2-b^3 \mid a^2-2ab+b^2$$
$$- a^2b+2ab^2-b^3 \mid \overline{a-b}$$
$$0$$

2e *division partielle.*

$$a^4-3a^2b+2a^2b^2+ \ ab^3-b^4 \mid a^2-2ab+b^2$$
$$- a^3b+ a^2b^2+ ab^3-b^4 \mid \overline{a^2- ab-b^2}$$
$$- a^2b^2+2ab^3-b^4$$
$$0$$

5e *division partielle.*

$$-a^5+2a^4b-a^3b^2+a^2b^3-2ab^4+b^5 \mid a^3-2ab+b^2$$
$$+a^2b^3-2ab^4+b^5 \mid \overline{-a^2+b^3}$$
$$0$$

On divise d'abord, dans ce cas, $(a^3-3a^2b+3ab^2-b^3)$, coefficient du premier terme du dividende, par $(a^2-2ab+b^2)$, coefficient du premier terme du diviseur (première division partielle); ce qui donne $(a-b)$. Et comme x^5, divisé par x^3, donne x^2, le premier terme du quotient est $(a-b)x^2$. On multiplie le diviseur par ce terme, ce qui oblige à effectuer plusieurs multiplications de polynomes; puis on retranche ce produit du dividende, et on a un premier

reste Pour continuer l'opération, on doit diviser $(a^4 - 3a^3b + 2a^2b^2 + ab^3 - b^4$
coefficient du premier terme du reste, par $(a^2 - 2ab + b^2)$, (deuxième divisio
partielle) : ce qui donne $(a^2 - ab - b^2)$. Le second terme du quotient est dor
$(a^2 - ab - b^2)x$. La multiplication du diviseur par ce terme, et la soustraction
amènent un nouveau reste, sur lequel on opère comme sur le précédent; et l'o
arrive ainsi au quotient cherché.

65. CONDITIONS DE POSSIBILITÉ. — Les raisonnements, qu
nous ont conduit au procédé de division, supposent essentielle
ment que le quotient puisse s'exprimer par un polynome. Or
lorsqu'on a à diviser un polynome par un autre, on ignore l
plus souvent si cette condition est remplie. Il est donc importar
de déterminer les caractères auxquels on reconnaîtra qu'un
division est possible sous cette forme. Ces caractères se rencor
trent dans le procédé même que l'on emploie.

En effet, si une division est possible,

1° *Le premier terme du dividende doit être divisible par le premie
terme du diviseur, et le dernier terme du dividende par le dernie
terme du diviseur* (**45**).

2° *Le premier terme de chaque reste doit être divisible par le pre
mier terme du diviseur :* car il est le produit du premier terme d
diviseur par un terme du quotient.

3° *Après un certain nombre de divisions partielles successives, o
doit trouver au quotient un terme qui, multiplié par le diviseur, re
produit le dividende partiel qui l'a fourni :* car on doit obtenir l
reste zéro.

Ces conditions sont nécessaires: et si l'une d'elles n'est pa
remplie, il n'existe pas de quotient sous la forme d'un polynome
la division ne peut s'effectuer.

Ces conditions sont suffisantes; car si elles sont remplies, l
procédé employé fournit évidemment un polynome, qui, mul
tiplié par le diviseur, reproduit le dividende.

66. CARACTÈRES AUXQUELS ON RECONNAIT SI UNE DIVISION PEU'
OU NE PEUT PAS S'EFFECTUER. — Lorsque les polynomes sont or
donnés, comme nous l'avons supposé (**59**), suivant les puissance:
décroissantes d'une même lettre, l'exposant de cette lettre dans
le premier terme de chaque reste va toujours en diminuant,
puisque la réduction des termes semblables fait disparaître au
moins le premier terme de chaque dividende partiel. Par conséquent, si l'on continue d'appliquer le procédé de division, or

arrivera nécessairement à un reste, dont le premier terme contiendra la lettre ordonnatrice avec un exposant plus faible que celui dont elle est affectée dans le premier terme du diviseur. Ou ce reste sera nul, et la division sera effectuée; ou il ne sera pas nul, et la division sera impossible.

Remarquons, d'ailleurs, que l'on pourra être averti de l'impossibilité de la division, avant d'arriver au reste dont nous parlons. Car il pourra se faire que *le premier terme d'un reste antérieur ne soit pas divisible par le premier terme du diviseur.*

EXEMPLE IV. Diviser $x^5 + 5x^4 + 2x^3$ par $x^2 + x$.

Dividende. $\quad x^5 + 5x^4 + 2x^3 \mid x^2 + x \qquad$ diviseur.
$\qquad\quad + 4x^4 + 2x^3 \mid \overline{x^3 + 4x^2 - 2x + 2} \quad$ quotient.
$\qquad\qquad\quad - 2x^3$
$\qquad\qquad\qquad\quad + 2x^2$
$\qquad\qquad\qquad\qquad\quad - 2x$

La suite des calculs amène le reste $-2x$, qui n'est pas divisible par x^2 : donc la division est impossible.

Quand une division ne peut pas s'effectuer, il existe un autre caractère auquel on peut reconnaître à quel moment on doit s'arrêter. En effet, si la division est possible, le dernier terme du dividende doit être le produit du dernier terme du diviseur par le dernier terme du quotient (45). Il résulte de là, qu'on peut déterminer immédiatement le dernier terme du quotient, en divisant le dernier terme du dividende par le dernier terme du diviseur. Donc, *lorsqu'en formant les termes successifs du quotient, on en trouvera un de degré moindre que le terme ainsi calculé, on pourra affirmer que l'opération ne se termine pas, et qu'aucun polynome ne peut représenter le quotient. Il en sera de même, si l'on arrive à un terme de même degré que le terme ainsi calculé, et qui ne lui soit pas identique.*

Dans l'exemple IV, si le quotient existait, le dernier terme devrait être $2x^2$, quotient de $2x^3$ par x. Or le premier terme $4x^4$ du premier reste, divisé par x^2, donne pour quotient $4x^2$. Sans aller plus loin, on peut affirmer que la division ne se terminera pas.

67. DIVISION DES POLYNOMES ORDONNÉS SUIVANT LES PUISSANCES CROISSANTES D'UNE LETTRE. Il arrive, dans certains cas, que l'on ordonne les termes d'un polynome suivant les puissances croissantes d'une lettre. On peut faire la division de deux polynomes ordonnés de cette manière, et trouver les divers termes du quotient, en commençant par ceux dans lesquels la lettre principale a le moindre exposant. La théorie est absolument la même que dans le mode ordinaire d'opérer; seulement, dans le cas où la division exacte n'est pas possible, il peut arriver qu'elle se poursuive indéfiniment; et l'on obtient alors des restes, dont le degré augmente de plus en plus, au lieu de diminuer, comme cela avait lieu dans le cas des polynomes ordonnés suivant les puissances décroissantes.

Pour donner un exemple de cette manière d'opérer, reprenons la division effectuée au paragraphe (63), en ordonnant les deux polynomes suivant les puissances croissantes de x.

EXEMPLE V. Divid^{de} $-1 + x - 4x^2 + 4x^3 + 6x^4 + x^5$ | $-1 + x + x^2$ div^r
               $-5x^2 + 4x^3 + 6x^4 + x^5$ | $\overline{+1 + 5x^2 + x^3}$ quot^t
               $- x^3 + x^4 + x^5$

Nous dirons: le dividende étant le produit du diviseur par le quotient, le terme, dont le degré en x y est le moins élevé, provient sans réduction du produit des deux termes analogues dans le diviseur et dans le quotient (45); et, par conséquent, le premier terme du quotient est le quotient de la division du premier terme du dividende par le premier terme du diviseur : il est $+ 1$.

On démontrera, absolument comme on l'a fait (61), qu'en retranchant du dividende le produit du diviseur par le premier terme du quotient, on obtient un reste $-5x^2 + 4x^3 + 6x^4 + x^5$ qui, divisé par le diviseur, fournira les termes qui doivent compléter le quotient.

Le premier de ces termes est égal, pour les raisons données plus haut, au quotient de la division de $-5x^2$ par -1, c'est-à dire qu'il est $+ 5x^2$.

En multipliant $+ 5x^2$ par le diviseur, en retranchant le résultat du premier reste, on obtient un second reste $-x^3 + x^4 + x^5$, qui, divisé par le diviseur, fournira les termes qui doivent compléter le quotient.

Le premier de ces termes est égal, pour les raisons données plus haut, au quotient de la division de $-x^3$ par -1, c'est-à-dire qu'il est $+ x^3$; en le multipliant par le diviseur, et retranchant le produit du reste précédent, on trouve une différence nulle; et l'opération est par conséquent terminée.

63. CARACTÈRE AUQUEL ON RECONNAÎT QU'UNE DIVISION AINSI ORDONNÉE EST IMPOSSIBLE. Dans l'exemple précédent, l'opération se termine, et le résultat est identique, comme cela devait être, avec celui qu'a fourni la première manière d'opérer. Mais il n'en serait pas de même, si nous prenions une division impossible à effectuer exactement. Soit, par exemple, à diviser $(1 + x + x^2 + 2x^3)$ par $(1 + 2x)$.

EXEMPLE VI. Dividende $1 + x + x^2 + 2x^3 \vert 1 + 2x$ diviseur.

$$\begin{array}{l} -x + x^2 + 2x^3 \vert \overline{1 - x + 3x^2 - 4x^3 + \ldots} \text{ quotient.} \\ \quad + 3x^2 + 2x^3 \\ \qquad\quad - 4x^3 \\ \qquad\qquad\quad + 8x^4 \end{array}$$

En appliquant le procédé ordinaire à cet exemple, on obtient des restes successifs, dans lesquels l'exposant de la lettre x, au premier terme, va toujours en augmentant; d'ailleurs la division du premier terme de chaque reste par le premier terme du diviseur est toujours possible. Donc le premier caractère d'impossibilité (66) ne se manifestera pas.

Mais il en existe un autre, analogue au second, qui se présente toujours, dans le cas où la division ne peut pas s'effectuer. En effet, si la division est possible, le dernier terme du dividende est le produit du dernier terme du quotient par le dernier terme du diviseur; par suite, le dernier terme du quotient s'obtiendra immédiatement, en divisant le dernier terme du dividende par le dernier terme du diviseur. Or le degré des termes du quotient, par rapport à la lettre ordonnatrice, va en augmentant. Donc, *lorsqu'on arrivera, en appliquant le procédé, à placer au quotient un terme de même degré que le terme ainsi calculé et qui ne lui serait pas identique, ou bien un terme de degré supérieur, on pourra affirmer que la division est impossible.*

Dans l'exemple VI, si le quotient existait, son dernier terme serait x^2, quotient de $2x^3$ par $2x$; donc, lorsqu'on est amené à mettre au quotient le terme $3x^2$, on doit s'arrêter; la division ne saurait s'effectuer.

En résumé, on voit que, dans tous les cas, le procédé même de la division conduit nécessairement à des caractères certains de possibilité ou d'impossibilité.

§ IV. Des divisions qui ne peuvent se faire exactement.

69. DÉFINITIONS. On dit qu'un polynome est *entier* par rapport à une lettre x, lorsqu'il ne contient la lettre x ni en dénominateur, ni sous le signe $\sqrt{\ }$. Ainsi l'expression

$$\frac{3a^2x^3}{4} - \frac{2b^3x^2}{5a} + 3x\sqrt{c} - \frac{4}{5}$$

est un polynome entier en x.

Si un polynome est entier par rapport à une lettre x, le *degré* de ce polynome, *par rapport* à cette lettre, est l'exposant le plus élevé dont elle est affectée. Le polynome précédent est du 3ᵉ degré *en* x.

On dit qu'un polynome, entier en x, est *divisible* par un autre polynome entier en x, quand le quotient peut s'exprimer par un polynome de même forme. Les coefficients peuvent être quelconques. Ainsi $ax^2 - 3$ est divisible par $x\sqrt{a} + \sqrt{3}$; le quotient est $x\sqrt{a} - \sqrt{3}$.

Lorsque les deux polynomes n'ont pas pour quotient un troisième polynome, on dit qu'ils ne sont pas divisibles l'un par l'autre. On peut néanmoins, dans ce cas, donner, en général, à l'expression de leur quotient, une forme plus simple que celle qui résulterait de la seule indication de l'opération. Nous allons démontrer, en effet, les théorèmes suivants.

70. THÉORÈME I. *Si deux polynomes* A *et* B *sont entiers en* x (A *étant d'un degré au moins égal à celui de* B), *on peut toujours mettre le quotient* $\dfrac{A}{B}$ *sous la forme d'un polynome* Q, *entier en* x, *augmenté d'une fraction* $\dfrac{R}{B}$ *ayant pour dénominateur le diviseur* B, *et pour numérateur un polynome* R *entier en* x, *de degré moindre que* B.

On peut, en effet, ordonner les polynomes A et B suivant les puissances décroissantes de x, et leur appliquer le procédé de division (**62**); comme les coefficients du quotient ne sont pas astreints à être entiers, on peut continuer l'opération, jusqu'à ce que l'on trouve un reste de degré moindre que B. On obtiendra ainsi au quotient différents termes, dont aucun ne contiendra x en dénominateur. Car les dividendes partiels qui les fournissent sont tous d'un degré supérieur ou au moins égal à celui de B; et leur premier terme contient, par suite, x à un degré supérieur ou au moins égal à celui du premier terme de B.

Soit Q l'ensemble des termes obtenus, lorsque l'on parvient à un dividende partiel R, de degré moindre que B : R est ce qui reste du dividende A, lorsqu'on en retranche successivement les produits de B par les divers termes de Q; il est donc égal à A—BQ; et l'on a, par suite,

$$A = BQ + R :$$

d'où, en divisant par B les deux membres de la formule,

$$\frac{A}{B} = Q + \frac{R}{B};$$

le quotient $\frac{A}{B}$ est donc mis sous la forme annoncée.

71. THÉORÈME II. *La transformation précédente ne peut se faire que d'une seule manière.*

Supposons, en effet, qu'en divisant A par B, on puisse obtenir d'une part Q pour quotient et R pour reste, et de l'autre Q' pour quotient et R' pour reste, Q et Q' étant entiers en x, et R et R' étant de degrés moindres que B, on aurait, par ce qui précède,

$$A = BQ + R, \quad A = BQ' + R';$$

et l'on en conclurait,

$$BQ + R = BQ' + R',$$

formule que l'on pourrait écrire

$$B(Q - Q') = R' - R.$$

Or R et R' étant de degrés moindres que B, il en est de même de leur différence; tandis que le degré de B $(Q - Q')$, par rapport à x, est au moins égal à celui de B. Donc le second membre est d'un degré moindre que le premier; et l'égalité est impossible.

72. EXEMPLES. On trouve, par la méthode précédente :

1° $$\frac{x^5 - 2x^3 + x - 1}{x^2 - 3} = x^3 + x + \frac{4x - 1}{x^2 - 3};$$

2° $$\frac{2x^4 + 3x^2 - 5x + 7}{7x^3 + x - 1} = \frac{2}{7}x + \frac{\frac{19}{7}x^2 - \frac{33}{7}x + 7}{7x^3 + x - 1};$$

3° $$\frac{x^2\sqrt{\frac{2}{3}} + 3x - \frac{1}{4}}{3x^2 - \frac{1}{2}} = \frac{1}{3}\sqrt{\frac{2}{3}} + \frac{3x + \frac{1}{6}\sqrt{\frac{2}{3}} - \frac{1}{4}}{3x^2 - \frac{1}{2}}.$$

Si le degré du polynome A était moindre que celui de B, le quotient Q serait égal à zéro, et le reste R serait égal au dividende lui-même.

73. REMARQUE. Quand on applique au quotient de deux polynomes A et B la transformation précédente, on donne au polynome Q le nom de *quotient entier*, et au numérateur R de la fraction $\frac{R}{B}$ celui de *reste* de la division.

74. Cas où l'on change la lettre ordonnatrice. Nous avons prouvé que, les deux polynomes A et B étant ordonnés par rapport à une même lettre x, le quotient entier et le reste ne peuvent avoir qu'une seule forme (**74**). Mais, si l'on change la lettre ordonnatrice, les mêmes polynomes peuvent conduire à un nouveau quotient et à un nouveau reste. Si l'on considère, par exemple, la fraction

$$\frac{x^4 + y^4}{x^2 + y^2},$$

en ordonnant par rapport à x, on trouve pour quotient $x^2 - y^2$, et pour reste $2y^4$. Si l'on ordonnait, au contraire, par rapport à y, on trouverait pour quotient $y^2 - x^2$, et pour reste $2x^4$; en sorte que l'on a :

$$\frac{x^4 + y^4}{x^2 + y^2} = x^2 - y^2 + \frac{2y^4}{x^2 + y^2},$$

$$\frac{y^4 + x^4}{y^2 + x^2} = y^2 - x^2 + \frac{2x^4}{x^2 + y^2}.$$

§ V. Différences et analogies entre la division arithmétique et la division des polynomes.

75. Les polynomes ordonnés suivant les puissances d'une même lettre, présentent, avec les nombres entiers, des analogies qu'il est bon de remarquer. Un nombre entier, comme 783214, exprime $(7 \times 10^5) + (8 \times 10^4) + (3 \times 10^3) + (2 \times 10^2) + (1 \times 10) + 4$; et l'on peut l'assimiler au polynome

$$7x^5 + 8x^4 + 3x^3 + 2x^2 + x + 4,$$

dans lequel on aurait supposé $x = 10$. Les chiffres du nombre sont ainsi les coefficients des termes du polynome. Il ne faut pas croire cependant, que toute question d'arithmétique, relative à des nombres entiers, soit purement et simplement un cas particulier d'une question d'algèbre, dans laquelle ces nombres seraient remplacés par les polynomes correspondants.

Comparons, par exemple, les deux questions suivantes :

Diviser 783214 par 321 :

Diviser $7x^5 + 8x^4 + 3x^3 + 2x^2 + x + 4$ par $3x^2 + 2x + 1$.

Les conditions des deux problèmes ont entre elles des différences essentielles, qui ne permettent pas de considérer le premier comme un cas particulier du second.

1° Les divers chiffres du quotient de la division arithmétique doivent être entiers; tandis que le quotient de la division algébrique peut être un polynome, entier par rapport à x, dont les coefficients soient des nombres fractionnaires.

2° Les divers chiffres du quotient et du reste, dans la division arithmétique, doivent être moindres que 10; tandis que rien ne limite la grandeur des coefficients des diverses puissances de x, dans la division algébrique.

3° Dans la division arithmétique, le reste doit être moindre que le diviseur. Dans la division algébrique, il doit être de degré moindre.

4° Enfin en algèbre, les résultats obtenus conviennent pour toutes les valeurs de x : il n'y a pas de condition analogue en arithmétique.

§ VI. Théorèmes et applications.

76. THÉORÈME. *Si un polynome, entier en* x, *est ordonné par rapport aux puissances décroissantes de cette lettre, le reste de la division de ce polynome par le binome* (x — a) *s'obtient en remplaçant* x *par* a *dans le polynome.*

En effet, le diviseur $(x - a)$ étant du premier degré, on pourra pousser la division, jusqu'à ce qu'on obtienne un reste de degré moindre, c'est-à-dire indépendant de x. Soient donc X le dividende, Q le quotient, entier en x, qui résulte de cette division, et R le reste. On aura identiquement la formule :

$$X = (x - a)Q + R.$$

Or, cette égalité a lieu pour toute valeur attribuée à x; car en multipliant $(x - a)$ par Q, et en ajoutant R au produit, on doit retrouver identiquement le polynome X, sans qu'il soit nécessaire de donner à x une valeur particulière. On peut donc y supposer $x = a$. Or, cette hypothèse annule le facteur $(x - a)$:

elle donne à Q une valeur déterminée; elle annule donc le produit $(x-a)$ Q. D'ailleurs elle ne change pas la valeur de R, qui ne contient pas x : donc si l'on désigne par X_a, la valeur que prend X, quand on y remplace x par a, l'égalité se réduit à

$$X_a = R.$$

C'est ce qu'il fallait démontrer.

77. Corollaires. 1° *Si un polynome* X *devient nul, quand on y remplace* x *par* a, *il est divisible par* (x — a). Car X_a, étant nul par hypothèse, le reste R de la division est nul aussi.

2° *Si un polynome* X *est divisible par* (x — a), *il se réduit à zéro, quand on y remplace* x *par* a. Car le reste R étant nul par hypothèse, il en est de même de X_a.

Ainsi, *pour qu'un polynome, entier en* x, *soit divisible par* (x — a), *il faut et il suffit qu'il se réduise à zéro, quand on y remplace* x *par* a.

78. Cette dernière proposition est d'une grande importance. Bornons-nous à en signaler quelques conséquences : m est, dans ce qui suit, un nombre entier quelconque.

1° $(x^m - a^m)$ *est toujours divisible par* (x — a). Car ce polynome s'annule, quand on y remplace x par a.

2° $(x^m + a^m)$ *n'est jamais divisible par* (x — a). Car, en remplaçant x par a dans le dividende, on obtient le reste $2a^m$.

3° $(x^m - a^m)$ *est divisible par* (x + a), *quand* m *est pair, et ne l'est pas, quand* m *est impair.* En effet, diviser par $(x+a)$, c'est diviser par $[x-(-a)]$: il faut donc, pour avoir le reste, substituer $(-a)$ à x. Le dividende devient alors $[(-a)^m - a^m]$. Or, si m est pair, on a (**40**) $(-a)^m = a^m$; et si m est impair, on a $(-a)^m = -a^m$. Donc le reste est nul dans le premier cas, et il est $(-2a^m)$ dans le second.

4° $(x^m + a^m)$ *est divisible par* (x + a) *quand* m *est impair, et ne l'est pas, quand* m *est pair.* Car, en substituant encore $(-a)$ à x, le dividende devient $[(-a)^m + a^m]$. Il est donc nul, si m est impair; et il est $2a^m$, si m est pair.

79. Loi du quotient de la division d'un polynome par $(x-a)$. Nous avons fait connaître la loi, d'après laquelle on obtient le reste de la division d'un polynome par $(x-a)$ (**76**). On peut aussi découvrir aisément la loi du quotient. Représentons le polynome par $A_0 x^m + A_1 x^{m-1} + A_2 x^{m-2} + \ldots + A_{m-2} x^2 + A_{m-1} x + A_m$, et cherchons à effectuer la division.

$$\begin{array}{l|l}
\text{Div}^{\text{de}} \quad A_0 x^m + A_1 x^{m-1} + A_2 x^{m-2} + \ldots + A_{m-2} x^2 + A_{m-1} x + A_m & x - a \qquad\qquad \text{Div}^r. \\
\end{array}$$

Le premier terme du quotient est $A_0 x^{m-1}$. En multipliant le diviseur par ce terme, et en retranchant le produit du dividende, on obtient un premier reste, dont le premier terme est $(A_0 a + A_1) x^{m-1}$, et dont les autres sont les termes mêmes qui suivent le second dans le dividende. Le second terme du quotient est $(A_0 a + A_1) x^{m-2}$; pour avoir le premier terme du second reste, il faut multiplier par a le second terme du quotient, et lui ajouter le troisième terme du dividende : on obtient ainsi $(A_0 a^2 + A_1 a + A_2) x^{m-2}$. Par suite le troisième terme du quotient est $(A_0 a^2 + A_1 a + A_2) x^{m-3}$. En continuant le calcul, on met facilement en évidence la loi suivante :

Le quotient d'un polynome, entier en x, *du degré* m, *par* (x — a), *est un polynome, entier en* x, *du degré* (m — 1). *Il est ordonné, comme le polynome proposé, par rapport aux puissances décroissantes de* x. *Le coefficient du premier terme est celui du premier terme du dividende. Pour obtenir le coefficient du second terme, on multiplie le précédent par* a ; *et l'on ajoute au produit le coefficient du second terme du dividende. Pour former le coefficient du troisième terme, on multiplie celui que l'on vient de former par* a, *et l'on ajoute le coefficient du troisième terme du dividende. Et, en général, le coefficient du* n^{me} *terme est égal au produit du coefficient précédent par* a, *produit augmenté du coefficient du* n^{me} *terme du dividende. Si le dividende n'est pas un polynome complet, il faut rétablir les termes qui manquent, en leur donnant zéro pour coefficient.*

EXEMPLE. Trouver le quotient et le reste de la division du polynome $3x^5 - 4x^4 - 2x^2 + 7$ par $x - 2$. On écrit ainsi le dividende

$$3x^5 - 4x^4 + 0x^3 - 2x^2 + 0x + 7 ;$$

on trouve pour quotient $3x^4 + 2x^3 + 4x^2 + 6x + 12$, et pour reste 31.

Si l'on applique la loi précédente aux exemples du n° **78**, on trouve :

$$1° \ \frac{x^m - a^m}{x - a} = x^{m-1} + a x^{m-2} + a^2 x^{m-3} + \ldots + a^{m-3} x^2 + a^{m-2} x + a^{m-1}$$

$2°\ \dfrac{x^m + a^m}{x - a} = x^{m-1} + ax^{m-2} + a^2 x^{m-3} + \ldots + a^{m-3} x^2 + a^{m-2} x + a^{m-1} + \dfrac{2a^m}{x-a},$

$3°\ \dfrac{x^m - a^m}{x + a} = x^{m-1} - ax^{m-2} + a^2 x^{m-3} - \ldots - a^{m-3} x^2 + a^{m-2} x - a^{m-1},$

si m est pair;

et $\dfrac{x^m - a^m}{x + a} = x^{m-1} - ax^{m-2} + a^2 x^{m-3} - \ldots + a^{m-3} x^2 - a^{m-2} x + a^{m-1} - \dfrac{2a^m}{x+a},$

si m est impair.

$4°\ \dfrac{x^m + a^m}{x + a} = x^{m-1} - ax^{m-2} + a^2 x^{m-3} - \ldots + a^{m-3} x^2 - a^{m-2} x + a^{m-1},$

si m est impair;

et $\dfrac{x^m + a^m}{x + a} = x^{m-1} - ax^{m-2} + a^2 x^{m-3} - \ldots - a^{m-3} x^2 + a^{m-2} x - a^{m-1} + \dfrac{2a^m}{x+a},$

si m est pair.

On peut, d'ailleurs, obtenir directement ces formules.

80. THÉORÈME. *Si un polynome* A, *entier en* x, *se réduit à zéro, quand on y remplace* x *par* a, *ou par* b, *ou par* c (a, b, c, *étant des nombres inégaux), ce polynome est divisible par le produit*

$$(x - a)(x - b)(x - c).$$

En effet, puisque A s'annule pour $x = a$, il est divisible par $(x - a)$ (**77**). Si donc on désigne par Q le quotient, entier en x, que l'on obtient, on a :

$$A = (x - a) Q.$$

Cette égalité ayant lieu, quel que soit x, on peut y supposer $x = b$; et, si l'on désigne par Q_b la valeur de Q, dans cette hypothèse, l'égalité devient

$$0 = (b - a) Q_b.$$

Or, la différence $(b - a)$ n'est pas nulle, par hypothèse : donc $Q_b = 0$. Donc Q est divisible par $(x - b)$ (**77**). Désignant le quotient par Q', on a :

$$Q = (x - b) Q';$$

et par suite, $A = (x - a)(x - b) Q'.$

Cette égalité ayant lieu, quel que soit x, on peut y supposer $x = c$; et elle devient :

$$0 = (c - a)(c - b) Q'_c,$$

Q'_c étant la valeur que prend alors Q'.

Or, les différences $(c-a)$, $(c-b)$, ne sont pas nulles : donc Q'_0 doit être nul. Donc Q' est divisible par $(x-c)$; et, en désignant le nouveau quotient par Q'', on a :

$$Q' = (x-c)\,Q'',$$

d'où
$$A = (x-a)\,(x-b)\,(x-c)\,Q''.$$

Donc A est divisible par le produit $(x-a)\,(x-b)\,(x-c)$.

EXERCICES.

I. Trouver la condition nécessaire et suffisante pour que $(x^m - a^m)$ soit divisible par $(x^n - a^n)$.

Il faut et il suffit que m soit divisible par n.

II. Prouver que le polynome

$$x^q y^r + y^q z^r + z^q x^r - x^r y^q - y^r z^q - z^r x^q$$

est divisible par le produit $(x-y)\,(x-z)\,(y-z)$.

III. Prouver que le polynome

$$x^p y^q z^r + y^p z^q x^r + z^p x^q y^r - x^r y^q z^p - y^r z^q x^p - z^r x^q y^p$$

est divisible par le même produit.

IV. Prouver que , si m est impair, le polynome

$$(a+b+c)^m - a^m - b^m - c^m$$

est divisible par le produit $(a+b)\,(a+c)\,(b+c)$.

La démonstration des exercices II, III, IV, s'appuie sur le théorème du n° **80**,

V. Si un polynome, entier en x, a pour coefficients des nombres entiers, et s'il prend des valeurs numériques impaires, quand on y remplace x par 0 par 1 successivement, ce polynome ne pourra se réduire à zéro pour aucune valeur entière attribuée à x.

CHAPITRE IV.

DES FRACTIONS ALGÉBRIQUES.

81. Définitions. Lorsqu'une expression A n'est pas divisible par une expression B, on indique le quotient, comme on l'a vu,

(52) par la forme $\frac{A}{B}$. Cette expression porte le nom de *fraction algébrique*. Le dividende A est le *numérateur*; le diviseur B est le *dénominateur* : A et B sont les *termes* de la fraction.

Une fraction algébrique est plus générale qu'une fraction arithmétique; car les termes de la première ne sont pas, comme ceux de la seconde, assujettis à être des nombres entiers. Mais nous allons montrer que les règles de calcul sont communes aux deux genres de fractions.

§ I. Transformation des fractions algébriques.

82. THÉORÈME. *On n'altère pas la valeur d'une fraction algébrique, en multipliant ses deux termes par une même quantité.*

En effet, soient $\frac{a}{b}$ la fraction proposée, et m le multiplicateur. Représentons par une lettre q le quotient de la division de a par b : on a, d'après la définition même de la fraction,

$$a = bq.$$

Multipliant par le même nombre m ces deux quantités égales, on a :

$$am = bqm = bmq;$$

et, divisant par bm les deux produits égaux, on obtient l'égalité

$$\frac{am}{bm} = q, \quad \text{ou} \quad \frac{am}{bm} = \frac{a}{b},$$

qui démontre le théorème.

La même formule prouve que l'on n'altère pas la valeur d'une fraction, en divisant ses deux termes par une même quantité.

Le principe fondamental étant ainsi le même en algèbre qu'en arithmétique, les conséquences seront les mêmes.

83. SIMPLIFICATION DES FRACTIONS. *On simplifie une fraction algébrique, en supprimant les facteurs communs à ses deux termes* (**82**).

Lorsque les deux termes sont des monomes, il est toujours facile de découvrir leurs facteurs communs.

Soit, par exemple, la fraction $\frac{36a^4b^3c^2d}{28ab^5cd^3}$. Le plus grand commun diviseur des coefficients est 4; quant aux facteurs littéraux communs, on reconnaît immédiatement un facteur a, trois facteurs b, un facteur c, et un facteur d. En les supprimant, on obtient la fraction simplifiée $\dfrac{9a^3c}{7\,b^2d^2}$.

Lorsque les deux termes sont des polynomes, on trouve encore immédiatement leurs facteurs monomes communs.

Ainsi, dans la fraction $\dfrac{12\,a^4b^3-8\,a^3b^2}{16a^5b-20\,a^2b^4}$, on aperçoit le facteur monome $4\,a^2b$: si on le supprime, la fraction se réduit à $\dfrac{3\,a^2b^2-2ab}{4\,a^3-5b^3}$.

Mais il n'est pas aussi facile de découvrir les facteurs polynomes qui seraient communs aux deux termes : la recherche de ces facteurs se rattache à la théorie du plus grand commun diviseur algébrique, qui appartient à l'algèbre supérieure. Cependant il arrive quelquefois que des caractères particuliers permettent de les déterminer.

Prenons pour exemple la fraction

$$\frac{a^4-2\,a^3+4\,a^2-7\,a+4}{a^2+5\,a-6}$$

On reconnaît que le numérateur et le dénominateur s'annulent pour l'hypothèse $a=1$: ils sont donc (77) divisibles tous deux par $(a-1)$. Si l'on supprime ce facteur commun, la fraction se réduit à

$$\frac{a^3-a^2+3\,a-4}{a+6}.$$

De même la fraction

$$\frac{8\,a^2c^2d^3-72\,b^2c^2d^3}{6\,ac^3d^2-18\,bc^4d^2}$$

peut s'écrire, en isolant les facteurs monomes communs aux termes du numérateur, et les facteurs communs aux termes du dénominateur,

$$\frac{8\,c^2d^3\,(a^2-9\,b^2)}{6\,c^4d^2\,(a-3\,b)};$$

et, sous cette forme, on reconnaît que $2\,c^2d^2\,(a-3\,b)$ est commun aux deux termes. La fraction se réduit donc à

$$\frac{4\,d\,(a+3\,b)}{3\,c}.$$

84. RÉDUCTION DES FRACTIONS AU MÊME DÉNOMINATEUR. *On réduit des fractions au même dénominateur, en multipliant les deux termes de chacune d'elles par le produit effectué des dénominateurs de toutes les autres.* Ainsi les fractions

$$\frac{a}{b},\quad \frac{c}{d},\quad \frac{e}{f},\quad \frac{g}{h},$$

deviennent, par cette transformation,

$$\frac{adfh}{bdfh}, \quad \frac{cbfh}{bdfh}, \quad \frac{ebdh}{bdfh}, \quad \frac{gbdf}{bdfh}.$$

elles n'ont pas changé de valeur (82); elles ont pour dénominateur commun le produit des dénominateurs primitifs.

On peut quelquefois obtenir un dénominateur commun plus simple que ce produit : car il suffit de choisir, comme en arithmétique, une expression *divisible* par chacun des dénominateurs particuliers. Lorsque ces dénominateurs sont monomes, ce *multiple commun* est égal au produit du plus petit multiple commun des coefficients, par les facteurs littéraux pris chacun avec leur exposant le plus élevé.

Soient, par exemple, les fractions

$$\frac{A}{12\,a^2 b\,c}, \quad \frac{B}{16\,a^2 b^4}, \quad \frac{C}{18\,abc^3}.$$

le plus petit multiple commun est $144\,a^3 b^4 c^3$. Les quotients de ce monome par les dénominateurs sont respectivement $12\,b^2 c^2$, $9\,ac^3$, $8\,a^2 b^3$. Les fractions équivalentes sont donc

$$\frac{A \times 12\,b^2 c^2}{144\,a^3 b^4 c^3}, \quad \frac{B \times 9\,ac^3}{144\,a^3 b^4 c^3}, \quad \frac{C \times 8\,a^2 b^3}{144\,a^3 b^4 c^3}.$$

Si les dénominateurs sont des polynomes, la recherche d'un multiple commun plus simple que leur produit ne peut s'exécuter, en général, qu'à l'aide des théories de l'algèbre supérieure. Cependant il peut arriver que des considérations particulières en fournissent l'expression.

Soient, par exemple, les fractions

$$\frac{2\,a}{3b^2}, \quad \frac{a+b}{2\,b\,(a-b)}, \quad \frac{a-b}{4\,a\,(a+b)}, \quad \frac{a^3+2b^3}{9\,a^2\,(a^2-b^2)}$$

Comme $a^2 - b^2 = (a+b)\,(a-b)$, on voit que l'expression $36\,a^2 b^2\,(a^2-b^2)$ est divisible par chacun des dénominateurs; les quotients sont respectivement

$$12\,a^2\,(a^2-b^2), \quad 18\,a^2 b\,(a+b), \quad 9\,ab^2(a-b), \quad 4\,b^2\,;$$

et les fractions équivalentes sont

$$\frac{24\,a^3\,(a^2-b^2)}{36\,a^2 b^2 (a^2-b^2)}, \quad \frac{18\,a^2 b\,(a+b)^2}{36\,a^2 b^2\,(a^2-b^2)}, \quad \frac{9\,ab^2\,(a-b)^2}{36\,a^2 b^2\,(a^2-b^2)}, \quad \frac{4\,b^2(a^3+2\,b^3)}{36\,a^2 b^2 (a^2-b^2)}.$$

§ II. Opérations sur les fractions algébriques.

85. ADDITION. *Lorsque les fractions ont le même dénominateur,*

*on additionne les numérateurs, et l'on donne à la somme le dénomi-
nateur commun.*

Ainsi
$$\frac{a}{m} + \frac{b}{m} + \frac{c}{m} + \frac{d}{m} = \frac{a+b+c+d}{m};$$

car les produits par m de chacun des membres de cette formule
sont (30) égaux à $(a+b+c+d)$.

*Si les fractions ont des dénominateurs différents, on les réduit au
même dénominateur; puis on applique la règle précédente.*

86. Soustraction. *Lorsque les fractions ont le même dénominateur, on soustrait le second numérateur du premier, et l'on donne à
la différence le dénominateur commun.*

Ainsi
$$\frac{a}{m} - \frac{b}{m} = \frac{a-b}{m};$$

car les produits par m des deux membres de cette formule sont
égaux (30) à $(a-b)$.

*Si les fractions ont des dénominateurs différents, on les réduit au
même dénominateur; puis on applique la règle précédente.*

87. Multiplication. *On multiplie une fraction par une autre,
en multipliant les numérateurs entre eux et les dénominateurs entre
eux, puis en divisant le premier produit par le second.*

En effet, soit à multiplier la fraction $\frac{a}{b}$ par la fraction $\frac{a'}{b'}$. Désignons par q et q' les valeurs de ces deux fractions, de sorte qu'on
a, par définition :
$$a = bq, \quad a' = b'q'.$$

Multiplions ces égalités membre à membre; nous aurons :
$$aa' = bq.b'q', \quad \text{ou (28)} \quad aa' = bb'qq'.$$

Divisons maintenant les deux membres par bb', nous aurons :
$$\frac{aa'}{bb'} = qq', \qquad \text{ou} \qquad \frac{aa'}{bb'} = \frac{a}{b} \times \frac{a'}{b'}:$$

ce qui démontre la règle énoncée.

Il résulte de cette règle que *le produit de plusieurs fractions est
une fraction égale au produit des numérateurs divisé par le produit
des dénominateurs.*

Ainsi $\qquad \dfrac{a}{b} \times \dfrac{a'}{b'} \times \dfrac{a''}{b''} \cdots = \dfrac{a a' a'' \cdots}{b b' b'' \cdots};$

et par suite $\qquad \left(\dfrac{a}{b}\right)^{m} = \dfrac{a^{m}}{b^{m}}.$

88. DIVISION. *On divise une fraction par une autre, en multipliant la fraction dividende par la fraction diviseur renversée.*

Soit, en effet, à diviser $\dfrac{a}{b}$ par $\dfrac{a'}{b'}$. Posons encore,

$$a = bq, \quad a' = b'q',$$

et divisons ces égalités membre à membre; nous aurons :

$$\frac{a}{a'} = \frac{bq}{b'q'}.$$

Multiplions les deux membres par $\dfrac{b'}{b}$, nous aurons (87) :

$$\frac{ab'}{a'b} = \frac{bqb'}{b'q'b},$$

ou simplifiant le second membre (85),

$$\frac{ab'}{a'b} = \frac{q}{q'},$$

c'est-à-dire $\qquad \dfrac{a}{b} \times \dfrac{b'}{a'} = \dfrac{a}{b} : \dfrac{a'}{b'};$

ce qui démontre la règle.

§ III. Des exposants négatifs.

89. DÉFINITION. On a vu (54), que le quotient de la division de a^{m} par a^{n} est a^{m-n} : mais la démonstration suppose que l'on a $m > n$. Si l'on a, au contraire, $m < n$, le quotient doit s'écrire sous forme de fraction, $\dfrac{a^{m}}{a^{n}}$. On peut alors supprimer m facteurs a communs aux deux termes, et la fraction prend la forme $\dfrac{1}{a^{n-m}}$.

D'un autre côté, si l'on appliquait la règle des exposants au cas où l'exposant du diviseur surpasse l'exposant du dividende. on écrirait :

$$a^{m} : a^{n} = a^{m-n}.$$

Par suite, on conservera à cette règle toute sa généralité, si l'*on convient que l'expression* a^{-p} *représente la fraction* $\dfrac{1}{a^p}$.

Nous admettrons, comme définition, qu'*une lettre affectée d'un exposant négatif exprime une fraction, qui a pour numérateur l'unité, et pour dénominateur la même lettre affectée du même exposant pris positivement.* Et nous allons voir que cette notation permet de généraliser quelques théorèmes.

Et d'abord, la formule

$$a^{-m} = \frac{1}{a^m}, \qquad\qquad [1]$$

ayant lieu, par définition, quand m est positif, est vraie, par cela même, pour des valeurs négatives de m. En effet, si l'on suppose $m = -m'$, $-m$ deviendra égal à m'; et les deux membres de la formule [1] deviendront $a^{m'}$ et $\dfrac{1}{a^{-m'}}$. Or, par définition, $a^{-m'} = \dfrac{1}{a^{m'}}$ puisque m' est positif : donc $\dfrac{1}{a^{-m'}}$ est le quotient de 1 par $\dfrac{1}{a^{m'}}$ ou $a^{m'}$ (88). Les deux membres sont donc égaux.

90. Généralisation de la règle des exposants pour la multiplication. On a démontré (28), pour les exposants positifs, la formule

$$a^m \times a^n = a^{m+n}. \qquad\qquad [2]$$

Cette formule est encore vraie, si l'un des deux exposants, ou tous les deux, sont négatifs.

Supposons d'abord m positif, et n négatif et égal à $-n'$, nous aurons :

$$a^m \times a^n = a^m \times a^{-n'} = a^m \times \frac{1}{a^{n'}} = \frac{a^m}{a^{n'}}.$$

Mais $\dfrac{a^m}{a^{n'}} = a^{m-n'}$, en vertu de la règle générale de la division (89).
Donc $\qquad\qquad a^m \times a^n = a^{m-n'},$
ou, en remplaçant n' par $-n$,
$$a^m \times a^n = a^{m+n}.$$

Supposons maintenant m et n négatifs tous deux, et égaux à $-m'$ et $-n'$; nous aurons :

$$a^m \times a^n = a^{-m'} \times a^{-n'} = \frac{1}{a^{m'}} \times \frac{1}{a^{n'}} = \frac{1}{a^{m'+n'}} = a^{-m'-n'} = a^{m+n};$$

ce qu'il fallait démontrer.

91. Généralisation de la règle des exposants pour la division. On a (**89**), pour des valeurs positives de m et n, la formul

$$a^m : a^n = a^{m-n}. \qquad\qquad [3]$$

Cette formule est encore vraie, si l'un des nombres, m ou n, o tous les deux, sont négatifs.

Supposons d'abord $m = -m'$, et n positif; nous aurons :

$$a^m : a^n = a^{-m'} : a^n = \frac{1}{a^{m'}} : a^n = \frac{1}{a^{m'+n}} = a^{-m'-n} = a^{m-n}.$$

Si, au contraire, m est positif, et n négatif et égal à $-n'$, on a

$$a^m : a^n = a^m : a^{-n'} = a^m : \frac{1}{a^{n'}} = a^m \times a^{n'} = a^{m+n'} = a^{m-n}.$$

Si enfin on a, à la fois, $m = -m', n = -n'$, on aura :

$$a^m : a^n = a^{-m'} : a^{-n'} = \frac{1}{a^{m'}} : \frac{1}{a^{n'}} = \frac{a^{n'}}{a^{m'}} = a^{n'-m'} = a^{m-n}.$$

La formule [3] est donc vraie dans tous les cas.

92. Généralisation de la règle des exposants pour le puissances. On a démontré (**29**), pour les valeurs positives de m et de n, la formule

$$(a^m)^n = a^{mn}. \qquad\qquad [4]$$

Cette formule est encore vraie, si l'un des nombres m ou n, ou tous les deux, sont négatifs.

Supposons d'abord m positif, et n négatif et égal à $-n'$; nous aurons :

$$(a^m)^n = (a^m)^{-n'} = \frac{1}{(a^m)^{n'}} = \frac{1}{a^{mn'}} = a^{-mn'} = a^{m(-n')} = a^{mn}.$$

Supposons ensuite $m = -m'$, et n positif; nous aurons :

$$(a^m)^n = (a^{-m'})^n = \left(\frac{1}{a^{m'}}\right)^n = \frac{1}{a^{m'n}} = a^{-m'n} = a^{(-m')n} = a^{mn}.$$

Supposons enfin $m = -m', n = -n'$, à la fois; nous aurons :

$$(a^m)^n = (a^{-m'})^{-n'} = \left(\frac{1}{a^{m'}}\right)^{-n'} = \frac{1}{\left(\frac{1}{a^{m'}}\right)^{n'}} = \frac{1}{\left(\frac{1}{a^{m'n'}}\right)} = a^{m'n'} = a^{mn}.$$

La règle est donc générale.

§ IV. Théorèmes et applications.

95. THÉORÈME. *Si plusieurs fractions* $\dfrac{a}{b}$, $\dfrac{a'}{b'}$, $\dfrac{a''}{b''}$.... *sont égales entre elles, on obtient une fraction égale à chacune d'elles, en divisant la somme des numérateurs par la somme des dénominateurs.*

En effet, désignons par une lettre q la valeur commune de toutes ces fractions ; on aura, par définition,

$$a = bq, \quad a' = b'q, \quad a'' = b''q \dots ;$$

d'où, en ajoutant ces égalités membre à membre, et mettant q en facteur dans le second membre,

$$a + a' + a'' + \dots = (b + b' + b'' + \dots) q$$

Par suite, en divisant les deux membres par $(b + b' + b'' + \dots)$, il vient :

$$\frac{a + a' + a'' + \dots}{b + b' + b'' + \dots} = q = \frac{a}{b} ; \qquad [5]$$

ce qu'il fallait démontrer.

COROLLAIRES. 1° On peut, avant de faire l'addition, multiplier les deux termes de chaque fraction par un même nombre quelconque. Ainsi

$$\frac{a}{b} = \frac{a\lambda}{b\lambda}, \quad \frac{a'}{b'} = \frac{a'\lambda'}{b'\lambda'}, \quad \frac{a''}{b''} = \frac{a''\lambda''}{b''\lambda''} \dots$$

Comme les fractions n'ont pas changé de valeur, on en conclut :

$$\frac{a\lambda + a'\lambda' + a''\lambda'' + \dots}{b\lambda + b'\lambda' + b''\lambda'' + \dots} = \frac{a\lambda}{b\lambda} = \frac{a}{b}. \qquad [6]$$

2° Si l'on élève chaque fraction au carré, on a, en les supposant positives,

$$\frac{a^2}{b^2} = \frac{a'^2}{b'^2} = \frac{a''^2}{b''^2} = \dots = \frac{a^2 + a'^2 + a''^2 + \dots}{b^2 + b'^2 + b''^2 + \dots} ;$$

d'où, en extrayant les racines carrées des divers membres,

$$\frac{a}{b} = \frac{a'}{b'} = \frac{a''}{b''} = \dots = \frac{\sqrt{a^2 + a'^2 + a''^2 + \dots}}{\sqrt{b^2 + b'^2 + b''^2 + \dots}} \qquad [7]$$

Ainsi, *si plusieurs fractions sont égales, chacune d'elles est égale au quotient de la racine carrée de la somme des carrés des numé-*

rateurs, divisée par la racine carrée de la somme des carrés des déno
minateurs.

94. Théorème. *Si plusieurs fractions, à termes positifs, son*
inégales, la fraction formée, en divisant la somme des numérateur
par la somme des dénominateurs, est comprise entre la plus grand
et la plus petite d'entre elles. Soient, par exemple,

$$\frac{a}{b} < \frac{a'}{b'} < \frac{a''}{b''} < \frac{a'''}{b'''}.$$

Si l'on pose $\frac{a}{b} = q,$ d'où $a = bq,$

on en conclut : $a' > b'q,$ $a'' > b''q,$ $a''' > b'''q;$
d'où, en ajoutant, membre à membre :

$$a + a' + a'' + a''' > (b + b' + b'' + b''')q,$$

et, par suite, $\qquad \dfrac{a + a' + a'' + a''}{b + b' + b'' + b''} > q,$

ou $\qquad \dfrac{a + a' + a'' + a'''}{b + b' + b'' + b'''} > \dfrac{a}{b}.$

Si l'on pose $\frac{a'''}{b'''} = q,$ d'où $a''' = b'''q,$

on aura : $\qquad a'' < b''q,$ $a' < b'q,$ $a < bq;$

puis, ajoutant membre à membre, on aura :

$$a + a' + a'' + a''' < (b + b' + b'' + b''')q,$$

d'où l'on tire : $\qquad \dfrac{a + a' + a'' + a'''}{b + b' + b'' + b'''} < q,$

ou $\qquad \dfrac{a + a' + a'' + a'''}{b + b' + b'' + b'''} < \dfrac{a'''}{b'''};$

. ce qu'il fallait démontrer.

On démontrera aisément des corollaires analogues à ceux du
théorème (95).

EXERCICES.

I. Vérifier la formule

$$\frac{x^2 y^2 z^2}{b^2 c^2} + \frac{(x^2 - b^2)(y^2 - b^2)(z^2 - b^2)}{b^2(b^2 - c^2)} + \frac{(x^2 - c^2)(y^2 - c^2)(z^2 - c^2)}{c^2(c^2 - b^2)}$$
$$= x^2 + y^2 + z^2 - b^2 - c^2.$$

II. Vérifier la formule

$$\frac{y^2z^2}{b^2c^2} + \frac{(y^2-b^2)\,(z^2-b^2)}{b^2\,(b^2-c^2)} + \frac{(y^2-c^2)\,(z^2-c^2)}{c^2\,(c^2-b^2)} = 1.$$

III. Vérifier la formule

$$\frac{x^2z^2}{b^2c^2} + \frac{(x^2-b^2)\,(b^2-z^2)\,y^2}{(y^2-b^2)\,b^2\,(c^2-b^2)} + \frac{(x^2-c^2)\,(c^2-z^2)\,y^2}{(c^2-y^2)\,c^2\,(c^2-b^2)} = \frac{(y^2-x^2)\,(y^2-z^2)}{(y^2-b^2)\,(y^2-c^2)}.$$

IV. Vérifier la formule

$$\frac{1}{p^2q^2} = \frac{1}{(p+q)^2}\left\{\frac{1}{p^2}+\frac{1}{q^2}\right\} + \frac{2}{(p+q)^3}\left\{\frac{1}{p}+\frac{1}{q}\right\}.$$

V. Vérifier la formule

$$\frac{1}{(a-b)\,(a-c)\,(x+a)} + \frac{1}{(b-a)\,(b-c)\,(x+b)} + \frac{1}{(c-a)\,(c-b)\,(x+c)}$$

$$= \frac{1}{(x+a)\,(x+b)\,(x+c)}.$$

Les formules I, II, III, IV, V se vérifient en réduisant les deux membres au même dénominateur : on rencontre alors des identités.

VI. Simplifier l'expression

$$\frac{1-a^2}{(1+ax)^2-(a+x)^2}.$$

On trouve

$$\frac{1}{1-x^2}.$$

VII. Simplifier l'expression

$$\frac{1}{1-\left\{\dfrac{a+b+(1+ab)\,x}{1+ab+(a+b)\,x}\right\}^2}$$

$$\times \frac{(1+ab)\,\{1+ab+(a+b)\,x\}-(a+b)\,\{a+b+(1+ab)\,x\}}{\{1+ab+(a+b)\,x\}^2}.$$

On trouve

$$\frac{1}{1-x^2}.$$

VIII. Vérifier la proportion

$$\frac{\dfrac{c}{a+b}-\dfrac{c}{a+2b}}{\dfrac{c}{a+2b}-\dfrac{c}{a+3b}} = \frac{\dfrac{c}{a+b}}{\dfrac{c}{a+3b}}.$$

IX. Réduire l'expression

$$\frac{x^{3n}}{x^n-1} - \frac{x^{2n}}{x^n+1} - \frac{1}{x^n-1} + \frac{1}{x^n+1},$$

et vérifier qu'elle est un polynome entier en x.

ALG. B. Ire PARTIE.

X. Réduire l'expression

$$\frac{a+b}{ab}\left(a^2+b^2-c^2\right)+\frac{b+c}{bc}\left(b^2+c^2-a^2\right)+\frac{a+c}{ac}\left(a^2+c^2-b^2\right),$$

et vérifier que la somme ne contient pas de dénominateurs.

CHAPITRE V.

DES RADICAUX ALGÉBRIQUES,

95. DÉFINITIONS. On a vu (**29**) que, pour élever un monome entier à la puissance m^{me}, il faut élever son coefficient à la puissance m^{me}, et multiplier par m tous les exposants. Par suite, si le coefficient d'un monome est une puissance m^{me} parfaite, et si ses exposants sont tous multiples de m, *on extrait la racine* m^{me} *de ce monome, en extrayant la racine* m^{me} *du coefficient, et en divisant par* m *tous les exposants.* Ainsi

$$\sqrt[m]{5^m a^{3m} b^{2m} c^m} = 5 a^3 b^2 c.$$

Le plus souvent il n'existe pas de monome rationnel dont la puissance m^{me} soit égale à un monome donné ; alors on ne peut qu'indiquer la racine m^{me} à l'aide d'un signe. *On désigne par* $\sqrt[m]{A}$ *le nombre dont la puissance* m^{me} *est égale à* A. Ce nombre se nomme *radical*, et m est l'*indice* du radical. On donne aussi le nom de radical au signe seul $\sqrt[m]{\ \ }$.

Lorsque A est un polynome, il n'arrive presque jamais, que sa racine m^{me} puisse s'exprimer par un autre polynome ; d'ailleurs les règles qui conduisent à sa valeur, quand elle existe sous cette forme, ne se démontrent que dans la seconde partie de l'algèbre. Nous l'indiquerons, dans tous les cas, par le signe $\sqrt[m]{A}$.

96. DES DIFFÉRENTES VALEURS DE $\sqrt[m]{A}$. Si l'on se borne à considérer les nombres positifs, $\sqrt[m]{A}$ a, d'après notre définition, une valeur unique et déterminée. Mais les conventions faites en algèbre nous obligent, dès à présent, à lui donner un sens plus étendu. Il peut arriver quatre cas.

1° Si A est positif, et que m soit pair, la racine m^{me} de A a deux valeurs égales et de signes contraires. En effet, si l'on élève à la puissance m^{me} le nombre $\sqrt[m]{A}$, quel que soit le signe qui le précède, on obtient toujours A, puisque le produit d'un nombre pair de facteurs négatifs est positif (**40**). Par exemple, $\sqrt{4}$ représente, d'après nos conventions, -2 et $+2$; car ces deux nombres ont tous deux pour carré le nombre 4.

2° Si A est positif et m impair, il n'y a pas lieu, *pour le moment*, d'attribuer à $\sqrt[m]{A}$ une signification plus générale qu'en arithmétique. Ainsi $\sqrt[3]{8} = 2$.

3° Si A est négatif et m pair, $\sqrt[m]{A}$ ne représente aucun nombre positif ou négatif; car les puissances paires d'un nombre positif ou négatif sont toujours positives (**40**).

4°. Si A est négatif et m impair, posons $A = -A'$; alors $\sqrt[m]{A} = \sqrt[m]{-A'} = -\sqrt[m]{A'}$; car m étant impair, la puissance m^{me} de $-\sqrt[m]{A'}$ sera $-A'$ ou A (**40**). Ainsi $\sqrt[3]{-8} = -\sqrt[3]{8} = -2$; car le cube de -2 est -8.

Ces généralisations sont, en algèbre, d'une grande importance; elles recevront plus tard de grands développements; mais il n'en sera plus question dans ce chapitre. *Nous considérerons seulement les racines positives des nombres positifs.*

§ 1. Transformation des radicaux.

97. PRINCIPE I. *Lorsqu'un radical est multiplié par un facteur, on peut faire passer ce facteur sous le radical, pourvu qu'on l'élève à une puissance marquée par l'indice.* **Ainsi**

$$a\sqrt[m]{b} = \sqrt[m]{a^m b}. \qquad [1]$$

Pour le prouver, il suffit de remarquer, qu'en élevant $a\sqrt[m]{b}$ et $\sqrt[m]{a^m b}$ à la puissance m^{me}, on obtient des résultats égaux. En effet, la puissance m^{me} d'un produit étant le produit des puissances m^{mes} des facteurs, on a, pour la première expression :

$$\left(a\sqrt[m]{b}\right)^m = a^m\left(\sqrt[m]{b}\right)^m = a^m b.$$

D'ailleurs on a, pour la seconde, d'après la définition même,

$$\left(\sqrt[m]{a^m b}\right)^m = a^m b.$$

La même formule [1] démontre, qu'on *peut faire sortir un facteur placé sous le radical, pourvu qu'on en extraie une racine marquée par l'indice.*

98. Principe II. *On n'altère pas la valeur d'un radical, en multipliant l'indice et l'exposant de ce radical par un même nombre.* Ainsi

$$\sqrt[n]{a^n} = \sqrt[np]{a^{np}}.\qquad\qquad [2]$$

Pour le prouver, il suffit de remarquer, qu'en élevant $\sqrt[m]{a^n}$ et $\sqrt[np]{a^{np}}$ à la puissance mp^{me}, on obtient des résultats égaux. Et en effet, la seconde expression, élevée à la puissance mp^{me}, donne, par définition, a^{np}. Quant à la première, comme la puissance mp^{me} d'une expression est la puissance p^{me} de la puissance m^{me} de cette quantité (**28**), on a :

$$\left(\sqrt[m]{a^n}\right)^{mp} = \left\{\left(\sqrt[m]{a^n}\right)^m\right\}^p = (a^n)^p = a^{np}.$$

Les deux résultats sont donc bien égaux.

La même formule [2] démontre, qu'*on peut diviser l'indice et l'exposant d'un radical par un même nombre, sans altérer sa valeur.*

99. Simplification d'un radical. Lorsque le radical porte sur une quantité élevée à une certaine puissance, on peut souvent lui faire subir une simplification.

1° *Si l'indice de la racine est égal au degré de la puissance, les deux opérations se détruisent.* On a, en effet (**95**) :

$$\sqrt[m]{a^m} = a.$$

2° *S'il existe un facteur commun à l'indice de la racine et à l'exposant de la puissance, on peut le supprimer.* On a, en effet (**98**) :

$$\sqrt[mp]{a^{np}} = \sqrt[m]{a^n}.$$

3° *S'il se trouve sous le radical un facteur dont l'exposant soit multiple de l'indice de la racine, on peut le faire sortir du radical, en divisant cet exposant par l'indice.* On a (**97**) :

$$\sqrt[m]{a^{mp}b} = a^p\,\sqrt[m]{b}.$$

100. Réduction des radicaux au même indice. Soient deux radicaux $\sqrt[m]{a^p}$, $\sqrt[n]{b^q}$; on peut multiplier l'indice et l'exposant du premier par n, indice du second; puis multiplier l'indice et l'exposant du second par m, indice du premier (**98**); on obtient ainsi : $\sqrt[mn]{a^{pn}}$ et $\sqrt[mn]{b^{qm}}$. Ces radicaux ont le même indice; car cet indice est le produit des deux indices.

On réduit donc deux radicaux au même indice, en multipliant l'indice et l'exposant de chacun d'eux par l'indice de l'autre.

On réduit de même plusieurs radicaux au même indice, en multipliant l'indice et l'exposant de chacun d'eux par le produit effectué des indices de tous les autres. Ainsi les radicaux

$$\sqrt[m]{a^{\alpha}}, \quad \sqrt[n]{b^{\beta}}, \quad \sqrt[p]{c^{\gamma}}, \quad \sqrt[q]{d^{\delta}},$$

deviennent, par cette transformation,

$$\sqrt[mnpq]{a^{\alpha npq}}, \quad \sqrt[mnpq]{b^{\beta mpq}}, \quad \sqrt[mnpq]{c^{\gamma mnq}}, \quad \sqrt[mnpq]{d^{\delta mnp}}.$$

Ces règles ont beaucoup d'analogie avec celles à l'aide desquelles on réduit les fractions au même dénominateur. On peut même pousser l'analogie plus loin, et *donner aux radicaux un indice commun égal au plus petit multiple commun de leurs indices.* En effet, soit μ le plus petit multiple commun aux indices, m, n, p, q; de sorte que l'on ait :

$$\mu = mm', \quad \mu = nn', \quad \mu = pp', \quad \mu = qq';$$

en multipliant l'indice et l'exposant du premier radical par m', et ceux des autres par n', p', q', respectivement, les radicaux deviennent,

$$\sqrt[mm']{a^{\alpha m'}}, \quad \sqrt[nn']{b^{\beta n'}}, \quad \sqrt[pp']{c^{\gamma p'}}, \quad \sqrt[qq']{d^{\delta q'}},$$

ou

$$\sqrt[\mu]{a^{\alpha m'}}, \quad \sqrt[\mu]{b^{\beta n'}}, \quad \sqrt[\mu]{c^{\gamma p'}}, \quad \sqrt[\mu]{d^{\delta q'}}.$$

§ II. Opérations sur les radicaux.

101. MULTIPLICATION. *Lorsque les radicaux ont le même indice, pour faire leur produit, on multiplie les quantités placées sous les signes, et l'on affecte le produit du signe commun.* Ainsi :

$$\sqrt[m]{a} \times \sqrt[m]{b} \times \sqrt[m]{c} \times \sqrt[m]{d} = \sqrt[m]{abcd}. \qquad [3]$$

Pour le prouver, il suffit de remarquer, qu'en élevant les deux membres à la puissance m^{me}, on obtient des résultats égaux. Car le second devient $abcd$, par définition; et comme la puissance m^{me}

d'un produit est le produit des puissances m^{mes} des facteurs (29), le premier membre devient :

$$(\sqrt[m]{a} \times \sqrt[m]{b} \times \sqrt[m]{c} \times \sqrt[m]{d})^m = (\sqrt[m]{a})^m (\sqrt[m]{b})^m (\sqrt[m]{c})^m (\sqrt[m]{d})^m = abcd.$$

Si les radicaux n'ont pas le même indice, on les ramène à un indice commun (100), *et on applique la règle précédente.* Ainsi :

$$\sqrt[p]{a^\alpha} \times \sqrt[q]{a^\beta} \times \sqrt[r]{a^\gamma} = \sqrt[pqr]{a^{\alpha qr}} \times \sqrt[pqr]{a^{\beta pr}} \times \sqrt[pqr]{a^{\gamma pq}} = \sqrt[pqr]{a^{\alpha qr + \beta pr + \gamma pq}}.$$

Si les radicaux ont des coefficients numériques ou littéraux, on en fait le produit. Ainsi :

$$3h\sqrt[p]{a^\alpha} \times 4k\sqrt[q]{a^\beta} = 12hk\sqrt[pq]{a^{\gamma q + \beta p}}.$$

102. DIVISION. *Lorsque les radicaux ont le même indice, pour diviser le premier par le second, on divise les quantités placées sous les signes, et l'on affecte le quotient du signe commun.* Ainsi :

$$\frac{\sqrt[m]{a}}{\sqrt[m]{b}} = \sqrt[m]{\frac{a}{b}}. \tag{4}$$

Pour le prouver, il suffit de remarquer, qu'en élevant les deux membres à la puissance m^{me}, on obtient des résultats égaux. Et, en effet, le second devient, par définition, $\dfrac{a}{b}$. Quant au premier, comme la puissance m^{me} d'une fraction est le quotient des puissances m^{mes} de ses deux termes (87), il devient :

$$\left(\frac{\sqrt[m]{a}}{\sqrt[m]{b}}\right)^m = \frac{(\sqrt[m]{a})^m}{(\sqrt[m]{b})^m} = \frac{a}{b}.$$

Si les radicaux ont des indices différents, on les ramène au même indice, et l'on applique la règle précédente. Ainsi :

$$\frac{\sqrt[p]{a^m}}{\sqrt[q]{b^n}} = \frac{\sqrt[pq]{a^{mq}}}{\sqrt[pq]{b^{np}}} = \sqrt[pq]{\frac{a^{mq}}{b^{np}}}.$$

Si les radicaux ont des coefficients, on en fait le quotient. Ainsi :

$$\frac{3h\sqrt[p]{a^m}}{4k\sqrt[q]{b^n}} = \frac{3h}{4k} \sqrt[pq]{\frac{a^{mq}}{b^{np}}}.$$

103. PUISSANCES D'UN RADICAL. *Pour élever un radical à une puissance, on élève à cette puissance la quantité placée sous le radical.* Ainsi :

$$(\sqrt[m]{a^\alpha})^p = \sqrt[m]{a^{\alpha p}}. \tag{5}$$

Pour le prouver, il suffit de remarquer, qu'en élevant les deux membres à la puissance m^{me}, on obtient des résultats égaux. Et, en effet, le second devient, par la définition, a^{ap}. Quant au premier, comme la puissance m^{me} de la puissance p^{me} d'une quantité est égale à la puissance pm^{me} ou à la puissance mp^{me} de cette quantité, et réciproquement, on a :

$$\left\{ \left(\sqrt[m]{a^\alpha}\right)^p \right\}^m = \left(\sqrt[m]{a^\alpha}\right)^{pm} = \left(\sqrt[m]{a^\alpha}\right)^{mp} = \left\{ \left(\sqrt[m]{a^\alpha}\right)^m \right\}^p = (a^\alpha)^p = a^{\alpha p}.$$

Après l'opération, on simplifie le radical, s'il y a lieu (99).

Si le radical a un coefficient, on l'élève à la même puissance. Ainsi :

$$\left(h \sqrt[m]{a^\alpha}\right)^p = h^p \sqrt[m]{a^{\alpha p}}.$$

104. RACINES D'UN RADICAL. *Pour extraire une racine d'un radical, on multiplie l'indice du radical par l'indice de la racine,* et l'on simplifie ensuite le résultat, s'il y a lieu. Ainsi :

$$\sqrt[p]{\sqrt[m]{a^\alpha}} = \sqrt[mp]{a^\alpha}. \qquad [6]$$

Pour le prouver, il suffit de remarquer qu'en élevant les deux membres à la puissance mp^{me}, on obtient des résultats égaux. Et, en effet, le second devient alors, par la définition, a^α. Quant au premier, comme la puissance mp^{me} d'une quantité est égale à la puissance m^{me} de la puissance p^{me} de cette quantité, on a :

$$\left(\sqrt[p]{\sqrt[m]{a^\alpha}}\right)^{mp} = \left\{ \left(\sqrt[p]{\sqrt[m]{a^\alpha}}\right)^p \right\}^m = \left(\sqrt[m]{a^\alpha}\right)^m = a^\alpha.$$

§ III. Des exposants fractionnaires.

105. DÉFINITION. On a vu (95) que, pour extraire la racine p^{me} d'une quantité a^{mp}, dont l'exposant est multiple de l'indice, il suffit de diviser l'exposant par l'indice. Ainsi $\sqrt[p]{a^{mp}} = a^m$. Mais, si la division n'est pas possible, la règle ne s'applique plus, et la racine p^{me} de a^m s'écrit alors $\sqrt[p]{a^m}$. Si, toutefois, on appliquait encore la règle précédente à ce cas, on devrait écrire $a^{\frac{m}{p}}$. On conservera donc à cette règle toute sa généralité, si l'on *convient* de représenter le radical $\sqrt[p]{a^m}$ par le symbole $a^{\frac{m}{p}}$.

Nous admettrons, comme définition, *qu'une lettre a, affectée d'un exposant fractionnaire $\frac{m}{p}$, représente un radical qui a pour* *exposant le numérateur* m, *et pour indice le dénominateur* p. Et nous allons voir que cette notation nous permettra d'énoncer plus simplement les résultats précédents.

Mais, avant d'en montrer les avantages, nous ferons remarquer qu'elle n'implique pas contradiction; et que l'expression $a^{\frac{m}{p}}$ conserve la même valeur, si on y remplace l'exposant $\frac{m}{p}$ par une fraction égale $\frac{m'}{p'}$. En d'autres termes, si l'on a $\frac{m}{p} = \frac{m'}{p'}$,

on aura aussi $\qquad\qquad a^{\frac{m}{p}} = a^{\frac{m'}{p'}}$,

c'est-à-dire, en vertu de nos conventions,

$$\sqrt[p]{a^m} = \sqrt[p']{a^{m'}}.$$

Or cette dernière égalité est évidente : car si l'on réduit ces deux radicaux au même indice, ils deviennent $\sqrt[pp']{a^{mp'}}$ et $\sqrt[pp']{a^{m'p}}$; et l'on voit qu'ils ont alors le même exposant, puisque l'égalité $\frac{m}{p} = \frac{m'}{p'}$ entraîne l'égalité $mp' = m'p$.

106. GÉNÉRALISATION DE LA RÈGLE DES EXPOSANTS POUR LA MULTIPLICATION. On a démontré (**28**), pour les exposants entiers et positifs, la formule

$$a^m \times a^n = a^{m+n}. \qquad\qquad [1]$$

Cette formule est encore vraie, si l'un des exposants m ou n, ou tous les deux, sont fractionnaires.

Supposons d'abord m fractionnaire et égal à $\frac{p}{q}$, n restant entier ; nous aurons, d'après la définition et le principe I (**97**) :

$$a^m \times a^n = a^{\frac{p}{q}} \times a^n = \sqrt[q]{a^p} \times a^n = \sqrt[q]{a^p \times a^{nq}} = \sqrt[q]{a^{p+nq}} ;$$

or, si l'on applique notre convention à cette dernière expression, elle devient, $a^{\frac{p+nq}{q}}$ ou $a^{\frac{p}{q}+n}$;

donc $\qquad\qquad a^{\frac{p}{q}} \times a^n = a^{\frac{p}{q}+n}$.

Si maintenant les deux facteurs ont des exposants fractionnaires, $m = \frac{p}{q}$, $n = \frac{r}{t}$, on aura :

$$a^m \times a^n = a^{\frac{p}{q}} \times a^{\frac{r}{t}} = \sqrt[q]{a^p} \times \sqrt[t]{a^r} = \sqrt[qt]{a^{pt}} \times \sqrt[qt]{a^{rq}} = \sqrt[qt]{a^{pt} \times a^{rq}} = \sqrt[qt]{a^{pt+rq}} ;$$

r ce dernier radical peut s'écrire, d'après nos conventions,

$$a^{\frac{pt+rq}{qt}} \quad \text{ou} \quad a^{\frac{p}{q}+\frac{r}{t}};$$

onc

$$a^{\frac{p}{q}} \times a^{\frac{r}{t}} = a^{\frac{p}{q}+\frac{r}{t}}.$$

107. Généralisation de la règle des exposants pour la
ivision. On a (**89**), pour des valeurs entières et positives de
e et de n :

$$a^m : a^n = a^{m-n}. \qquad [2]$$

ette formule est encore vraie, si m ou n, ou tous les deux,
ont fractionnaires.

Supposons d'abord $m = \dfrac{p}{q}$, et n entier ; nous aurons :

$$a^m : a^n = a^{\frac{p}{q}} : a^n = \sqrt[q]{a^p} : a^n = \sqrt[q]{a^p} : \sqrt[q]{a^{nq}} = \sqrt[q]{a^{p-nq}};$$

r ce dernier radical peut s'écrire, d'après nos conventions,

$$a^{\frac{p-nq}{q}} \quad \text{où} \quad a^{\frac{p}{q}-n};$$

onc

$$a^{\frac{p}{q}} : a^n = a^{\frac{p}{q}-n}.$$

Supposons ensuite m entier, et $n = \dfrac{p}{q}$; il viendra :

$$a^m : a^n = a^m : a^{\frac{p}{q}} = a^m : \sqrt[q]{a^p} = \sqrt[q]{a^{mq}} : \sqrt[q]{a^p} = \sqrt[q]{a^{mq-p}};$$

r ce dernier radical s'écrit, d'après nos conventions,

$$a^{\frac{mq-p}{q}} \quad \text{ou} \quad a^{m-\frac{p}{q}};$$

n en conclut :

$$a^m : a^{\frac{p}{q}} = a^{m-\frac{p}{q}}.$$

Supposons enfin $m = \dfrac{p}{q}$, $n = \dfrac{r}{t}$; il viendra :

$$a^m : a^n = a^{\frac{p}{q}} : a^{\frac{r}{t}} = \sqrt[q]{a^p} : \sqrt[t]{a^r} = \sqrt[qt]{a^{pt}} : \sqrt[qt]{a^{rq}} = \sqrt[qt]{a^{pt-rq}};$$

et, comme ce dernier radical s'écrit, d'après nos conventions,

$$a^{\frac{pt-rq}{qt}} \quad \text{ou} \quad a^{\frac{p}{q}-\frac{r}{t}},$$

on en conclut :

$$a^{\frac{p}{q}} : a^{\frac{r}{t}} = a^{\frac{p}{q}-\frac{r}{t}}.$$

108. Généralisation de la règle des exposants pour la

FORMATION DES PUISSANCES. On a démontré (**29**), pour les valeurs entières et positives de m et de n, la formule

$$(a^m)^n = a^{mn}. \qquad [3]$$

Cette formule est encore vraie, quand m ou n, ou tous les deux, sont fractionnaires.

Supposons d'abord $m = \dfrac{p}{q}$, n entier ; on a :

$$(a^m)^n = \left(a^{\frac{p}{q}}\right)^n = (\sqrt[q]{a^p})^n = \sqrt[q]{a^{pn}} ;$$

et comme, d'après nos conventions,

$$\sqrt[q]{a^{pn}} = a^{\frac{pn}{q}} = a^{\frac{p}{q} \times n},$$

on en conclut : $\qquad (a^m)^n = a^{\frac{p}{q} \times n} = a^{mn}.$

Supposons, au contraire, m entier et $n = \dfrac{p}{q}$; on a :

$$(a^m)^n = (a^m)^{\frac{p}{q}} = \sqrt[q]{(a^m)^p} = \sqrt[q]{a^{mp}} = a^{\frac{mp}{q}} = a^{m \times \frac{p}{q}} = a^{mn}.$$

Supposons, enfin, $m = \dfrac{p}{q}$, $n = \dfrac{r}{t}$; nous aurons :

$$(a^m)^n = \left(a^{\frac{p}{q}}\right)^{\frac{r}{t}} = \sqrt[t]{\left(\sqrt[q]{a^p}\right)^r} = \sqrt[tq]{a^{pr}} = a^{\frac{pr}{tq}} = a^{\frac{p}{q} \times \frac{r}{t}} = a^{mn}.$$

109. GÉNÉRALISATION DE LA RÈGLE DES EXPOSANTS POUR L'EXTRACTION DES RACINES. On a vu (**105**) que, pour des valeurs entières et positives de m et n, on a la formule

$$\sqrt[m]{a^n} = a^{\frac{n}{m}}, \qquad [4]$$

formule démontrée quand n est divisible par m, formule de convention quand la division n'est pas possible. Cette formule est vraie, quand m ou n, ou tous les deux, sont fractionnaires.

Supposons d'abord m entier, et $n = \dfrac{p}{q}$; nous aurons :

$$\sqrt[m]{a^n} = \sqrt[m]{a^{\frac{p}{q}}} = \sqrt[m]{\sqrt[q]{a^p}} = \sqrt[mq]{a^p} ;$$

or, d'après nos conventions, $\sqrt[mq]{a^p}$ s'écrit

$$a^{\frac{p}{mq}} \quad \text{ou} \quad a^{\frac{p}{q} : m} ;$$

donc $\qquad \sqrt[m]{a^n} = a^{\frac{p}{q} : m} = a^{\frac{n}{m}}.$

Supposons, en second lieu, $m = \frac{p}{q}$, n restant entier. La racine, d'indice $\frac{p}{q}$, de la quantité a^n, est le nombre dont la puissance $\frac{p}{q}$ est égale à a^n. Désignons ce nombre par x, de telle sorte que

$$x^{\frac{p}{q}} = a^n, \quad \text{ou} \quad \sqrt[q]{x^p} = a^n.$$

Si l'on élève les deux membres à la puissance q^{me}, puis si l'on extrait des résultats la racine p^{me}, on aura successivement :

$$x^p = a^{nq}, \quad x = \sqrt[p]{a^{nq}} = a^{\frac{nq}{p}} = a^{n : \frac{p}{q}};$$

donc
$$x = \sqrt[m]{a^n} = a^{n : \frac{p}{q}} = a^{\frac{n}{m}}.$$

Supposons enfin $m = \frac{p}{q}$, $n = \frac{r}{t}$; $\sqrt[\frac{p}{q}]{a^{\frac{r}{t}}}$ est la quantité x, dont la puissance $\frac{p}{q}$ est égale à $a^{\frac{r}{t}}$; on a donc :

$$x^{\frac{p}{q}} = a^{\frac{r}{t}}, \quad \text{ou} \quad \sqrt[q]{x^p} = \sqrt[t]{a^r}.$$

Élevant les deux membres à la puissance q^{me}, puis extrayant des résultats la racine p^{me}, nous aurons successivement :

$$x^p = \sqrt[t]{a^{rq}}, \quad x = \sqrt[pt]{a^{rq}} = a^{\frac{rq}{pt}} = a^{\frac{r}{t} : \frac{p}{q}};$$

donc
$$x = \sqrt[m]{a^n} = a^{\frac{r}{t} : \frac{p}{q}} = a^{\frac{n}{m}}.$$

110. Généralisation dans le cas ou les exposants fractionnaires sont négatifs. Nous avons supposé, dans ce qui précède, que les nombres m et n sont positifs. Les diverses formules que nous avons généralisées sont encore vraies, lorsqu'on donne aux exposants fractionnaires des valeurs négatives, pourvu que l'on convienne de représenter par le symbole $a^{-\frac{p}{q}}$ l'expression $\frac{1}{a^{\frac{p}{q}}}$ (89), ou, ce qui est la même chose, l'expression $\frac{1}{\sqrt[q]{a^p}}$ (105).

En effet, si, pour toutes les valeurs positives, entières ou fractionnaires de m, on a toujours la formule

$$a^{-m} = \frac{1}{a^m},$$

les raisonnements qui nous ont servi, dans le chapitre précédent (**89** à **92**), à étendre les formules aux cas où les exposants sont entiers et négatifs, s'appliquent, sans modifications, aux cas où ces exposants sont fractionnaires et négatifs.

Remarquons que la formule [2] (**107**) n'est vraie, quand on a $m < n$, qu'autant qu'on adopte la nouvelle convention que nous venons de faire.

Une seule généralisation reste à faire, dans le cas de l'extraction des racines. On a (**109**), pour toutes les valeurs positives de m et de n, entières ou fractionnaires, la formule

$$\sqrt[m]{a^n} = a^{\frac{n}{m}}. \tag{4}$$

Cette formule est encore vraie, quand m ou n, ou tous les deux, sont négatifs.

Supposons d'abord n négatif et égal à $-n'$, m positif, on a :

$$\sqrt[m]{a^n} = \sqrt[m]{a^{-n'}} = \sqrt[m]{\frac{1}{a^{n'}}} = \frac{1}{\sqrt[m]{a^{n'}}} = \frac{1}{a^{\frac{n'}{m}}};$$

or, d'après nos conventions, cette dernière expression s'écrit :

$$a^{-\frac{n'}{m}}, \quad \text{ou} \quad a^{-n' : m};$$

donc

$$\sqrt[m]{a^n} = a^{-n' : m} = a^{\frac{n}{m}}.$$

Supposons ensuite m négatif et égal à $-m'$, n restant positif; $\sqrt[-m']{a^n}$ est une quantité x, dont la puissance $(-m')$ est égale a a^n. Ainsi

$$x^{-m'} = a^n, \quad \text{ou} \quad \frac{1}{x^{m'}} = a^n, \quad \text{ou} \quad x^{m'} = \frac{1}{a^n} = a^{-n},$$

et, par suite, $\quad x = \sqrt[m']{a^{-n}} = a^{\frac{-n}{m'}} = a^{n : -m'} = a^{\frac{n}{m}}.$

Supposons enfin $m = -m'$, $n = -n'$; $\sqrt[-m']{a^{-n'}}$ est la quantité x qui, élevée à la puissance $(-m')$, reproduit $a^{-n'}$. Ainsi, l'on a :

$$x^{-m'} = a^{-n'}, \quad \text{ou} \quad \frac{1}{x^{m'}} = \frac{1}{a^{n'}}; \quad \text{d'où} \quad x^{m'} = a^{n'}.$$

On tire de là : $\qquad x = \sqrt[n']{a^{n'}} = a^{\frac{n'}{m'}} = a^{\frac{-n'}{-m'}} = a^{\frac{n}{m}}.$

En résumé, toutes nos formules pour la multiplication, la division, l'élévation aux puissances et l'extraction des racines, sont générales : elles s'étendent à toutes les valeurs positives ou négatives, entières ou fractionnaires, des exposants et des indices.

§ IV. Applications.

111. RENDRE RATIONNEL LE DÉNOMINATEUR D UNE FRACTION. Lorsque le dénominateur d'une fraction contient un ou plusieurs radicaux, il est souvent utile, principalement au point de vue des approximations numériques, de le débarrasser de ces radicaux, de le *rendre rationnel*. Nous en donnerons quelques exemples.

1° Soit $\dfrac{m}{\sqrt{a}}$: on multiplie les deux termes par $\sqrt{a}$, et l'on a :

$$\frac{m}{\sqrt{a}} = \frac{m\sqrt{a}}{a}.$$

2° Soit $\dfrac{m}{\sqrt{a} + \sqrt{b}}$; on multiplie les deux termes par $\sqrt{a} - \sqrt{b}$; le dénominateur devient la différence de deux carrés, et l'on a :

$$\frac{m}{\sqrt{a} + \sqrt{b}} = \frac{m(\sqrt{a} - \sqrt{b})}{(\sqrt{a})^2 - (\sqrt{b})^2} = \frac{m(\sqrt{a} - \sqrt{b})}{a - b}.$$

3° De même : $\qquad \dfrac{m}{\sqrt{a} - \sqrt{b}} = \dfrac{m(\sqrt{a} + \sqrt{b})}{a - b}.$

4° De même encore :

$$\frac{m}{a \pm \sqrt{b}} = \frac{m(a \mp \sqrt{b})}{a^2 - b}.$$

5° Soit $\dfrac{m}{\sqrt{a} - \sqrt{b} + \sqrt{c}}$; on multiplie les deux termes par

$\sqrt{a} - \sqrt{b} - \sqrt{c}$; alors, en considérant $\sqrt{a} - \sqrt{b}$ comme une seule quantité, on voit que le dénominateur est encore le produit d'une somme par une différence ; et l'on a :

$$\frac{m}{\sqrt{a} - \sqrt{b} + \sqrt{c}} = \frac{m\left(\sqrt{a} - \sqrt{b} - \sqrt{c}\right)}{\left(\sqrt{a} - \sqrt{b}\right)^2 - c} = \frac{m\left(\sqrt{a} - \sqrt{b} - \sqrt{c}\right)}{a + b - c - 2\sqrt{ab}} ;$$

et le dénominateur ne contenant plus qu'un seul radical, on est ramené au quatrième cas.

6° Soit $\dfrac{m}{\sqrt{a} - \sqrt{b} + c - \sqrt{d}}$; on considère le dénominateur comme composé de deux termes $\left(\sqrt{a} - \sqrt{b}\right)$ et $\left(c - \sqrt{d}\right)$, et l'on multiplie par leur différence. On a ainsi :

$$\frac{m}{\sqrt{a} - \sqrt{b} + c - \sqrt{d}} = \frac{m\left(\sqrt{a} - \sqrt{b} - c + \sqrt{d}\right)}{a + b - 2\sqrt{ab} - c^2 - d + 2c\sqrt{d}}$$

$$= \frac{m\left(\sqrt{a} - \sqrt{b} + \sqrt{d} - c\right)}{(a + b - c^2 - d) - 2\sqrt{ab} + 2c\sqrt{d}} ;$$

et le dénominateur ne contenant plus que trois termes, la solution est ramenée au cinquième cas.

7° Soit maintenant $\dfrac{m}{\sqrt[3]{a} + \sqrt[3]{b}}$. On sait que

$$(\alpha + \beta)(\alpha^2 - \alpha\beta + \beta^2) = \alpha^3 + \beta^3.$$

On multiplie donc les deux termes par $\sqrt[3]{a^2} - \sqrt[3]{ab} + \sqrt[3]{b^2}$, et l'on a :

$$\frac{m}{\sqrt[3]{a} + \sqrt[3]{b}} = \frac{m\left(\sqrt[3]{a^2} - \sqrt[3]{ab} + \sqrt[3]{b^2}\right)}{a + b}.$$

8° De même :

$$\frac{m}{\sqrt[3]{a} - \sqrt[3]{b}} = \frac{m\left(\sqrt[3]{a^2} + \sqrt[3]{ab} + \sqrt[3]{b^2}\right)}{a - b}.$$

EXERCICES.

I. Simplifier l'expression

$$\frac{n^3 - 3n + (n^2 - 1)\sqrt{n^2 - 4} - 2}{n^3 - 3n + (n^2 - 1)\sqrt{n^2 - 4} + 2}.$$

On trouve

$$\frac{(n + 1)\sqrt{n - 2}}{(n - 1)\sqrt{n + 2}}.$$

II. Vérifier que la valeur

$$x = [-q + (q^2 + p^3)^{\frac{1}{2}}]^{\frac{1}{3}} + [-q - (q^2 + p^3)^{\frac{1}{2}}]^{\frac{1}{3}}$$

nnule l'expression $\qquad x^3 + 3px + 2q,$

uels que soient p et q.

III. Vérifier l'égalité

$$\left[\frac{a + (a^2 - b)^{\frac{1}{2}}}{2}\right]^{\frac{1}{2}} + \left[\frac{a - (a^2 - b)^{\frac{1}{2}}}{2}\right]^{\frac{1}{2}} = (a + b^{\frac{1}{2}})^{\frac{1}{2}}.$$

Il suffit d'élever au carré les deux membres, pour obtenir une identité.

IV. Réduire l'expression

$$\frac{x + \sqrt{x^2 - 1}}{x - \sqrt{x^2 - 1}} - \frac{x - \sqrt{x^2 - 1}}{x + \sqrt{x^2 - 1}}.$$

n trouve $\qquad 4x\sqrt{x^2 - 1}.$

V. Simplifier l'expression

$$\frac{\sqrt[3]{x^4} + \sqrt[3]{x^2 y^2} - 2\sqrt[3]{x^3 y}}{\sqrt[3]{x^4} + \sqrt[3]{xy^3} - \sqrt[3]{x^3 y} - \sqrt[3]{y^4}}.$$

n trouve $\qquad \dfrac{x - \sqrt[3]{x^2 y}}{x + y}.$

VI. Simplifier l'expression

$$\sqrt{a^2 + \sqrt[3]{a^4 b^2}} + \sqrt{b^2 + \sqrt[3]{a^2 b^4}}.$$

n trouve $\qquad (a^{\frac{2}{3}} + b^{\frac{2}{3}})^{\frac{3}{2}}.$

VII. Que devient l'expression

$$\frac{1 - ax}{1 + ax} \sqrt{\frac{1 + bx}{1 - bx}},$$

uand on y fait $\qquad x = \dfrac{1}{a}\sqrt{\dfrac{2a}{b} - 1}?$

Elle devient égale à l'unité.

VIII. Que devient l'expression

$$2\left(uv - \sqrt{u^2 - 1}\sqrt{v^2 - 1}\right),$$

uand on y fait $\qquad 2u = x + \dfrac{1}{x}, \quad 2v = y + \dfrac{1}{y}?$

Elle devient égale à $\qquad \dfrac{x}{y} + \dfrac{y}{x}.$

IX. Que devient, dans la même hypothèse, l'expression

$$2\left(uv + \sqrt{u^2 - 1}\sqrt{v^2 - 1}\right)?$$

Elle devient égale à $\qquad xy + \dfrac{1}{xy}.$

X   Que devient l'expression

$$\frac{2a\sqrt{1+x^2}}{x+\sqrt{1+x^2}},$$

quand on y fait $x = \frac{1}{2}\left(\sqrt{\frac{a}{b}} - \sqrt{\frac{b}{a}}\right)$?

Elle devient égale à $a + b$.

XI. Que devient l'expresssion

$$\frac{\sqrt{a+x}+\sqrt{a-x}}{\sqrt{a+x}-\sqrt{a-x}},$$

quand on y fait $x = \frac{2ab}{b^2+1}$?

Elle devient égale à b.

LIVRE II.

DES ÉQUATIONS DU PREMIER DEGRÉ.

CHAPITRE I.

PRINCIPES GÉNÉRAUX RELATIFS AUX ÉQUATIONS CONSIDÉRÉES ISOLÉMENT.

§ I. Définitions.

112. ÉGALITÉ. Deux quantités séparées par le signe $=$ forment une *égalité*.

113. IDENTITÉ. On nomme *identité* l'expression d'une égalité qui a lieu entre deux quantités numériques, ou entre deux formules, *indépendamment de toute valeur particulière attribuée aux lettres qu'elles renferment. Ainsi*

$$5 = 5, \quad 8 = 7 + 1,$$
$$(x + y)^2 = x^2 + 2xy + y^2,$$
$$a^m \times a^n = a^{m+n},$$

sont des identités.

114. ÉQUATION. On distingue plus spécialement, sous le nom d'*équation*, une *égalité qui n'a lieu que pour certaines valeurs particulières des lettres qu'elle renferme*, et qui peut, par suite, servir à la détermination de ces valeurs. Ainsi

$$3x - 13 = 15 - x$$

est une équation : elle n'a lieu que pour la valeur particulière $x = 7$.

Une équation a deux *membres*; ce sont les deux expressions séparées par le signe $=$. Le *premier* membre est à gauche, le *second* est à droite du signe.

Les lettres, dont certaines valeurs particulières transforment l'équation en identité, se nomment les *inconnues* de l'équation;

ALG. B. Iʳᵉ PARTIE.   6

et ces valeurs particulières sont les *solutions* ou les *racines* de l'équation. On représente ordinairement les inconnues par les dernières lettres de l'alphabet, x, y, z....

Résoudre une équation, c'est déterminer ses racines. On dit que les racines d'une équation *vérifient* cette équation, *satisfont* à cette équation, parce qu'elles la transforment en identité.

La résolution des équations est la partie la plus importante, et, d'après quelques auteurs, le but véritable de l'algèbre.

115. ÉQUATIONS ÉQUIVALENTES. On dit que deux équations, qui renferment les mêmes inconnues, sont *équivalentes*, lorsqu'elles admettent les mêmes solutions. On peut toujours substituer à une équation une équation équivalente.

116. ÉQUATION A UNE OU PLUSIEURS INCONNUES. On distingue les équations d'après le nombre des inconnues qu'elles renferment : ainsi on a des équations à une inconnue x, à deux inconnues x et y, à trois inconnues x, y, z, et ainsi de suite.

117. DEGRÉ D'UNE ÉQUATION. Lorsque les deux membres d'une équation sont des expressions rationnelles et entières par rapport aux inconnues qu'elle renferme, *le degré de l'équation est la somme des exposants des inconnues dans le terme où cette somme est la plus grande.*

EXEMPLES. $\qquad\qquad 3x - 7 = 8 - 2x$

est une équation du *premier* degré, à *une* inconnue x.

$$4xy - 3x = 2 - 5y$$

est une équation du *second* degré. à *deux* inconnues x, y.

§ II. Principes.

118. THÉORÈME I. *On peut ajouter une même quantité aux deux membres d'une équation, sans altérer les conditions qu'elle impose aux inconnues :* en d'autres termes, *on forme, par cette addition, une équation équivalente à la première.*

En effet, soient A et B les deux membres de cette équation,

$$A = B; \qquad\qquad [1]$$

ajoutons aux deux membres la quantité m; nous aurons :

$$A + m = B + m. \qquad\qquad [2]$$

Toute solution de l'équation [1] donne, par hypothèse, à A et à B, des valeurs numériques égales : donc si l'on ajoute à ces valeurs la valeur numérique correspondante de m, on obtient des nombres égaux. Or ces nombres sont les valeurs numériques des deux membres de l'équation [2]. Donc toute solution de l'équation [1] vérifie l'équation [2].

Réciproquement, toute solution de l'équation [2] donne à $(A+m)$ et à $(B+m)$ des valeurs numériques égales : donc si l'on retranche de ces valeurs la valeur numérique correspondante de m, les restes sont égaux : or ces restes sont les valeurs numériques de A et de B. Donc toute solution de l'équation [2] vérifie l'équation [1].

Les deux équations sont donc équivalentes.

119. REMARQUE. m désignant un nombre quelconque qui peut être positif ou négatif, on n'ajoute rien à la généralité de l'énoncé précédent, en disant : *on peut, sans altérer la signification d'une équation, augmenter ou diminuer les deux membres d'un même nombre.*

120. COROLLAIRE I. TRANSPOSITION DES TERMES. *On peut toujours faire passer un terme quelconque d'une équation d'un membre dans l'autre, pourvu que l'on change son signe.*

En effet, si le nombre m est égal et de signe contraire à l'un des termes de l'équation, il le détruira ; et ce terme disparaîtra du membre où il se trouvait, pour reparaître dans l'autre avec un signe différent. Par exemple, soit l'équation

$$2 + x = 5 - 3x :$$

en ajoutant $(-x)$ aux deux membres, on obtient :

$$2 = 5 - 3x - x ;$$

et le terme x est passé, comme on voit, d'un membre dans l'autre, en changeant de signe.

121. COROLLAIRE II. *On peut changer simultanément les signes de tous les termes d'une équation.* Car cela revient à transposer tous les termes du premier membre dans le second, et tous les termes du second dans le premier. Par exemple, soit l'équation

$$3 - x = 15 - 2x ;$$

transposons tous les termes ; nous aurons :

$$2x-15=x-3;$$

ou, ce qui est la même chose,

$$x-3=2x-15;$$

et tous les termes ont, comme on voit, changé de signe.

122. Théorème II. *On peut multiplier les deux membres d'une équation par une même quantité, sans altérer les conditions qu'elle impose aux inconnues, pourvu que la valeur numérique du multiplicateur ne soit pas nulle. On forme, par cette multiplication, une équation équivalente à la première.*

Pour le prouver, soit l'équation proposée :

$$A=B;\qquad\qquad [1]$$

multiplions les deux membres par m; nous aurons :

$$Am=Bm.\qquad\qquad [2]$$

Or toute solution de l'équation [1] donne à A et à B des valeurs numériques égales : donc si l'on multiplie ces valeurs par la valeur numérique correspondante de m, *qui n'est pas nulle,* les produits seront égaux. Or, ces produits sont les valeurs correspondantes des deux membres de l'équation [2] : donc toute solution de l'équation [1] est solution de l'équation [2].

Réciproquement, toute solution de l'équation [2] donne des valeurs égales à Am et à Bm; donc, si l'on divise ces deux nombres par la valeur correspondante de m, *qui n'est pas nulle,* les quotients sont égaux; et comme ces quotients sont les valeurs numériques de A et B, toute solution de l'équation [2] est solution de l'équation [1].

Ainsi, les deux équations sont équivalentes.

123. Puisque l'on peut multiplier les deux membres d'une équation par un nombre quelconque, *on peut aussi les diviser par un nombre quelconque;* car diviser par m, revient à multiplier par $\frac{1}{m}$. Il faut seulement que le nombre m par lequel on divise, ne soit jamais nul.

124. Remarque importante. Le principe précédent suppose essentiellement, que le multiplicateur m est différent de zéro : les équations [1] et [2] ne sont équivalentes qu'à cette condition.

Et en effet, la seconde peut, si l'on transpose tous les termes dans le premier membre, se mettre sous la forme :

$$(A - B)m = 0. \qquad [2]$$

On voit que toute solution de l'équation [1], rendant A égal à B, ou A—B égal à zéro, vérifie encore l'équation [2]. Mais la réciproque n'est plus vraie, si m peut être nul ; car alors l'équation [2] pourra être vérifiée, sans que A devienne égal à B.

EXEMPLE. Soit l'équation

$$3 - x = 15 - 2x. \qquad [1]$$

Multiplions ses deux membres par $(x-1)$; nous obtiendrons la nouvelle équation

$$(3 - x)(x - 1) = (15 - 2x)(x - 1). \qquad [2]$$

La solution $x = 12$, qui vérifie la première, vérifie évidemment la seconde. Mais la valeur $x = 1$, qui annule le multiplicateur $(x-1)$, satisfait à la seconde, puisqu'elle rend nuls ses deux membre ; et cependant elle ne vérifie pas la première.

Ainsi *la multiplication des deux membres de l'équation par un facteur, contenant les inconnues, peut introduire des solutions* ÉTRANGÈRES. *Ces solutions introduites sont celles de l'équation qu'on obtiendrait, en égalant à zéro le multiplicateur,* comme on le voit dans l'exemple précédent. Par conséquent, lorsqu'on aura été obligé de multiplier les deux membres par un pareil facteur, on devra, après avoir résolu l'équation résultante, étudier les solutions obtenues, et rejeter comme étrangères celles qui annuleraient le facteur sans vérifier l'équation proposée.

Il résulte de là, qu'*en divisant les deux membres par une expression contenant les inconnues, on s'expose à supprimer une ou plusieurs solutions : mais les solutions ainsi supprimées sont celles de l'équation qu'on obtiendrait en égalant à zéro le diviseur.* Par conséquent, lorsqu'on aura été obligé de diviser les deux membres par une pareille expression, on devra résoudre non-seulement l'équation résultante, mais encore l'équation auxiliaire obtenue en égalant le diviseur à zéro, et étudier les solutions de cette dernière pour les rétablir, si elles ont été réellement supprimées.

Si le multiplicateur ou le diviseur m, sans contenir les inconnues, est une expression littérale, la transformation est permise ; mais il faudra éviter, dans la suite des raisonnements, les hypothèses qui rendraient cette expression égale à zéro.

125. Corollaire. Évanouissement des dénominateurs. *Lors-qu'une équation renferme des termes fractionnaires, on la ramène à la forme entière, en multipliant tous les termes par le produit des dénominateurs, ou même par le plus petit multiple commun à tous ces dénominateurs :* et l'on obtient ainsi, en général, une équation équivalente à la première. Cette règle est la conséquence évidente du Théorème II et des principes sur les fractions.

Exemple I. Soit l'équation

$$2 = \frac{1}{x} + x - 1 + \frac{3}{x+1} ; \qquad [1]$$

multiplions les deux membres par le produit $x(x+1)$; nous aurons :

$$2x(x+1) = x + 1 + (x-1)(x+1)x + 3x,$$

ou

$$2x^2 + 2x = x + 1 + x^3 - x + 3x. \qquad [2]$$

Il faut remarquer, toutefois, que le facteur $x(x+1)$, égalé à zéro, donne pour solutions $x = 0$, $x = -1$. Ce sont les seules solutions que la multiplication ait pu introduire. Or, elles ne vérifient l'équation [2] ni l'une ni l'autre : donc les deux équations [1] et [2] sont équivalentes.

Exemple II. Soit l'équation

$$\frac{1}{x-a} + \frac{1}{x+a} = \frac{1}{x^2 - a^2}. \qquad [1]$$

On voit qu'il suffira de multiplier les deux membres par $(x^2 - a^2)$; car ce dénominateur est divisible par les autres dénominateurs $(x+a)$ et $(x-a)$. On a ainsi :

$$x + a + x - a = 1. \qquad [2]$$

Comme l'équation $x^2 - a^2 = 0$ n'a pour solutions que $x = +a$ et $x = -a$, lesquelles ne vérifient l'équation [2] ni l'une ni l'autre, les équations [1] et [2] sont équivalentes.

Exemple III. Soit encore l'équation

$$1 - \frac{x^2}{x-1} = \frac{1}{1-x} - 6 : \qquad [1]$$

si l'on multiplie les deux membres par $x - 1$, on a :

$$x - 1 - x^2 = -1 - 6x + 6. \qquad [2]$$

Cette dernière équation admet pour solutions 6 et 1 : mais le nombre 6 vérifie seul l'équation [1]; et la valeur $x = 1$, qui annule le multiplicateur $(x-1)$, doit être rejetée.

126. Théorème III. *Lorsqu'on élève à une même puissance les deux membres d'une équation, on introduit, en général, des solutions étrangères.* En effet, soit l'équation

$$A = B. \qquad [1]$$

Si l'on élève les deux membres au carré, on a :

$$A^2 = B^2. \qquad [2]$$

On voit que toute solution de la première est solution de la seconde. Mais cette dernière, pouvant s'écrire sous la forme

$$A^2 - B^2 = 0, \quad \text{ou} \quad (A - B)(A + B) = 0,$$

renferme à la fois les solutions des deux équations,

$$A - B = 0, \quad A + B = 0.$$

Elle est donc plus générale que la première.

De même l'équation $\qquad A^m = B^m$

peut s'écrire $\qquad A^m - B^m = 0,$

ou $\quad (A - B)(A^{m-1} + BA^{m-2} + B^2A^{m-3} + \dots + B^{m-1}) = 0.$

Elle admet donc, outre les solutions de l'équation [1] qui annulent le premier facteur, celles de l'équation

$$A^{m-1} + BA^{m-2} + B^2A^{m-3} + \dots + B^{m-1} = 0,$$

qui annulent le second facteur.

Lors donc que l'on est obligé, pour résoudre une équation, d'élever ses deux membres à la même puissance, il faut, après avoir résolu l'équation résultante, étudier les solutions obtenues, et rejeter comme étrangères celles qui ne vérifieraient pas l'équation proposée. Par exemple, soit l'équation

$$\sqrt{9 - x} = x - 9. \qquad [1]$$

Si, pour résoudre, on élève les deux membres au carré, on a :

$$9 - x = x^2 - 18x + 81. \qquad [2]$$

Or, on peut reconnaître que cette dernière équation est vérifiée par $x = 9$ et par $x = 8$. Mais, si la valeur $x = 9$ convient à l'équation proposée, la valeur $x = 8$ ne convient pas, et doit être rejetée.

On se rend compte de ce résultat, en remarquant que l'équation [2] n'est pas seulement le carré de l'équation [1]; elle est aussi le carré de l'équation

$$-\sqrt{9 - x} = x - 9,$$

laquelle admet pour solution $x = 8$.

CHAPITRE II.

RÉSOLUTION DE L'ÉQUATION DU PREMIER DEGRÉ
A UNE SEULE INCONNUE.

§ I. Règle pour résoudre l'équation.

127. Exemples. Les principes, exposés dans le chapitre précédent, suffisent pour résoudre une équation du premier degré
à une inconnue. Donnons-en quelques exemples.

Exemple I. Soit l'équation

$$3x - \frac{4}{3} - \frac{x}{4} = \frac{5x}{21} + 2x + 13. \qquad [1]$$

On chasse d'abord les dénominateurs (**125**), en multipliant les deux membres
par 84, qui est leur plus petit multiple commun. L'équation

$$252\,x - 112 - 21x = 20x + 168x + 1092 \qquad [2]$$

est équivalente à la première ; car le multiplicateur est numérique (**122**).

On fait ensuite passer dans un membre les termes qui contiennent l'inconnue,
et dans l'autre ceux qui ne la contiennent pas (**120**) : on obtient ainsi

$$252x - 21x - 20x - 168x = 1092 + 112,$$

ou, en réduisant les termes dans chaque membre,

$$43x = 1204, \qquad [3]$$

équation équivalente à l'équation [2], d'après le principe (**118**).

Enfin on divise les deux membres par 43 (**122**), et l'on obtient l'équation
équivalente

$$x = 28. \qquad [4]$$

Or, cette dernière équation est vérifiée, quand on y remplace x par 28 : et
elle n'a pas d'autre solution. Donc l'équation [1] admet la solution 28, et n'en
admet pas d'autre.

On vérifie la solution en remplaçant x par 28 dans l'équation [1] ; les deux
membres deviennent égaux à $75\frac{2}{3}$.

Exemple II. Les coefficients peuvent être algébriques. Soit l'équation

$$\frac{(2a+b)\,b^2}{a\,(a+b)^2}x + \frac{a^2 b^2}{(a+b)^3} = 3cx + \frac{b}{a}\,x - \frac{3\,abc}{a+b}. \qquad [1]$$

On multiplie tous les termes par $a\,(a+b)^3$, plus petit multiple commun des
dénominateurs : l'équation nouvelle

$$(2a+b)\,b^2\,(a+b)\,x + a^3 b^2 \qquad [2]$$
$$= 3ac\,(a+b)^3 x + b\,(a+b)^3 x - 3a^2 bc\,(a+b)^2$$

est équivalente à la première, pourvu que l'on ne fasse pas ultérieurement l'hypothèse $a = 0$, ou l'hypothèse $b = -a$, dont chacune annule le multiplicateur (124).

On fait passer les termes inconnus dans un membre et les termes connus dans l'autre. L'équation

$$a^3b^2 + 3a^2bc\,(a+b)^2$$
$$= 3\,ac\,(a+b)^3\,x + b\,(a+b)^3\,x - (2a+b)\,b^2\,(a+b)\,x \qquad [3]$$

est équivalente à la seconde.

Puis on met x en facteur commun dans le second membre, ce qui donne :

$$a^3b^2 + 3a^2bc\,(a+b)^2 = \{\,3ac\,(a+b)^3 + b\,(a+b)^3 - (2a+b)\,b^2\,(a+b)\,\}\,x,$$

et l'on divise les deux membres par le coefficient de x. On a ainsi une nouvelle équation :

$$x = \frac{a^3b^2 + 3a^2bc\,(a+b)^2}{3\,ac\,(a+b)^3 + b\,(a+b)^3 - (2a+b)\,b^2\,(a+b)}\,, \qquad [4]$$

qui sera équivalente aux autres, si quelque hypothèse n'annule pas le dénominateur.

Or, le numérateur est égal à $a^2b\,\{\,ab + 3c\,(a+b)^2\,\}$. Les deux derniers termes du dénominateur peuvent s'écrire

$$b\,(a+b)\,\{\,(a+b)^2 - b\,(2a+b)\,\}\,,$$

ou, en réduisant,
$$b\,(a+b)\,a^2.$$

Donc le dénominateur s'écrira :

$$3\,ac\,(a+b)^3 + a^2b\,(a+b),$$

ou, en mettant $a\,(a+b)$ en facteur commun,

$$a\,(a+b)\,\{\,ab + 3c\,(a+b)^2\,\}.$$

Donc enfin la valeur de x peut s'écrire :

$$x = \frac{a^2b\,\{\,ab + 3c\,(a+b)^2\,\}}{a\,(a+b)\,\{\,ab + 3c\,(a+b)^2\,\}}\,, \qquad [5]$$

ou, en supprimant les facteurs communs,

$$x = \frac{ab}{a+b}. \qquad [6]$$

Comme le dénominateur de la formule [5] devient nul, soit pour $a = 0$, soit pour $b = -a$, soit pour $c = -\dfrac{ab}{3\,(a+b)^2}$, il faudra s'abstenir, dans les applications, de ces trois hypothèses.

On vérifie aisément que la solution trouvée satisfait à l'équation [1].

128. RÈGLE GÉNÉRALE. On conclut de ces raisonnements la règle suivante : *Pour résoudre une équation du premier degré à une inconnue : 1° on chasse les dénominateurs ; 2° on transpose dans un membre les termes qui renferment l'inconnue, et dans l'autre ceux qui ne la contiennent pas ; 3° on réduit dans chaque membre les termes semblables ; 4° on divise le terme indépendant de l'inconnue* *par le coefficient de cette inconnue.* Le quotient est la valeur de l'inconnue, sous la réserve des restrictions que nous avons énoncées. On vérifie d'ailleurs cette valeur, en la substituant dans l'équation proposée, qui doit se transformer en identité.

§ II. Équations qui se ramènent au premier degré.

Une équation, qui n'est pas du premier degré, peut, dans certains cas, y être ramenée, à l'aide de quelques transformations. Nous en donnerons quelques exemples.

129. L'équation est irrationnelle.

EXEMPLE I. Soit l'équation *

$$\sqrt{4+x} = 4 - \sqrt{x}. \qquad [1]$$

Si l'on élève les deux membres au carré, il vient :

$$4 + x = 16 - 8\sqrt{x} + x, \qquad [2]$$

ou, en faisant passer les termes inconnus à gauche, les autres à droite, et supprimant ceux qui se détruisent,

$$8\sqrt{x} = 12, \quad \text{ou} \quad 2\sqrt{x} = 3. \qquad [3]$$

Élevant encore au carré, on a :

$$[4] \qquad\qquad 4x = 9, \quad \text{d'où} \quad x = \frac{9}{4}. \qquad [5]$$

Comme toute solution de l'équation [1] vérifie toutes les suivantes, qui en sont des conséquences, et que l'équation [5] n'admet que la solution $x = \frac{9}{4}$, il est clair que l'équation [1] n'en saurait admettre d'autre. Mais il n'est pas certain que cette valeur satisfait effectivement à cette équation : car on a, par deux fois, élevé l'équation au carré, opération qui peut introduire des solutions étrangères (126). Il est donc nécessaire de vérifier la solution trouvée par une substitution directe. Or, en remplaçant x par $\frac{9}{4}$, le premier membre de l'équation [1] devient :

$$\sqrt{4+x} = \sqrt{4 + \frac{9}{4}} = \sqrt{\frac{25}{4}} = \frac{5}{2},$$

et le second

$$4 - \sqrt{x} = 4 - \sqrt{\frac{9}{4}} = 4 - \frac{3}{2} = \frac{5}{2}.$$

La vérification réussit donc; mais elle était indispensable.

---

* Dans cette équation, $\sqrt{4+x}$ et $\sqrt{x}$ désignent des nombres *positifs :* nous laissons de côté, pour le moment, la double valeur qu'on peut leur attribuer. Il en sera de même dans le reste de ce chapitre.

EXEMPLE II. Soit encore l'équation

$$\sqrt{x}-\sqrt{x-\sqrt{1-x}}=1. \qquad [1]$$

Pour faire disparaître un des radicaux, on l'*isole* dans un membre, en écrivant

$$\sqrt{x-\sqrt{1-x}}=\sqrt{x}-1, \qquad [2]$$

et l'on élève au carré les deux membres; il vient :

$$x-\sqrt{1-x}=x-2\sqrt{x}+1, \qquad [3]$$

ou, simplifiant et changeant les signes,

$$\sqrt{1-x}=2\sqrt{x}-1. \qquad [4]$$

Élevant de nouveau au carré, on a :

$$1-x=4x-4\sqrt{x}+1, \qquad [5]$$

ou, simplifiant et transposant,

$$4\sqrt{x}=5x. \qquad [6]$$

Élevant au carré pour la troisième fois, nous avons :

$$16x=25x^2, \qquad [7]$$

équation que l'on peut écrire, en mettant tous les termes dans le premier membre,

$$x(16-25x)=0. \qquad [8]$$

Pour qu'un produit de deux facteurs soit nul, il faut et il suffit que l'un des facteurs soit nul. Les solutions de l'équation [8] sont donc :

$$x=0, \qquad x=\frac{16}{25}.$$

L'équation [1] n'admet pas d'autres solutions que celles-là. Pour savoir si elle les admet effectivement, faisons la substitution directe. La valeur $x=0$ donne :
$-\sqrt{-1}=1$, ce qui ne signifie rien ; et la valeur $x=\frac{16}{25}$ donne :

$$\sqrt{\frac{16}{25}}-\sqrt{\frac{16}{25}-\sqrt{\frac{9}{25}}}=1,$$

ou, réduisant,

$$\frac{4}{5}-\frac{1}{5}=1,$$

ce qui n'est pas vrai. Ainsi aucune des deux solutions ne convient à l'équation [1].

Il est facile de voir que la valeur $x=0$ vérifie l'équation

$$\sqrt{x}+\sqrt{x+\sqrt{1-x}}=1 ;$$

que la valeur $x=\frac{16}{25}$ vérifie l'équation

$$\sqrt{x}+\sqrt{x-\sqrt{1-x}}=1 ;$$

et que ces équations conduisent toutes deux à la même équation [7], en suivant la même marche que pour l'équation proposée.

150. L'équation ne renferme l'inconnue qu'à une certaine puissance; alors elle peut être considérée comme étant du premier degré, si l'on prend cette puissance pour l'inconnue.

EXEMPLE III. Soit l'équation

$$\frac{a}{1+2x} + \frac{a}{1-2x} = 2b. \qquad [1]$$

On multiplie les deux membres par le produit $(1+2x)(1-2x)$, ou par $(1-4x^2)$ il vient :

$$a(1-2x) + a(1+2x) = 2b(1-4x^2), \qquad [2]$$

ou, effectuant les multiplications, et supprimant les termes qui se détruisent

$$2a = 2b - 8bx^2. \qquad [3]$$

Si l'on considère x^2 comme l'inconnue, cette équation est du premier degré, et on en tire :

$$x^2 = \frac{b-a}{4b}, \quad x = \sqrt{\frac{b-a}{4b}}. \qquad [4]$$

151. L'équation ne renferme l'inconnue que sous un radical, elle est du premier degré, si l'on prend ce radical pour inconnue.

EXEMPLE IV. Soit l'équation

$$\frac{ax - b^2}{\sqrt{ax} + b} - \frac{\sqrt{ax} - b}{c} = c. \qquad [1]$$

Comme le numérateur de la première fraction est divisible par son dénominateur, l'équation peut s'écrire :

$$\sqrt{ax} - b - \frac{\sqrt{ax} - b}{c} = c, \qquad [2]$$

ou, en chassant le dénominateur,

$$c\sqrt{ax} - cb - \sqrt{ax} + b = c^2, \qquad [3]$$

équation du premier degré, si l'on prend pour inconnue le radical $\sqrt{ax}$. On a, en transposant les termes :

$$(c-1)\sqrt{ax} = c^2 + cb - b; \qquad [4]$$

et par suite,

$$\sqrt{ax} = \frac{c^2 + cb - b}{c-1} = b + \frac{c^2}{c-1}. \qquad [5]$$

Élevant cette équation au carré, et divisant par a, on a :

$$x = \frac{1}{a}\left(b + \frac{c^2}{c-1}\right)^2. \qquad [6]$$

§ III. Solution de quelques problèmes.

Nous donnerons, dès à présent, quelques exemples de l'utilité des équations dans la solution des problèmes.

152. Problème I. *Trouver l'escompte en dedans d'un billet de 1500 fr. payable dans 5 mois, le taux de l'intérêt étant 6 pour 100 par an.*

L'escompte en dedans d'un billet est l'intérêt de sa valeur actuelle. Désignons cet escompte par x; on remettra au porteur $1500 - x$; et il faudra que cette somme, placée à 6 pour 100 pendant 5 mois, rapporte un intérêt x. Or, 100 fr., rapportant 6 fr. en 1 an, rapportent en 1 mois $0^f,50$, et en 5 mois $2^f,50$; 1 fr., dans le même temps, rapporte donc $0^f,025$; et $(1500 - x)$ rapportent $0^f,025 \times (1500 - x)$. On doit donc avoir l'équation

$$(1500 - x) \times 0,025 = x,$$

ou, en effectuant les calculs,

$$1500 \times 0,025 - 0,025x = x,$$

équation du premier degré, d'où l'on tire

$$x = \frac{1500 \times 0,025}{1,025} = 36,585 \ldots$$

On remettra au porteur du billet l'excès de 1500 fr. sur l'escompte, ou $1463^f,41$.

153. Problème II. *On a deux lingots d'argent, dont les titres sont 0,775 et 0,940; quel poids doit-on prendre de chacun d'eux pour former 25 grammes d'alliage, au titre de 0,900 ?*

Soit x le nombre de grammes que l'on doit prendre dans le premier lingot : $(25 - x)$ sera le poids que l'on devra prendre dans le second.

Le poids de l'argent contenu dans x grammes du premier lingot est $x \times 0,775$.

Le poids de l'argent contenu dans $(25 - x)$ grammes du second lingot est $(25 - x) \times 0,940$.

La quantité totale d'argent contenue dans l'alliage est donc

$$x \times 0,775 + (25 - x) \times 0,940.$$

D'un autre côté, puisque le titre de l'alliage est 0,900, la quantité totale d'argent que les 25 grammes d'alliage contiennent doit être égale à $25 \times 0,900$; on doit donc avoir

$$x \times 0,775 + (25 - x) \times 0,940 = 25 \times 0,900,$$

équation du premier degré, dont on déduira $x = 6^{gr},0606$.

Donc on doit prendre :

du premier lingot.............. $6^{gr},0606,$

du second lingot... .... $18^{gr},9394.$

154. Problème III. *Paris et Rouen sont distants de 137 kilomètres. Le charbon coûte à Paris $4^f,25$ les 100 kilogrammes, et à Rouen $4^f,75$; les frais de transport étant, par tonne et par kilomètre, de $0^f,09$, quel est le point du chemin* *pour lequel il y a avantage égal à faire venir le charbon de l'une ou de l'autre ville ?*

Soit x la distance du point cherché à Paris ; $(137-x)$ sera sa distance à Rouen.

Une tonne de charbon achetée à Paris coûte $42^f,50$.

Les frais de transport de cette tonne à la distance x sont $x \times 0,09$.

Le prix de revient d'une tonne achetée à Paris est donc

$$42,50 + x \times 0,09.$$

Une tonne achetée à Rouen, et transportée à la distance $(137-x)$, coûtera de même

$$47,50 + (137-x) \times 0,09.$$

On aura donc

$$42,50 + x \times 0,09 = 47,50 + (137-x) \times 0,09,$$

équation du premier degré, d'où l'on tirera

$$x = 96^k,2777\dots;$$

donc, distance de Paris au point cherché.... $96^k,278$,

distance de Rouen........................ $40^k,722$,

prix de la tonne......................... $51^f,16^c \frac{1}{2}$.

135. REMARQUE SUR LA MISE EN ÉQUATION DES PROBLÈMES. *Mettre un problème en équation*, c'est exprimer, par une ou plusieurs équations, les conditions imposées par son énoncé aux quantités inconnues. Il est impossible de donner, pour y arriver, une règle complétement générale. Nous nous bornerons, pour le moment, à l'indication suivante.

En examinant avec soin l'énoncé d'un problème, on verra presque toujours qu'il s'agit, pour le résoudre, de rendre certaines quantités égales entre elles. Après avoir reconnu quelles sont ces quantités, on cherchera les formules qui en expriment les valeurs ; et, en égalant ces formules, on obtiendra les équations demandées. Reprenons, par exemple, les trois problèmes traités plus haut.

PROBLÈME I. Trouver l'escompte de 1500 fr. payables dans cinq mois, c'est trouver une somme qui, placée pendant cinq mois et augmentée de ses intérêts pendant ce temps, devienne *égale* à 1500 fr.

PROBLÈME II. Allier de l'argent à 0,775 avec de l'argent à 0,940, de manière à former 25 grammes d'alliage à 0,900 ; c'est faire en sorte que la quantité totale d'argent contenue dans les 25 grammes d'alliage soit *égale* à $0,900 \times 25$.

Problème III. Il faut faire en sorte que le prix d'une tonne de charbon, transportée de Paris au point cherché, soit *égal* au prix d'une tonne, transportée de Rouen au même point.

Remarque. Dans presque tous les problèmes relatifs à des nombres, la mise en équation n'est, pour ainsi dire, que la traduction, dans la langue algébrique, de l'énoncé proposé en langage ordinaire. Il peut arriver cependant, que l'énoncé ne paraisse pas pouvoir immédiatement se traduire en *formule*; mais, en s'attachant au sens plutôt qu'aux paroles, on ne trouvera presque jamais de difficulté sérieuse. Nous reviendrons sur la mise en équation, quand nous nous occuperons spécialement des problèmes du premier degré.

EXERCICES.

I. Résoudre l'équation

$$\frac{3+2x}{1+2x} - \frac{5+2x}{7+2x} = 1 - \frac{4x^2-2}{7+16x+4x^2}.$$

On trouve
$$x = \frac{7}{8}.$$

II. Résoudre l'équation

$$\frac{6-5x}{15} - \frac{7-2x^2}{14(x-1)} = \frac{3x+1}{21} - \frac{10x-11}{30} + \frac{1}{105}.$$

On trouve
$$x = 4.$$

III. Résoudre
$$\frac{x}{2} - \frac{4(2x-3) - 3(3x-1)}{6(x-1)} = \frac{3}{2}\left(\frac{x^2+2}{3x-2}\right).$$

On trouve
$$x = \frac{13}{3}, \text{ et } x = 0.$$

IV. Résoudre
$$\sqrt{1 - \sqrt{x^4 - x^2}} = x - 1.$$

On trouve
$$x = \frac{5}{4} \quad \text{et} \quad x = 0.$$

Cette dernière valeur ne convient pas.

V. Résoudre
$$\sqrt{a+x} - \sqrt{\frac{a^2}{a+x}} = \sqrt{2a+x}$$

On trouve
$$x = -\frac{2a}{3},$$
valeur qui ne convient pas.

VI. Résoudre $\qquad \dfrac{\sqrt{a+x} + \sqrt{a-x}}{\sqrt{a+x} - \sqrt{a-x}} = \sqrt{b}.$

On trouve $\qquad\qquad\qquad x = \dfrac{2a\sqrt{b}}{b+1}.$

VII. Résoudre $\qquad \sqrt[3]{a+\sqrt{x}} + \sqrt[3]{a-\sqrt{x}} = \sqrt[3]{b}.$

On trouve $\qquad\qquad\qquad x = a^2 - \dfrac{(b-2a)^3}{27b}.$

VIII. Résoudre $\qquad \dfrac{1}{x} + \dfrac{1}{a} = \sqrt{\dfrac{1}{a^2} + \sqrt{\dfrac{1}{a^2x^2} + \dfrac{1}{x^4}}}.$

On trouve $\qquad\qquad\qquad x = -\dfrac{4a}{3},$

valeur qui ne convient pas.

IX. Résoudre $\qquad \sqrt{x+\sqrt{x}} - \sqrt{x-\sqrt{x}} = \dfrac{3}{2}\sqrt{\dfrac{x}{x+\sqrt{x}}}.$

On trouve $\qquad\qquad\qquad x = \dfrac{25}{16},$ et $x = 0.$

X. Résoudre $\qquad 2x + 2\sqrt{a^2+x^2} = \dfrac{5a^2}{\sqrt{a^2+x^2}}.$

On trouve $\qquad\qquad\qquad x = \dfrac{3a}{4}.$

XI. Résoudre $\qquad \dfrac{\sqrt[n]{a+x}}{x} + \dfrac{\sqrt[n]{a+x}}{a} = \dfrac{\sqrt[n]{x}}{c},$

On trouve $\qquad\qquad\qquad x = \dfrac{a}{\left(\dfrac{a}{c}\right)^{\frac{n}{n+1}} - 1}.$

XII. Résoudre l'équation

$$\sqrt{a-x} + 2\sqrt{a+x} = \sqrt{a-x+\sqrt{ax+x^2}}.$$

On trouve $\qquad x = -a, \ x = 0$ et $x = \dfrac{64a}{1025},$

Les deux dernières ne conviennent pas.

XIII. Résoudre l'équation

$$\sqrt{1-a}\ \sqrt[4]{\dfrac{1+x}{1-x}} + \sqrt{1+a}\ \sqrt[4]{\dfrac{1-x}{1+x}} = 2\sqrt[4]{1-a^2}.$$

On trouve $\qquad\qquad\qquad x = a.$

CHAPITRE III.

PRINCIPES GÉNÉRAUX RELATIFS AUX ÉQUATIONS SIMULTANÉES.

§ I. Définitions.

156. SYSTÈMES D'ÉQUATIONS. On entend par *système d'équations*, l'ensemble de plusieurs équations qui doivent être satisfaites à la fois. Si chaque équation ne contenait qu'une seule inconnue, on la résoudrait isolément d'après la méthode du chapitre précédent; et il y aurait autant de problèmes distincts que d'équations à résoudre. Mais lorsque les inconnues entrent à la fois dans plusieurs équations, la question devient plus difficile.

On nomme *solution* du système tout système de valeurs, qui, mises à la place des inconnues, transforment les équations en identités.

157. SYSTÈMES ÉQUIVALENTS. On dit que deux systèmes d'équations, qui renferment les mêmes inconnues, sont *équivalents*, lorsque les valeurs des inconnues qui satisfont à l'un et à l'autre sont absolument les mêmes ; ou, en d'autres termes, lorsque les équations de chacun des systèmes entraînent celles de l'autre.

Lorsque deux systèmes sont équivalents, on peut les substituer l'un à l'autre.

§ II. Principes.

158. THÉORÈME I. *Étant donné un système d'équations, on peut substituer à l'une quelconque d'entre elles l'équation obtenue en ajoutant membre à membre les équations proposées.* Ainsi les systèmes

$$[1] \begin{cases} A = A', \\ B = B', \\ C = C', \\ D = D', \end{cases} \qquad [2] \begin{cases} A + B + C + D = A' + B' + C' + D', \quad [\alpha] \\ B = B', \\ C = C', \\ D = D', \end{cases}$$

sont équivalents.

En effet, toute solution du système [1] donne, par hypothèse, des valeurs numériques égales aux deux membres de chacune des équations de ce système : donc elle rend égaux aussi les deux membres de l'équation [α]; donc elle vérifie le système [2]. Réciproquement, toute solution du système [2] rendant égales les valeurs numériques de B et de B', celles de C et de C', celles de D et de D', rend égales celles de B+C+D et de B'+C'+D'; et comme elle vérifie, par hypothèse, l'équation [α], il faut qu'elle rende égales les valeurs numériques de A et de A'. Donc elle vérifie le système [1].

139. REMARQUES. La démonstration précédente est indépendante du nombre des équations.

On peut n'ajouter les unes aux autres qu'une partie des équations qui composent un système : l'équation résultante remplace l'une quelconque de celles qui ont servi à la former.

On a le droit, avant d'ajouter les équations membre à membre, de multiplier chacune d'elles par un nombre quelconque; car cette opération (**122**) n'altère pas les conditions qu'elles imposent aux inconnues.

Il va sans dire que l'on peut, dans l'application du théorème, soustraire membre à membre certaines équations, au lieu de les additionner.

140. THÉORÈME II. *Lorsque l'une des équations d'un système est résolue par rapport à une inconnue, on peut remplacer cette inconnue par sa valeur dans les autres équations : on ramène ainsi le système à un autre, ayant une inconnue et une équation de moins.*

Ainsi le système

$$\begin{cases} x = A, \\ B = B', \\ C = C', \\ D = D', \end{cases} \qquad [1]$$

dans lequel B, B', C, C', D, D' renferment toutes les inconnues d'une manière quelconque, et où A peut renfermer toutes les inconnues à l'exception de x, est équivalent au système

$$\begin{cases} x = A, \\ B_1 = B'_1, \\ C_1 = C'_1, \\ D_1 = D'_1. \end{cases} \qquad [2]$$

dans lequel B₁, B'₁, C₁, C'₁, D₁, D'₁, sont les expressions obtenues en remplaçant x par A dans B, B', C, C', D, D'.

En effet, toute solution du système [1] rendant égales, par hypothèse, les valeurs numériques de x et de A, il est permis de remplacer x par A dans les équations suivantes : or les résultats égaux, que l'on obtient ainsi, sont les valeurs numériques des membres des équations du système [2]. Donc ce dernier système est vérifié par la solution du premier. Réciproquement, toute solution du système [2] rendant x égal à A, il est permis de remplacer A par x dans les équations suivantes, ce qui ramène au système [1].

Les deux systèmes sont donc équivalents.

Cette démonstration est indépendante du nombre des équations.

141. ÉLIMINATION. Lorsque, dans les équations $B=B'$, $C=C'$, $D=D'$, on remplace x par A, cette inconnue disparaît des équations. On dit alors qu'elle est *éliminée*. En général, *éliminer* une inconnue entre m équations, c'est remplacer le système proposé par un système équivalent, dans lequel $(m-1)$ équations ne contiennent pas cette inconnue.

CHAPITRE IV.

RÉSOLUTION D'UN NOMBRE QUELCONQUE D'ÉQUATIONS DU PREMIER DEGRÉ ENTRE UN NOMBRE ÉGAL D'INCONNUES.

142. On peut, en général, déterminer les valeurs d'un nombre quelconque d'inconnues, lorsqu'on connaît entre elles un nombre égal d'équations du premier degré. Nous allons, dans ce chapitre, exposer les méthodes qui fournissent les solutions, en commençant par le cas le plus simple, celui de deux équations à deux inconnues.

143. Forme générale de l'équation du premier degré a deux inconnues. Si l'on désigne les deux inconnues par x et y, une équation du premier degré ne peut renfermer que trois sortes de termes : 1° des termes du premier degré en x ; 2° des termes du premier degré en y ; 3° des termes tout connus. Or on peut toujours faire passer dans l'un des membres tous les termes qui contiennent soit x, soit y, et y réunir, par l'addition des coefficients, tous ceux qui renferment la même inconnue. Si l'on fait de même passer dans l'autre membre tous les termes connus, et qu'on les réunisse en un seul, l'équation prendra la forme

$$ax + by = c,$$

a, b, c désignant des nombres connus. C'est sous cette forme que nous mettrons les équations que nous aurons à résoudre.

144. 1er Cas. Il peut arriver que l'une des équations ne renferme que l'une des inconnues. Soit, par exemple, le système

$$3x + 7y = 79, \quad [1]$$
$$8x = 80. \quad [2]$$

L'équation [2], qui ne renferme que x, fournit immédiatement (**128**) sa valeur, $x = 10$. Si l'on substitue cette valeur dans l'équation [1], elle devient

$$30 + 7y = 79.$$

Et comme elle ne contient plus alors que l'inconnue y, elle en fournit (**128**) aussi la valeur, $y = 7$.

Ces deux valeurs, $x = 10$, $y = 7$, vérifient évidemment le système. D'ailleurs il ne saurait exister d'autre solution ; car l'équation [2] n'admet que la solution $x = 10$; et pour cette valeur, l'équation [1] n'est vérifiée que par $y = 7$.

Ainsi, pour résoudre le système, dans ce cas particulier, *on résout celle des équations qui ne renferme qu'une des inconnues, on substitue dans l'autre équation la valeur trouvée pour cette inconnue, et l'on résout l'équation résultante qui fournit l'autre inconnue.*

145. 2ᵉ Cas. Les deux équations renferment les deux inconnues. On ramène ce cas au précédent, en éliminant l'une des inconnues entre les deux équations (**141**). On peut employer plusieurs procédés pour opérer cette élimination.

MÉTHODE PAR SUBSTITUTION. Soient les deux équations:

$$7x + 3y = 47, \quad [1] \atop 6x - 5y = 10. \quad [2] \qquad (1)$$

On peut (**118, 122**) remplacer l'équation [1] par l'équation

$$y = \frac{47 - 7x}{3},$$

qu'on obtient en faisant passer $7x$ dans le second membre, et en divisant ensuite les deux membres par 3 : c'est ce qu'on appelle, *résoudre l'équation par rapport à* y. Le système (1) est ainsi remplacé par le système équivalent :

$$y = \frac{47 - 7x}{3}, \quad [1] \atop 6x - 5y = 10. \quad [2] \qquad (2)$$

On peut maintenant (**140**) remplacer y par $\frac{47 - 7x}{3}$ dans l'équation [2] ; et l'on obtient le système équivalent :

$$y = \frac{47 - 7x}{3}, \qquad\qquad [3] \atop 6x - \frac{5(47 - 7x)}{3} = 10. \quad [4] \qquad (3)$$

Et l'équation [4] ne renfermant plus que l'inconnue x, on est ramené au premier cas. On résout donc cette équation : elle donne

$$18x - 235 + 35x = 30;$$

d'où l'on tire (**128**), $x = 5$. Et cette valeur, substituée dans l'équation [3], donne $y = 4$. Ces deux valeurs, $x = 5, y = 4$, formant la solution unique du système (3), fournissent la solution unique du système équivalent (1).

La méthode est générale, et conduit à la règle suivante : *On résout l'une des équations par rapport à l'une des inconnues, et l'on*

SUBSTITUE *sa valeur dans l'autre équation. Comme cette dernière ne renferme plus alors que l'autre inconnue, on la résout, et on obtient la valeur de cette inconnue. Puis on substitue cette valeur dans l'expression de la première inconnue, opération qui fournit la valeur de celle-ci.*

146. MÉTHODE PAR ADDITION ET SOUSTRACTION. Reprenons le système :

$$\left.\begin{array}{l} 7x + 3y = 47, \quad [1] \\ 6x - 5y = 10. \quad [2] \end{array}\right\} \qquad (1)$$

On peut toujours rendre égaux les coefficients d'une même inconnue dans les deux équations; il suffit, pour cela, de multiplier les deux membres de chacune par le coefficient dont cette inconnue est affectée dans l'autre. Ainsi, en multipliant la première équation par 5 et la seconde par 3, on obtient (**122**) le système équivalent :

$$\left.\begin{array}{l} 35x + 15y = 235, \quad [3] \\ 18x - 15y = 30. \quad [4] \end{array}\right\} \qquad (2)$$

Les deux coefficients de y étant alors égaux et de signes contraires, on éliminera cette inconnue en ajoutant les deux équations. On obtiendra ainsi une équation

$$53x = 265, \qquad\qquad [5]$$

qui, combinée avec l'une des équations (2) ou avec l'une des équations (1), formera un système (3) équivalent au premier.

On sera ainsi ramené au premier cas (**144**). On tirera de [5] $x = 5$; et substituant cette valeur dans l'une des équations, dans l'équation [1], par exemple, on obtiendra la valeur, $y = 4$.

La méthode est générale, et conduit à la règle suivante : *On multiplie chacune des équations par le coefficient dont l'une des inconnues est affectée dans l'autre; on* AJOUTE *alors l'une à l'autre, ou l'on* RETRANCHE *l'une de l'autre les deux équations résultantes, suivant que les coefficients égaux de l'inconnue considérée sont de signes contraires ou de même signe. On obtient ainsi une équation à une inconnue, qui fournit la valeur de cette inconnue. En substituant cette valeur dans l'une des équations proposées, on en tire la valeur de l'autre inconnue.*

147. REMARQUE. Si les coefficients que l'on veut rendre égaux ne sont pas premiers entre eux, *on peut prendre pour coefficient commun leur plus petit multiple commun :* il suffit, pour cela, de diviser ce plus petit multiple par chacun des coefficients de l'inconnue à éliminer, et de multiplier chaque équation par le quotient correspondant. Soit, par exemple, le système

$$\left.\begin{array}{r} 36x + 7y = 323, \\ 54x - 11y = 377. \end{array}\right\} \qquad [1]$$

Le plus petit multiple commun à 36 et à 54 est 108 : les quotients de 108 par 36 et 54 sont 3 et 2. On multiplie donc la première équation par 3, et la seconde par 2; et l'on a le système équivalent :

$$\left.\begin{array}{r} 108x + 21y = 969, \\ 108x - 22y = 754; \end{array}\right\} \qquad [2]$$

comme les coefficients de x ont le même signe, on retranche la seconde équation de la première ; ce qui donne :

$$43y = 215;$$

d'où $y = 5$; et, par suite, $x = 8$.

148. AUTRE REMARQUE. Lorsque l'on a trouvé, par la méthode précédente, la valeur d'une des inconnues, *on peut chercher directement la valeur de l'autre inconnue par la même méthode,* au lieu de la déduire d'une substitution.

Ainsi, dans l'exemple précédent, pour obtenir x, on multipliera la première équation par 11 et la seconde par 7 ; ce qui donnera :

$$\left\{\begin{array}{r} 396x + 77y = 3553, \\ 378x - 77y = 2639; \end{array}\right.$$

et, en ajoutant les deux résultats, on trouvera,

$$774x = 6192;$$

d'où l'on tirera : $x = 8$.

Cette valeur de x ne peut différer de celle qu'a fournie la substitution : car, d'après les raisonnements précédents, le système [1] est équivalent à l'un quelconque des deux systèmes,

$$[3] \qquad \left\{\begin{array}{l} y = 5, \\ 36x + 7y = 323, \end{array}\right. \qquad \left\{\begin{array}{l} x = 8, \\ 36x + 7y = 323; \end{array}\right. \qquad [4]$$

or chacun de ces derniers ne fournit qu'une solution : il est donc nécessaire que cette solution soit la même pour ces deux systèmes.

149. Corollaire. On voit qu'en général un système de deux équations du premier degré à deux inconnues admet une solution *unique et déterminée.*

§ II. Résolution d'un système de trois équations à trois inconnues.

150. Règle. *Pour résoudre un système* (1) *de trois équations à trois inconnues* x, y, z, *on élimine l'une des inconnues,* z *par exemple, d'abord entre deux des trois équations, puis entre la dernière et l'une des deux autres :* on emploie, pour cela, soit la méthode par substitution (**145**), soit la méthode par addition et soustraction (**146**). *On obtient ainsi deux équations à deux inconnues* x *et* y, *qui combinées avec l'une des équations proposées, forment un système* (2) *équivalent au premier :* les raisonnements, pour le prouver, sont ceux que nous avons employés dans le paragraphe précédent. *On résout le système des deux équations en* x *et* y ; *et substituant les valeurs trouvées pour ces inconnues dans l'une des équations proposées, on obtient la valeur de* z.

151. Exemple I. Soit d'abord à résoudre le système

$$\begin{cases} 3x + 2y + 4z = 19, \\ 2x + 5y + 3z = 21, \\ 3x - y + z = 4. \end{cases}$$

Pour appliquer la méthode précédente, nous devons, par exemple, déduire de l'une des équations la valeur d'une inconnue, et la substituer dans les deux autres. Comme on peut choisir l'une quelconque des trois inconnues, et la déduire de l'une quelconque des trois équations, il y a neuf manières de commencer le calcul ; on voit que la plus simple, dans l'exemple proposé, consiste à prendre la valeur de y dans la troisième équation, parce que l'on n'introduit pas ainsi de dénominateur. On obtient :

$$y = 3x + z - 4 ;$$

et, par *substitution* de cette expression, les deux premières équations deviennent :

$$\begin{cases} 3x + 2(3x + z - 4) + 4z = 19, \\ 2x + 5(3x + z - 4) + 3z = 21 ; \end{cases}$$

ou, en réduisant,

$$\begin{cases} 9x + 6z = 27, \\ 17x + 8z = 41. \end{cases}$$

Ces équations, résolues par les méthodes exposées (**145, 146**), donnent

$$x = 1, \quad z = 3.$$

Puis ces valeurs, substituées dans l'expression de y,

$$y = 3x + z - 4,$$

donnent $$y = 2;$$

et la solution cherchée est, par conséquent,

$$x = 1, \; y = 2, \; z = 3.$$

EXEMPLE II. Soit encore à résoudre le système d'équations :

$$\begin{cases} a^3 + a^2x + ay + z = 0, \\ b^3 + b^2x + by + z = 0, \\ c^3 + c^2x + cy + z = 0; \end{cases}$$

nous appliquerons la seconde méthode (**146**). Comme z n'a pas de coefficient, nous retrancherons successivement la première équation de chacune des deux autres ; et nous obtiendrons les deux équations nouvelles, indépendantes de z.

$$\begin{cases} b^3 - a^3 + (b^2 - a^2) x + (b - a) y = 0, \\ c^3 - a^3 + (c^2 - a^2) x + (c - a) y = 0. \end{cases}$$

Or la première de ces équations est divisible par $(b - a)$, la seconde par $(c - a)$; si l'on supprime ces facteurs, elles deviennent :

$$\begin{cases} b^2 + ab + a^2 + (b + a) x + y = 0, \\ c^2 + ac + a^2 + (c + a) x + y = 0. \end{cases}$$

Pour les résoudre, on peut procéder de la même manière, et soustraire la première de la seconde ; on obtient ainsi :

$$c^2 - b^2 + a(c - b) + (c - b) x = 0;$$

ou, en divisant par $(c - b)$,

$$c + b + a + x = 0.$$

De là on tire : $$x = -a - b - c,$$

et, par suite,

$$y = -b^2 - ab - a^2 - (b + a)x = ab + ac + bc.$$

Enfin ces valeurs de x et y, substituées dans l'expression

$$z = -a^3 - a^2x - ay,$$

donnent

$$z = -a^3 + a^2(a + b + c) - a(ab + ac + bc) = -abc.$$

§ III. Résolution d'un nombre quelconque d'équations du premier degré.

152. RÈGLE GÉNÉRALE. *Pour résoudre un nombre quelconque d'équations renfermant un nombre égal d'inconnues, on peut déduire de l'une d'elles la valeur d'une inconnue, et* SUBSTITUER (**140**) *cette valeur dans toutes les autres : celles-ci contiennent alors une inconnue de moins ; et, en complétant leur système par l'équation qui fournit l'expression de la première inconnue, on obtient un système équivalent au système proposé.*

On peut aussi éliminer l'inconnue entre l'une des équations et toutes les autres, par la méthode d'addition et de soustraction (**146**) :

on obtient encore un système équivalent (**158**), en joignant à l'ensemble des équations nouvelles l'équation dont on s'est servi pour
faire disparaître cette inconnue.

Dans tous les cas, la résolution d'un système de n équations à n
inconnues est ramenée ainsi à la résolution de (n — 1) équations à
(n — 1) inconnues. La résolution de ces dernières se ramènera de
même à celle de (n — 2) équations à (n — 2) inconnues; et, en continuant ainsi, on sera conduit à une équation ne contenant qu'une
inconnue.

Le système équivalent au système proposé renfermera alors n
équations, ainsi composées : la dernière ne renfermera qu'une inconnue, la (n — 1)^{me} renfermera cette inconnue et une autre, la
(n — 2)^{me} contiendra ces deux inconnues et une troisième....; enfin
la première contiendra toutes les inconnues. Et il est évident qu'on
pourra résoudre successivement toutes ces équations en commençant
par la dernière et en remontant jusqu'à la première, et qu'on obtiendra ainsi les valeurs de toutes les inconnues.

153. EXEMPLE. Soit le système

$$\left.\begin{aligned}
x + 2y + 3z + 4v &= 30, \\
2x - 3y + 5z - 2v &= 3, \\
3x + 4y - 2z - v &= 1, \\
4x - y + 6z - 3v &= 8.
\end{aligned}\right\} \qquad [1]$$

La première équation, résolue par rapport à x, donne :

$$x = 30 - 2y - 3z - 4v;$$

et, en substituant cette valeur dans les trois autres, on trouve :

$$\left.\begin{aligned}
7y + z + 10v &= 57, \\
2y + 11z + 13v &= 89, \\
9y + 6z + 19v &= 112.
\end{aligned}\right\} \qquad [2]$$

De même, la première des équations [2], résolue par rapport à z, donne :

$$z = 57 - 7y - 10v;$$

et, en substituant cette valeur dans les deux autres, on a :

$$\left.\begin{aligned}
75y + 97v &= 538, \\
33y + 41v &= 230.
\end{aligned}\right\} \qquad [3]$$

On tire de la dernière

$$y = \frac{230 - 41v}{33},$$

et substituant cette valeur dans la précédente, on a :

$$126 v = 504. \qquad [4]$$

ainsi le système équivalent au système proposé est formé par les équations :

$$\begin{cases} x = 30 - 2y - 3z - 4v, \\ z = 57 - 7y - 10v, \\ y = \dfrac{230 - 41v}{33}, \\ 126v = 504. \end{cases} \quad [5]$$

Or la dernière de ces équations donne $v = 4$. Cette valeur, substituée dans la précédente, donne $y = 2$. Ces deux valeurs, substituées dans la seconde, donnent $z = 3$. Et enfin ces trois valeurs, substituées dans la première, donnent $x = 1$. Ainsi la solution est $x = 1$, $y = 2$, $z = 3$, $v = 4$.

154. MÉTHODE DE BEZOUT. On résout aussi les équations du premier degré par une autre méthode, dite des *coefficients indéterminés*, dont l'emploi est souvent plus commode.

Soient n équations du premier degré à n inconnues,

$$\left. \begin{array}{l} ax + by + cz + \dots = k, \\ a_1 x + b_1 y + c_1 z + \dots = k_1, \\ \dots\dots\dots\dots\dots\dots\dots\dots \\ a_{n-1} x + b_{n-1} y + c_{n-1} z + \dots = k_{n-1}. \end{array} \right\} \quad [1]$$

Ajoutons ces équations, membre à membre, après les avoir multipliées respectivement, à l'exception de la première, par des nombres indéterminés $\lambda_1, \lambda_2, \dots \lambda_{n-1}$; il viendra :

$$[2] \quad x\,(a + a_1\lambda_1 + \dots + a_{n-1}\lambda_{n-1}) + y\,(b + b_1\lambda_1 + \dots + b_{n-1}\lambda_{n-1})$$
$$+ z\,(c + c_1\lambda_1 + \dots + c_{n-1}\lambda_{n-1}) + \dots = k + k_1\lambda_1 + \dots + k_{n-1}\lambda_{n-1};$$

et cette nouvelle équation peut (**139**) remplacer une des proposées, *quels que soient les nombres* $\lambda_1, \lambda_2, \dots \lambda_{n-1}$.

Or nous pouvons déterminer ces nombres, de manière que les coefficients des inconnues y, z,... soient nuls, c'est-à-dire que les équations,

$$\left. \begin{array}{l} b + b_1\lambda_1 + \dots + b_{n-1}\lambda_{n-1} = 0, \\ c + c_1\lambda_1 + \dots + c_{n-1}\lambda_{n-1} = 0, \\ \dots\dots\dots\dots\dots\dots\dots\dots \end{array} \right\} \quad [3]$$

soient satisfaites; car il suffira, pour cela, de résoudre $(n-1)$ équations à $(n-1)$ inconnues.

On résoudra donc le système [3].

Si l'on substitue alors dans l'équation [2] les valeurs trouvées pour λ_1, λ_2, ... λ_{n-1}, cette équation ne contiendra plus que la seule inconnue x; car elle se réduira à

$$x\left(a + a_1\lambda_1 + \ldots a_{n-1}\lambda_{n-1}\right) = k + k_1\lambda_1 + \ldots + k_{n-1}\lambda_{n-1} :$$

elle permettra donc d'en déterminer la valeur, qui sera :

$$x = \frac{k + k_1\lambda_1 + \ldots + k_{n-1}\lambda_{n-1}}{a + a_1\lambda_1 + \ldots + a_{n-1}\lambda_{n-1}};$$

x étant connu, le système ne contiendra plus que $(n-1)$ inconnues.

La méthode que nous venons d'indiquer permet, comme on voit, de résoudre n équations à n inconnues, pourvu que l'on sache résoudre un système contenant une inconnue de moins.

Comme nous savons résoudre deux équations à deux inconnues, nous pouvons, d'après cela, résoudre un système de trois équations à trois inconnues; partant, un système de quatre équations à quatre inconnues, et ainsi de suite. On obtiendra ainsi, quel que soit le nombre des équations proposées, la valeur de chaque inconnue.

155. MODIFICATION A LA MÉTHODE. La méthode des *multiplicateurs* permet, d'ailleurs, d'obtenir directement chaque inconnue, sans calculer aucune des autres. Il suffit, pour cela, de procéder pour chacune, comme on l'a fait pour x. Si l'on veut obtenir y, par exemple, on égalera à zéro les coefficients des $(n-1)$ autres inconnues; on trouvera, en résolvant ces $(n-1)$ équations, de nouvelles valeurs pour les indéterminées $\lambda_1, \lambda_2, ..\lambda_{n-1}$; et, en substituant ces valeurs dans l'équation [2], on obtiendra une équation en y, qui permettra d'en déterminer la valeur.

Les valeurs que l'on obtient par ce procédé pour x, y, z, ... ne peuvent différer de celles qu'a fournies le premier. En effet, l'équation [2] doit être vérifiée, quels que soient les nombres λ_1, λ_2, ... λ_{n-1}; il est donc permis d'y faire les hypothèses qui annulent tous les coefficients moins un. Le second procédé fournit donc la solution demandée : et comme cette solution est unique, il faut qu'elle soit la même que celle qu'on a obtenue par le procédé primitif.

156. EXEMPLE. Appliquons cette méthode à la résolution du système:

$$\left.\begin{array}{l} 3x - 4y + 5z = 9, \\ 7x + 2y - 10z = 18, \\ 5x - 6y - 15z = 6. \end{array}\right\} \qquad [1]$$

On multiplie la deuxième équation par λ_1, la troisième par λ_2, et l'on ajoute les produits à la première; on a ainsi :

$$(3+7\lambda_1+5\lambda_2)\,x+(-4+2\lambda_1-6\lambda_2)\,y+(5-10\lambda_1-15\lambda_2)z$$
$$=9+18\lambda_1+6\lambda_2. \qquad [2]$$

Pour obtenir x, on égale à zéro les coefficients de y et de z; ce qui donne :

$$\begin{cases} -4+2\lambda_1-6\lambda_2=0, \\ 5-10\lambda_1-15\lambda_2=0, \end{cases} \quad \text{ou} \quad \begin{cases} \lambda_1-3\lambda_2=2, \\ 2\lambda_1+3\lambda_2=1. \end{cases}$$

En résolvant ces deux équations, on trouve $\lambda_1=1$, $\lambda_2=-\dfrac{1}{3}$. On substitue ces valeurs dans l'équation [2]; elle devient :

$$\left(3+7-\frac{5}{3}\right)x=9+18-2; \quad \text{d'où} \quad x=3.$$

Pour obtenir y, on annule les coefficients de x et de z; on a ainsi ;

$$\begin{cases} 3+7\lambda_1+5\lambda_2=0, \\ 5-10\lambda_1-15\lambda_2=0. \end{cases}$$

En résolvant ces deux équations, on trouve $\lambda_1=-\dfrac{14}{11}$, $\lambda_2=\dfrac{13}{11}$. On substitue ces valeurs dans l'équation [2], qui devient :

$$\left(-4-\frac{28}{11}-\frac{78}{11}\right)y=9-\frac{252}{11}+\frac{78}{11}; \quad \text{d'où} \quad y=\frac{1}{2}.$$

Enfin, pour obtenir z, on écrit les deux équations

$$\begin{cases} 3+7\lambda_1+5\lambda_2=0, \\ -4+2\lambda_1-6\lambda_2=0, \end{cases}$$

qui, résolues, donnent $\lambda_1=\dfrac{1}{26}$, $\lambda_2=-\dfrac{17}{26}$. L'équation [2] devient, pour ces valeurs :

$$\left(5-\frac{10}{26}+\frac{255}{26}\right)z=9+\frac{18}{26}-\frac{102}{26}; \quad \text{d'où} \quad z=\frac{2}{5}.$$

157. Cas où les coefficients des inconnues sont de grands nombres. Lorsqu'on a à résoudre un système dans lequel les inconnues ont de grands coefficients, il est ordinairement avantageux d'employer la méthode de substitution. Résolvons, comme exemple, le système suivant :

$$\begin{aligned} 1,2345x+1,3579y+8,642z-9,765744=0, \qquad &[1] \\ 7,447x+5,225y-6,336z-0,611327=0, \qquad &[2] \\ 1,5380x+4,4444y-5,6789z+1,20011=0. \qquad &[3] \end{aligned}$$

La première de ces équations donne, pour valeur de z,

$$z=-\frac{1,2345+1,3579y-9,765744}{8,642}.$$

Cette valeur, substituée dans l'équation [2], donne :

$$7,447x + 5,225y + 6,336 \times \frac{1,2345x + 1,3579y - 9,765744}{8,642} - 0,611327 = 0.$$

En multipliant tous les termes par le dénominateur 8,642, on obtient :

$$64,356974x + 45,154450y - 61,875754 + 7,821792x + 8,603654y$$
$$- 5,283088 = 0,$$

ou $$72,17877x + 53,75810y - 67,15884 = 0. \qquad [4]$$

La même valeur de z, substituée dans l'équation [3], donnera :

$$1,5380x + 4,4444y + 5,6789 \times \frac{1,2345x + 1,3579y - 9,765744}{8,642} + 1,20011 = 0.$$

d'où $$13,291396x + 38,408505y - 55,458684 + 7,010602x + 7,711378y$$
$$+ 10,371351 = 0,$$

c'est-à-dire $$20,30200\,x + 46,11988y - 45,08733 = 0. \qquad [5]$$

La question est maintenant ramenée à la résolution de deux équations à deux inconnues [4] et [5]. On tire de l'équation [5]

$$y = - \frac{20,302x - 45.08733}{46,11988}.$$

En substituant cette valeur de y dans l'équation [4], on obtient

$$72,17877x - 53,7581 \times \frac{20,302x - 45.08733}{46,11988} - 67,15884 = 0.$$

La multiplication par le dénominateur 46,11988 donne

$$3328,877x - 1091,397x + 2423,809 - 3097,358 = 0,$$

ou $$2237,480x - 673,549 = 0.$$

Donc $$x = \frac{673,549}{2237,480} = 0,301030$$

Pour trouver la valeur de y, on a d'abord

$$20,302x = 6,11151\,;$$

donc $$45,08733 - 20,302x = 38,97582,$$

et $$y = \frac{38,97582}{46,11988} = 0,8450980.$$

Si, maintenant, dans l'équation

$$z = - \frac{1.2345x + 1,3579y - 9,765744}{8,642},$$

nous substituons à x et à y leurs valeurs numériques, nous aurons

$$1,2345x = 0,3716215,$$

$$1,3579y = 1,1475586;$$

donc
$$9,765744 - 1,2345x - 1,3579y = 8,246564,$$

et
$$z = \frac{8,246564}{8,642} = 0,9542425.$$

Les trois inconnues sont donc

$$x = 0,301030, \quad y = 0,8450980, \quad z = 0,9542425.$$

Vérification.

$$
\left.
\begin{aligned}
1,2345x &= 0,3716215 \\
1,3579y &= 1,1475586 \\
8,642z &= 8,2465637 \\
\hline
9,765744 &- 9,765744 = 0.
\end{aligned}
\right\} \quad [1]
$$

$$
\left.
\begin{aligned}
7,447x &= 2,241770 & 6,336z &= 6,046080 \\
5,225y &= 4,415637 & & 0,611327 \\
\hline
& 6,657407 & & 6,657407
\end{aligned}
\right\} \quad [2]
$$

$$
\left.
\begin{aligned}
1,5380x &= 0,46298414 \\
4,4444y &= 3,75595355 \\
& 1,20011000 \\
\hline
& 5,4190477. \quad 5,6780z = 5,4190477.
\end{aligned}
\right\} \quad [3]
$$

§ IV. Simplifications et remarques diverses.

158. CAS OÙ TOUTES LES INCONNUES N'ENTRENT PAS A LA FOIS DANS TOUTES LES ÉQUATIONS. Il peut arriver que chacune des équations ne contienne pas toutes les inconnues. Cette circonstance abrége le calcul; car on peut considérer comme éliminée d'une équation une inconnue que cette équation ne renferme pas. Il faut alors commencer l'opération par l'élimination de l'inconnue qui entre dans le plus petit nombre d'équations.

Considérons, par exemple, le système

$$
\left.
\begin{aligned}
9x - 2z + \ u &= 41, & [1] \\
7y - 5z - \ t &= 12, & [2] \\
4y - 3x + 2u &= 5, & [3] \\
3y - 4u + 3\ t &= 7, & [4] \\
7z - 5u &= 11. & [5]
\end{aligned}
\right\}
$$

On voit que t n'entre que dans deux équations; on tire donc de [2] :

$$t = 7y - 5z - 12; \qquad\qquad [2]$$

et l'on substitue cette valeur dans [4], qui devient :

$$24y - 15z - 4u = 43. \qquad\qquad [6]$$

En joignant cette équation [6] aux équations [1], [3] et [5], on forme un système de quatre équations à quatre inconnues x, y, z, u.

Or x n'entre que dans les équations [1] et [3]. On tire donc de [3] :

$$x = \frac{4y + 2u - 5}{3}; \qquad\qquad [3]$$

et l'on substitue cette valeur dans [1], qui devient :

$$12y - 2z + 7u = 56. \qquad\qquad [7]$$

En joignant cette équation [7] aux équations [5] et [6], on obtient un système de trois équations à trois inconnues y, z, u.

Comme y n'entre que dans les équations [6], [7], on tire de [7] :

$$y = \frac{2z - 7u + 56}{12}; \qquad\qquad [7]$$

et l'on substitue cette valeur dans [6], qui devient :

$$11z + 18u = 69. \qquad\qquad [8]$$

Cette équation et l'équation [5] forment un système de deux équations à deux inconnues.

On tire de [5] : $\qquad\qquad u = \dfrac{7z - 11}{5};$

et, substituant cette valeur dans l'équation [8], on a :

$$11z + \frac{18\,(7z - 11)}{5} = 69,$$

équation à une inconnue, d'où l'on tire : $z = 3$.

Par suite, l'équation [5] donne : $\qquad\qquad u = 2;$

ensuite l'équation [7] donne : $\qquad\qquad y = 4;$

puis l'équation [3] donne : $\qquad\qquad x = 5,$

et enfin l'équation [2] donne : $\qquad\qquad t = 1.$

159. ARTIFICES PARTICULIERS. Il arrive quelquefois que les équations présentent une certaine symétrie par rapport aux inconnues; on peut alors ordinairement employer des procédés plus expéditifs que les méthodes générales. Nous ne saurions donner de règle à cet égard; mais nous allons indiquer, à l'aide de quelques exemples, les artifices les plus usités.

Exemple I. Soit le système

$$x+y+z+t=a, \quad [1]$$
$$y+z+t+v=b, \quad [2]$$
$$z+t+v+x=c, \quad [3]$$
$$t+v+x+y=d, \quad [4]$$
$$v+x+y+z=e. \quad [5]$$

Si l'on ajoute ces cinq équations membre à membre, on remarque que chaque inconnue entre quatre fois dans la somme; de sorte que, si l'on désigne par s la somme des seconds membres, $(a+b+c+d+e)$, on a l'équation

$$4(x+y+z+t+v)=s,$$

ou

$$x+y+z+t+v=\frac{s}{4}. \quad [6]$$

Ainsi la somme des cinq inconnues est déterminée. Et, puisque chacune des équations proposées contient quatre de ces inconnues, il suffira de les retrancher successivement de l'équation [6] pour obtenir chaque inconnue. On aura ainsi :

$$v=\frac{s}{4}-a, \quad x=\frac{s}{4}-b, \quad y=\frac{s}{4}-c, \quad z=\frac{s}{4}-d, \quad t=\frac{s}{4}-e.$$

Exemple II. *Calculer les longueurs des trois côtés d'un triangle, connaissant les longueurs des droites qui joignent chaque sommet au milieu du côté opposé.*

Désignons par a, b, c, les longueurs inconnues des trois côtés, et par α, β, γ les longueurs des *médianes* correspondantes. La géométrie fournit immédiatement les trois équations :

$$b^2+c^2=2\alpha^2+\frac{a^2}{2}, \quad [1]$$

$$c^2+a^2=2\beta^2+\frac{b^2}{2}, \quad [2]$$

$$a^2+b^2=2\gamma^2+\frac{c^2}{2}. \quad [3]$$

Si l'on ajoute ces trois équations membre à membre, on a :

$$2(a^2+b^2+c^2)=2(\alpha^2+\beta^2+\gamma^2)+\frac{a^2+b^2+c^2}{2};$$

d'où l'on tire aisément :

$$a^2+b^2+c^2=\frac{4}{3}(\alpha^2+\beta^2+\gamma^2). \quad [4]$$

Ainsi l'on connaît la somme des carrés des trois côtés. Si l'on retranche maintenant l'équation [1] de l'équation [4], b^2 et c^2 disparaissent; et l'on a :

$$a^2=\frac{4}{3}(\alpha^2+\beta^2+\gamma^2)-2\alpha^2-\frac{a^2}{2};$$

d'où l'on déduit :

$$a^2=\frac{4}{9}(2\beta^2+2\gamma^2-\alpha^2).$$

On obtiendrait de même b^2 et c^2, en retranchant successivement les équations [2] et [3] de l'équation [4]. Mais il est plus simple de remarquer qu'on passe de l'équation [1] à l'équation [2], en changeant b^2 en c^2, c^2 en a^2, a^2 en b^2, α^2 en β^2; on obtiendra donc la valeur de b^2, en appliquant cette permutation de lettres à la formule qui donne a^2; et l'on aura :

$$b^2 = \frac{4}{9}(2\alpha^2 + 2\gamma^2 - \beta^2).$$

On trouvera de même :

$$c^2 = \frac{4}{9}(2\alpha^2 + 2\beta^2 - \gamma^2).$$

Les carrés a^2, b^2, c^2 étant connus, les côtés eux-mêmes, a, b, c sont, par là même, déterminés.

EXEMPLE III. Résoudre le système

$$\begin{cases} \dfrac{x}{a} = \dfrac{y}{b} = \dfrac{z}{c} = \dfrac{v}{d}, \\ mx + ny + pz + qv = k. \end{cases}$$

On a démontré (**93**) que l'on a :

$$\frac{x}{a} = \frac{y}{b} = \frac{z}{c} = \frac{v}{d} = \frac{mx + ny + pz + qv}{ma + nb + pc + qd};$$

or le numérateur du dernier rapport est k; donc on a:

$$x = \frac{ak}{ma + nb + pc + qd}.$$

On a de même

$$y = \frac{bk}{ma + nb + pc + qd}.$$

$$z = \frac{ck}{ma + nb + pc + qd}.$$

$$v = \frac{dk}{ma + nb + pc + qd}.$$

§ V. Des cas où e nombre des inconnues n'est pas égal au nombre des équations.

160. CAS OÙ LE NOMBRE DES ÉQUATIONS SURPASSE CELUI DES INCONNUES. Soit, par exemple, un système de trois équations entre deux inconnues x et y. En résolvant deux de ces trois équations par l'une des méthodes connues, on obtiendra les valeurs de x et de y, qui seules peuvent vérifier le système. Mais, pour qu'il en soit ainsi, il faudra que ces valeurs satisfassent à la troisième équation. Si cette condition n'est pas remplie, *le système est impossible.*

Par exemple, le système : $\begin{cases} 3x+7y=17, \\ 5x-2y=1, \\ 8x+y=12, \end{cases}$

est impossible, puisqu'en résolvant les deux premières équations, on trouve $x=1$, $y=2$; et que ces valeurs, substituées dans la dernière, conduisent à l'impossibilité, $10=12$.

En général, si l'on donne $(m+p)$ équations entre m inconnues, on pourra résoudre m de ces équations, et obtenir ainsi les valeurs qui seules peuvent vérifier le système ; mais il faudra que ces valeurs, substituées dans les p équations restantes, les vérifient : sinon, le système sera impossible.

Si les coefficients des inconnues, ou quelques-uns d'entre eux, sont des lettres dont la valeur n'est pas déterminée, les valeurs obtenues pour ces inconnues seront des formules dépendant de ces lettres ; et la substitution de ces formules dans les p équations restantes fournira p relations, qui exprimeront les *conditions* nécessaires et suffisantes que devront remplir les coefficients littéraux, pour que le système soit possible. On donne à ces relations le nom d'*équations de condition*.

Ainsi, soit le système : $\begin{cases} x+y=2a, \\ x-y=2b, \\ 2x+3y=a+2b, \\ 3x+4y=2a+3b-1. \end{cases}$

Les deux premières équations donnent $x=a+b$, $y=a-b$; et ces valeurs, substituées dans les deux dernières, fournissent les équations de condition,

$$\begin{cases} 5a-b=a+2b, \\ 7a-b=2a+3b-1; \end{cases}$$

desquelles on tire : $a=3$, $b=4$.

Si l'on admet ces valeurs de a et de b, le système est possible, et la solution est :

$$x=7, \quad y=-1.$$

161. Cas où le nombre des inconnues surpasse celui des équations. Soit, par exemple, un système de deux équations entre trois inconnues x, y, z. Si l'on regarde une des inconnues, z par exemple, comme connue, la résolution du système fournira, comme valeurs de x et de y, deux formules qui contiendront z. On peut donc donner à z des valeurs arbitraires; et pour chacune d'elles, les formules fourniront pour x et pour y des valeurs correspondantes. *Le système admettra donc un nombre infini de solutions.* On voit alors qu'il est *indéterminé*.

En général, si l'on donne m équations entre $(m+p)$ inconnues, on pourra considérer comme connues p de ces inconnuc et résoudre les m équations par rapport aux m autres; on o tiendra, pour valeurs de ces m inconnues, m formules contena les p premières. On pourra donc donner à ces p inconnues tell valeurs que l'on voudra; et les formules fourniront les valeu correspondantes des autres. Le système est donc indétermir

EXEMPLE. Soit le système :
$$\begin{cases} 2x + 3y - 4z - 3t = 6, \\ x - 2y + 3z - 2t = 2. \end{cases}$$

On résout par rapport à x et à y, en faisant passer dans les seconds membres termes en z et en t. On trouve ainsi les deux formules :

$$\begin{cases} x = \dfrac{18 - z + 12t}{7}, \\ y = \dfrac{2 + 10z - t}{7}. \end{cases}$$

Si l'on pose *arbitrairement*, $z = 2$, $t = 1$, on trouve $x = 4$, $y = 3$.

§ VI. Des cas d'impossibilité et d'indétermination.

162. CAS D'IMPOSSIBILITÉ. Lorsque le nombre des inconnu est égal au nombre des équations, il arrive quelquefois que l méthodes de résolution conduisent à des résultats contrad toires.

1° Soit le système :
$$\begin{cases} 9x - 12y = 6, \\ 21x - 28y = 15. \end{cases}$$

Appliquons la méthode d'addition et de soustraction (**146**) : pour éliminer multiplions la première équation par 7, et la seconde par 3; il vient :

$$\begin{cases} 63x - 84y = 42, \\ 63x - 84y = 45; \end{cases}$$

équations évidemment incompatibles, puisque, en les soustrayant l'une de l'au on aurait :
$$0 = 3.$$

Le système proposé est donc impossible; et l'impossibilité se manifeste cette circonstance, que l'élimination d'une inconnue fait disparaître l'autre, sorte qu'il ne reste plus qu'une égalité entre deux nombres inégaux.

2° Soit le système :
$$\begin{cases} 2x - 3y + 4z = 7, \\ 3x - 2y + z = 8, \\ 11x - 9y + 7z = 30. \end{cases}$$

En éliminant z, d'abord entre les deux premières équations, puis entre les deux dernières, on obtient les deux équations,

$$\begin{cases} 10x - 5y = 25, \\ 10x - 5y = 26, \end{cases}$$

qui sont évidemment incompatibles. Le système est donc impossible ; et l'impossibilité se manifeste par cette circonstance, qu'en éliminant z, on obtient deux équations, dont la différence conduit encore à l'égalité absurde : $0 = 1$.

165. Cas d'indétermination. Il arrive aussi parfois, qu'en résolvant un système d'équations, on rencontre des égalités qui ont lieu, quelles que soient les valeurs des inconnues.

. 1° Soit le système :
$$\begin{cases} 91x + 63y = 217, \\ 65x + 45y = 155. \end{cases}$$

Si l'on cherche à éliminer y, en multipliant la première équation par 5 et la seconde par 7, on trouve :

$$\begin{cases} 455x + 315y = 1085, \\ 455x + 315y = 1085, \end{cases}$$

équations identiques. Ainsi *les deux équations proposées rentrent l'une dans l'autre*. On n'a donc, à proprement parler, qu'une seule équation à deux inconnues : et le nombre des solutions est infini (**161**). On voit que l'indétermination se manifeste par cette circonstance, que l'élimination de l'une des inconnues fait disparaître l'autre, et qu'il reste une identité : $0 = 0$.

2° Soit le système :
$$\begin{cases} 2x - 3y + 4z = 7, \\ 3x - 2y + z = 8, \\ 11x - 9y + 7z = 31. \end{cases}$$

L'élimination de z entre les deux premières équations, puis entre les deux dernières, conduit aux deux équations,

$$\begin{cases} 10x - 5y = 25, \\ 10x - 5y = 25, \end{cases}$$

qui sont encore identiques. Comme ces deux équations, combinées avec l'une des trois premières, forment un système équivalent au système proposé, on voit qu'on n'a, en réalité, que deux équations à trois inconnues. Le système est donc *indéterminé* ; et l'indétermination se manifeste encore par cette circonstance, que l'élimination de deux des trois inconnues conduit à une identité.

EXERCICES.

I. Résoudre le système :
$$\begin{cases} x + ay = b, \\ ax - by = c. \end{cases}$$

On trouve :
$$x = \frac{b^2 + ac}{a^2 + b}, \qquad y = \frac{ab - c}{a^2 + b}.$$

II. Résoudre le système : $\begin{cases} (a-b)x + (a+b)y = c, \\ (a^2 - b^2)\,(x+y) = d. \end{cases}$

On trouve : $\qquad x = \dfrac{1}{2b}\left(\dfrac{d}{a-b} - c\right), \qquad y = \dfrac{1}{2b}\left(c - \dfrac{d}{a+b}\right).$

III. Résoudre le système : $\begin{cases} \dfrac{p}{x} + \dfrac{q}{y} = a, \\ \dfrac{q}{x} + \dfrac{p}{y} = b. \end{cases}$

On prend $\dfrac{1}{x}$ et $\dfrac{1}{y}$ pour inconnues auxiliaires, et l'on trouve :

$$x = \frac{p^2 - q^2}{ap - bq}, \qquad y = \frac{p^2 - q^2}{bp - aq}.$$

IV. Résoudre le système :

$$\begin{cases} (a^2 - b^2)\,(5x + 3y) = 2ab\,(4a - b), \\ a^2 y - \dfrac{ab^2 c}{a+b} + (a+b+c)\,bx = b^2 y + ab\,(a+2b). \end{cases}$$

On trouve : $\qquad x = \dfrac{ab}{a+b}, \qquad y = \dfrac{ab}{a-b}.$

V. Résoudre le système : $\begin{cases} \sqrt{y} - \sqrt{20-x} = \sqrt{y-x}, \\ 3\sqrt{20-x} = 2\sqrt{y-x}. \end{cases}$

On trouve : $\qquad x = 16, \qquad y = 25.$

VI. Résoudre le système : $\begin{cases} x - y + z = 0, \\ (a+b)x - (a+c)y + (b+c)z = 0, \\ abx - acy + bcz = 1. \end{cases}$

On trouve :

$$x = \frac{1}{(a-c)(b-c)}, \qquad y = \frac{1}{(a-b)(b-c)}, \qquad z = \frac{1}{(a-b)(a-c)}.$$

VII. Résoudre le système : $\begin{cases} a^4 + a^3 x + a^2 y + az + u = 0, \\ b^4 + b^3 x + b^2 y + bz + u = 0, \\ c^4 + c^3 x + c^2 y + cz + u = 0, \\ d^4 + d^3 x + d^2 y + dz + u = 0. \end{cases}$

On trouve : $x = -(a+b+c+d), \quad y = ab + ac + ad + bc + bd + cd,$
$z = -(abc + abd + acd + bcd), \quad u = abcd.$

VIII. Résoudre le système : $\begin{cases} \left(\dfrac{x}{a}\right)^m + \left(\dfrac{y}{b}\right)^m + \left(\dfrac{z}{c}\right)^m = 1, \\ a^n + b^n + c^n = d^n, \\ \dfrac{x^m}{a^{m+n}} = \dfrac{y^m}{b^{m+n}} = \dfrac{z^m}{c^{m+n}} ; \end{cases}$

et éliminer a, b, c, entre ces équations.

On trouve : $\left(\dfrac{x}{a}\right)^m = \left(\dfrac{a}{d}\right)^n, \qquad \left(\dfrac{y}{b}\right)^m = \left(\dfrac{b}{d}\right)^n, \qquad \left(\dfrac{z}{c}\right)^m = \left(\dfrac{c}{d}\right)^n,$

et $\qquad x^{\frac{mn}{m+n}} + y^{\frac{mn}{m+n}} + z^{\frac{mn}{m+n}} = d^{\frac{mn}{m+n}}.$

IX. Résoudre le système :
$$\begin{cases} ax^3 = by^3 = cz^3, \\ \dfrac{1}{x}+\dfrac{1}{y}+\dfrac{1}{z}=\dfrac{1}{d}; \end{cases}$$

et calculer :
$$ax^2 + by^2 + cz^2.$$

On trouve :
$$x=\frac{d(\sqrt[3]{a}+\sqrt[3]{b}+\sqrt[3]{c})}{\sqrt[3]{a}},$$

$$y=\frac{d(\sqrt[3]{a}+\sqrt[3]{b}+\sqrt[3]{c})}{\sqrt[3]{b}},$$

$$z=\frac{d(\sqrt[3]{a}+\sqrt[3]{b}+\sqrt[3]{c})}{\sqrt[3]{c}};$$

puis :
$$ax^2+by^2+cz^2=d^2(\sqrt[3]{a}+\sqrt[3]{b}+\sqrt[3]{c})^3.$$

X. Résoudre le système :
$$\begin{cases} ax+m(y+z+v)=k, \\ by+m(z+v+x)=l, \\ cz+m(v+x+y)=p, \\ dv+m(x+y+z)=q. \end{cases}$$

On cherche d'abord la somme s des inconnues :

$$s=\frac{k(b-m)(c-m)(d-m)+l(a-m)(c-m)(d-m)+p(a-m)(b-m)(d-m)+q(a-m)(b-m)(c-m)}{m\{(b-m)(c-m)(d-m)+(b-m)(c-m)(d-m)+(a-m)(c-m)(d-m)+(a-m)(b-m)(d-m)+(a-m)(b-m)(c-m)\}}.$$

Puis on a :
$$x=\frac{k-ms}{a-m}, \qquad y=\frac{l-ms}{b-m}, \qquad z=\frac{p-ms}{c-m}, \qquad v=\frac{q-ms}{d-m}.$$

CHAPITRE V.

RÉSOLUTION DES PROBLÈMES DU PREMIER DEGRÉ.

164. La résolution d'un problème comprend trois parties distinctes : 1° la *mise en équation*; 2° la *résolution des équations*; 3° la *discussion* de la solution.

On dit qu'un *problème est du premier degré*, lorsque l'on est conduit, pour le résoudre, à des équations du premier degré. Nous avons appris à trouver les solutions de ces sortes d'équations : nous n'avons donc à nous occuper maintenant que de la première et de la troisième partie.

§ I. De la mise en équation.

165. Règle pour la mise en équation d'un problème. Nous avons déja dit (**155**), qu'il est impossible de donner, pour obtenir les équations d'un problème, une règle complétement générale : on se borne ordinairement à l'indication suivante.

Après avoir étudié avec soin l'énoncé du problème, on représente par les lettres x, y,... *les nombres dont la connaissance fournirait la solution : on indique sur ces lettres et sur les données la série des opérations que l'on devrait effectuer, si, après avoir trouvé les valeurs des inconnues, on voulait vérifier qu'elles satisfont à toutes les conditions de l'énoncé. Ces calculs de vérification conduisent, en général, à des résultats qui doivent être égaux ; en égalant les formules qui représentent ces résultats, on obtient les équations du problème.*

Montrons par des exemples comment on applique cette règle.

166. Problème I. *Un réservoir plein d'eau peut être vidé par deux robinets* A, B, *d'inégale grandeur. On ouvre le robinet* A, *et l'on fait couler le quart de l'eau. Puis on ouvre le robinet* B, *et on les laisse couler tous les deux. Le réservoir achève de se vider; et il emploie, pour cela, cinq quarts d'heure de plus que le premier* A *n'a mis de temps pour vider le quart de l'eau. Si l'on eût ouvert les deux robinets dès le commencement, le réservoir eût été vidé un quart d'heure plus tôt. On demande combien de temps il faudrait au robinet* A, *s'il était seul ouvert, pour vider le réservoir.*

Soit x le nombre d'heures employées par le robinet A pour vider seul le réservoir.

Pour en vider le quart, le robinet A emploie un temps $\frac{x}{4}$.

Pour vider les trois autres quarts, les deux robinets, ouverts ensemble, emploient un temps $\frac{x}{4} + \frac{5}{4}$.

Par suite, pour vider le réservoir entier, ils emploieraient les $\frac{4}{3}$ de ce temps, ou $\frac{x}{3} + \frac{5}{3}$.

D'un autre côté, le temps total employé dans l'expérience, pour vider d'abord le premier quart à l'aide de A, puis les trois autres quarts à l'aide de A et B, est

$$\frac{x}{4} + \left(\frac{x}{4} + \frac{5}{4}\right), \quad \text{ou } \frac{x}{2} + \frac{5}{4}.$$

Puisque ce temps est supérieur d'un quart d'heure à celui qu'auraient employé A et B ouverts ensemble dès l'origine, c'est-à-dire à $\frac{x}{3} + \frac{5}{3}$, on a donc l'équation :

$$\frac{x}{3} + \frac{5}{3} = \frac{x}{2} + \frac{5}{4} - \frac{1}{4},$$

qui, résolue, donne : $x = 4^h.$

Vérification. Le temps employé par le robinet A, pour vider le quart du réservoir, est 1 heure : par suite le temps employé par les deux robinets, pour vider les trois autres quarts, est $1^h + \frac{5^h}{4}$, ou $\frac{9^h}{4}$: et le temps qu'ils emploieraient à vider le réservoir entier est les $\frac{4}{3}$ de $\frac{9}{4}$ d'heure ou 3 heures. D'un autre côté, dans l'expérience, le réservoir a été vidé en $1^h + \frac{9^h}{4}$, ou en 3^h 1/4; l'expérience a donc duré $\frac{1}{4}$ d'heure de plus, comme l'exigeait l'énoncé.

167. PROBLÈME II. *Un renard, poursuivi par un lévrier, a 60 sauts d'avance: il en fait 9, pendant que le lévrier n'en fait que 6; mais 3 sauts de lévrier valent 7 sauts de renard. Combien le lévrier fera-t-il de sauts, avant d'atteindre le renard ?*

Soit x le nombre de sauts que fera le lévrier, avant d'atteindre le renard.

Puisque trois sauts de lévrier valent sept sauts de renard, x sauts de lévrier vaudront $\frac{7x}{3}$ sauts de renard : première expression du chemin (évalué en sauts de renard), que doit parcourir le lévrier.

D'un autre côté, pendant que le lévrier fait 6 sauts, le renard en fait 9 : donc, pendant que le lévrier fait x de ses sauts, le renard fait $\frac{9x}{6}$ des siens, et, puisque ce dernier a 60 sauts d'avance, $60 + \frac{9x}{6}$ est une seconde expression du chemin (évalué avec la même unité), que doit faire le lévrier.

On a donc l'équation : $\frac{7x}{3} = 60 + \frac{9x}{6}$,

qui, résolue, donne : $x = 72$ sauts.

Vérification. Les 72 sauts de lévrier valent $\frac{7}{3}$ de 72 ou 168 sauts du renard. Or, pendant que le lévrier en fait 72, le renard en fait 108; et ces 108 sauts, ajoutés aux 60 sauts que ce dernier a d'avance, complètent bien les 168 sauts de renard, chemin du lévrier.

168. PROBLÈME III. *On demande de trouver un nombre de quatre chiffres, sachant : 1° que le chiffre des centaines est égal à la somme du chiffre des unités et de celui des dizaines; 2° que le chiffre des dizaines est égal au double de la somme du chiffre des mille et de celui des unités ; 3° qu'en divisant le nombre par la somme de ses chiffres, on a pour quotient 109 et pour reste 9; 4° qu'enfin en retranchant le nombre du nombre formé avec les mêmes chiffres rangés dans l'ordre inverse, on obtient pour reste 819.*

Désignons par x, y, z, v les chiffres des unités, des dizaines, des centaines et des mille. La première condition donne immédiatement l'équation,

$$z = x + y, \qquad\qquad [1]$$

et la seconde, $y = 2v + 2x.$ $\qquad\qquad [2]$

Le nombre cherché a pour valeur $1000v + 100z + 10y + x$: donc la 3e condition donne l'équation :

$$1000v + 100z + 10y + x = 109\ (x + y + z + v) + 9. \qquad [3]$$

Enfin la quatrième condition fournit l'équation :

$$1000x + 100y + 10z + v - (1000v + 100z + 10y + x) = 819. \quad [4]$$

Avant de résoudre ce système de quatre équations, on simplifie les deux dernières, qui se réduisent à

$$99v - z - 11y - 12x = 1, \quad [3]$$

$$111x + 10y - 10z - 111v = 91. \quad [4]$$

On élimine d'abord z entre [1], [3] et [4], et l'on trouve :

$$99v - 12y - 13x = 1, \quad [5]$$

$$101x - 111v = 91. \quad [6]$$

Puis on élimine y entre [2] et [5], ce qui donne :

$$75v - 37x = 1. \quad [7]$$

Enfin on élimine x entre [6] et [7] : et l'on trouve :

$$v = 1 ;$$

et, par suite, $\qquad x = 2, \quad y = 6, \quad z = 8.$

Le nombre cherché est donc 1862.

La vérification se fait immédiatement.

169. Il arrive parfois que les conditions d'égalité, données par l'énoncé, paraissent surabondantes.

PROBLÈME IV. *Un père partage son héritage entre ses enfants de la manière suivante : il donne au premier une somme a et la n^me partie du reste : il donne au second une somme 2a et la n^me partie de ce qui reste, après le prélèvement de ces sommes : il donne au troisième une somme 3a et la n^me partie de ce qui reste. Et ainsi de suite. Il arrive que l'héritage est entièrement partagé, et que tous les enfants ont reçu des parts égales. On demande la valeur de l'héritage, le nombre des enfants et la part de chacun d'eux.*

Désignons par x la valeur de l'héritage.

La part du premier enfant est :

$$a + \frac{x - a}{n}, \quad \text{ou} \quad \frac{x + (n - 1)a}{n}.$$

Il reste pour les autres :

$$x - \frac{x + (n - 1)a}{n}, \quad \text{ou} \quad \frac{(n - 1)(x - a)}{n}.$$

Le second enfant prend d'abord $2a$.
Il reste alors :

$$\frac{(n - 1)(x - a)}{n} - 2a, \quad \text{ou} \quad \frac{(n - 1)x - (3n - 1)a}{n}.$$

La part du second enfant est donc :

$$2a + \frac{(n - 1)x - (3n - 1)a}{n^2}, \quad \text{ou} \quad \frac{(n - 1)x + (2n^2 - 3n + 1)a}{n^2}.$$

Puisque, d'après l'énoncé, les parts doivent être égales, on aura l'équation :

$$\frac{x+(n-1)\,a}{n}=\frac{(n-1)\,x+(2n^2-3n+1)\,a}{n^2}.$$

En résolvant cette équation, on trouve :

$$x=(n-1)^2\,a.$$

Comme nous n'avons.employé, pour trouver la formule de l'héritage, que les expressions des deux premières parts, il est *nécessaire* de calculer leurs valeurs, et de constater qu'elles sont égales à celles dont l'expression n'a pas servi, puis de déterminer le nombre des enfants. Or, la part du premier est :

$$\frac{x+(n-1)\,a}{n},\quad\text{ou}\quad\frac{(n-1)^2a+(n-1)\,a}{n},\quad\text{ou}\quad(n-1)\,a.$$

La part du second est :

$$\frac{(n-1)\,x+(2\,n^2-3\,n+1)\,a}{n^2}=\frac{(n-1)^3\,a+(2n^2-3n+1)\,a}{n^2}$$

$$=\frac{(n^3-n^2)\,a}{n^2}=(n-1)\,a.$$

La part du troisième est, d'après l'énoncé :

$$3\,a+\frac{x-2\,(n-1)\,a-3a}{n}=\frac{x+(n-1)\,a}{n}=(n-1)\,a.$$

Et l'on verrait de même, que toutes les parts sont égales à $(n-1)\,a$.

En divisant la valeur de l'héritage par la part d'un enfant, on aura le nombre des enfants. Ce nombre est donc $(n-1)$.

Et l'on reconnaît que toutes les conditions de l'énoncé sont remplies.

170. Emploi d'inconnues auxiliaires. Lorsque l'énoncé d'un problème ne permet pas d'apercevoir aisément les relations qui doivent exister entre les données et les résultats, on peut quelquefois faire usage d'*inconnues auxiliaires*, que l'on élimine ensuite entre les équations qui les renferment. En voici un exemple, tiré de l'*Arithmétique universelle de Newton*.

Problème V. *Il a fallu n bœufs pour manger en t jours, l'herbe d'un pré, dont la surface est* a, *ainsi que celle qui y croissait uniformément pendant ce temps. Il a fallu n' bœufs pour manger en t' jours, l'herbe d'un autre pré, dont la surface est* a', *ainsi que celle qui y croissait uniformément pendant ce temps. On demande combien il faudra de bœufs, pour manger en θ jours, l'herbe d'un troisième pré, dont la surface est* α, *ainsi que l'herbe qui y croît uniformément pendant ce temps.*

On suppose que la hauteur de l'herbe était la même dans les trois prés, avant l'introduction des bœufs; et on la désigne par y : on suppose encore que l'allongement de l'herbe, en un jour, est la même pour les trois surfaces ; et on la représente par z : y et z sont des inconnues auxiliaires. Soit, d'ailleurs, x le nombre des bœufs à introduire dans le troisième pré.

Puisque la hauteur de l'herbe, dans le premier pré, croît chaque jour d'une quantité z, son accroissement, pour t jours, sera tz; et la hauteur totale de l'herbe serait $y + tz$, au bout de ce temps. Par suite, le volume total de cette herbe est $a(y + tz)$. Or, cette quantité est mangée par n bœufs, en t jours : donc un seul bœuf, en un jour, en mange une quantité représentée par l'expression

$$\frac{a\,(y + tz)}{nt}.$$

Il est évident, que les quantités mangées par un bœuf, en un jour, dans le second et dans le troisième pré, sont respectivement

$$\frac{a'(y + t'z)}{n't'}, \qquad \frac{\alpha(y + \theta z)}{x\theta}.$$

Comme ces quantités doivent être égales, on a ainsi les équations :

$$\frac{a(y + tz)}{nt} = \frac{a'(y + t'z)}{n't'} = \frac{\alpha(y + \theta z)}{\theta x}.$$

On tire d'abord de la première y *en fonction de* z; et l'on trouve :

$$y = \frac{(an' - a'n)tt'z}{a'nt - an't'}.$$

Puis, on remplace dans la seconde

$$\frac{a\,(y + tz)}{nt} = \frac{\alpha(y + \theta z)}{\theta x},$$

y par cette valeur : z disparaît de lui-même; et l'on trouve enfin

$$x = \frac{\alpha\{an't'(\theta - t) + a'nt(t' - \theta)\}}{aa'\theta(t' - t)}.$$

Newton donne l'application numérique suivante :

$a = 3\frac{1}{3}$ arpents,	$t = 4$ semaines,	$n = 12$ bœufs,
$a' = 10$	$t' = 9$	$n' = 21$
$\alpha = 24$	$\theta = 18$	$x = 36$.

§ II. De la discussion.

171. Ce que·c'est que discuter une solution. Lorsqu'on a mis un problème en équation, et qu'on a résolu le système ainsi obtenu, la solution convient aux équations, à moins qu'elle ne se présente sous une forme illusoire dont nous parlerons plus loin. Mais cette solution ne convient pas toujours au problème posé. Il peut arriver en effet, que certaines conditions, imposées aux inconnues par la nature de la question, mais non reproduites par les équations, rendent le problème impossible. Étudier les causes de cette impossibilité, c'est *discuter* la solution.

Lorsque les données sont représentées par des lettres, et que, par suite, les valeurs des inconnues sont exprimées par des formules, il peut arriver que le problème ne soit possible qu'autant que les valeurs des données sont renfermées entre certaines limites. Déterminer ces limites, en dehors desquelles il y a impossibilité, c'est discuter la solution.

Enfin, étudier toutes les circonstances remarquables que peuvent présenter les formules, entre les limites déterminées par la discussion, c'est encore discuter la solution.

Donnons quelques exemples :

172. PROBLÈME VI. *Dans une société de 10 personnes, on a fait une collecte pour les pauvres : chaque homme a donné 6 francs, chaque femme a donné 4 francs. La somme totale recueillie est de 45 francs. On demande combien il y avait d'hommes, combien de femmes ?*

Soient x et y les nombres d'hommes et de femmes. On a d'abord :

$$x + y = 10.$$

Puisque chaque homme a donné 6 francs, x hommes ont donné $6x$.

Puisque chaque femme a donné 4 francs, y femmes ont donné $4y$. Donc on a :

$$6x + 4y = 45.$$

En résolvant ces deux équations, on trouve :

$$x = 2\frac{1}{2}, \qquad y = 7\frac{1}{2}.$$

DISCUSSION. Cette solution *fractionnaire* est la seule qui convienne aux équations : d'ailleurs, ces équations sont la traduction fidèle et complète de l'énoncé. Donc le problème ne saurait avoir d'autre solution. Mais, *la nature de la question exige que la solution soit composée de nombres entiers : puisque les nombres trouvés sont fractionnaires, le problème est impossible.*

173. PROBLÈME VII. *Une personne emploie un ouvrier pendant 13 journées d'été, et lui retient sur son salaire 22 francs pour quelques dégâts qu'il a causés. Une autre fois, elle emploie le même ouvrier pendant 17 journées d'hiver; elle lui donne par jour 2 francs de moins que pour une journée d'été; mais elle ajoute à son salaire 28 francs pour le récompenser de son zèle. Chaque fois, l'ouvrier a reçu la même somme. On demande le prix d'une journée d'été.*

Soit x ce prix; $(x-2)$ sera le prix d'une journée d'hiver.

La première fois, l'ouvrier a reçu $(13x-22)$.

La seconde fois, il a reçu $17(x-2)+28$.

On a donc l'équation :

$$17(x-2)+28 = 13x-22.$$

En la résolvant, on trouve : $x = -4.$

DISCUSSION. Cette solution *négative* vérifie l'équation, et la vérifie seule. Le problème, dont cette équation traduit l'énoncé, ne saurait donc en avoir d'autre.

Or *la nature de la question exige que la solution soit un nombre positif* puisque ce nombre est négatif, le problème est impossible.

174. PROBLÈME VIII. *Trouver un nombre de deux chiffres, tel que le quadruple du chiffre des unités surpasse d'une unité le triple du chiffre des dizaines; et qu'en retranchant de ce nombre le nombre renversé, on ait 36 pour reste.*

Soient x le chiffre des dizaines et y le chiffre des unités : on a évidemment les équations :

$$\left.\begin{aligned} 4y - 3x &= 1, \\ 10x + y - 10y - x &= 36. \end{aligned}\right\}$$

En résolvant ce système, on trouve :

$$x = 17, \qquad y = 13.$$

DISCUSSION. Cette solution *entière et positive* est la seule qui vérifie les équations. Le problème n'en peut donc pas admettre d'autre. Mais, *la nature de la question exige que les deux nombres cherchés soient plus petits que* 10 : puis qu'ils dépassent cette limite, le problème est impossible.

Ces exemples suffisent pour montrer que la solution d'un système d'équations peut ne pas convenir au problème qui l'a fourni, parce qu'elle ne remplit pas certaines conditions imposées aux inconnues, conditions qui ne sont pas formellement écrites dans les équations. Mais ce n'est là qu'un des points de vue sous lesquels on peut envisager la discussion des problèmes. Il en est un autre beaucoup plus important : nous voulons parler des *solutions négatives* et de leur *interprétation*.

§ III. Des solutions négatives des problèmes du premier degré à une inconnue.

175. SOLUTIONS NÉGATIVES DES ÉQUATIONS. Il n'y a aucune remarque à faire sur les nombres négatifs que l'on rencontre comme solution d'une ou de plusieurs équations. Ces nombres substitués aux inconnues et traités conformément aux conventions, rendent le premier membre de chaque équation égal au second. Mais lorsque les inconnues représentent des grandeurs à déterminer, il semble que les solutions négatives, n'exprimant aucune grandeur, doivent être considérées comme un symptôme d'impossibilité, et, par suite, rejetées comme inadmissibles. C'est en effet ce qui aurait lieu, si, dans la mise en équation, on pouvait toujours exprimer, d'une manière générale et pour tous les cas, les conditions du problème proposé. Mais bien souvent il n'en est pas ainsi; et les solutions négatives peuvent trouver alors une interprétation qu'il est important d'étudier.

176. Considérons d'abord une équation à une inconnue :

$$ax + b = a'x + b'. \qquad [1]$$

Supposons qu'en la résolvant, on ait trouvé, pour x, une valeur négative $-\alpha$; cela signifie que l'on a l'égalité :

$$a(-\alpha) + b = a'(-\alpha) + b',$$

c'est-à-dire, $\qquad b - a\alpha = b' - a'\alpha;$

par conséquent, $x = +\alpha$ est solution de l'équation :

$$b - ax = b' - a'x. \qquad [2]$$

Si l'on compare les équations [1] et [2], on voit qu'elles ne diffèrent que par le signe des termes qui contiennent l'inconnue.

THÉORÈME. *Toute solution négative d'une équation du premier degré à une inconnue, étant prise positivement, satisfait donc à une équation que l'on obtient, en changeant, dans la première, le signe des termes où figure l'inconnue.*

177. REMARQUE. Il arrive souvent, comme nous allons le montrer, que cette nouvelle équation correspond à un problème peu différent du proposé, et quelquefois à ce problème lui-même, entendu dans un sens plus général; *on obtient alors la solution du problème modifié ou généralisé, en prenant, avec le signe +, la valeur négative trouvée pour l'inconnue.*

Une pareille remarque ne peut être développée d'une manière générale; il est essentiel d'étudier, à part, son application dans chaque question particulière. C'est ce que nous allons faire dans les problèmes suivants.

178. PROBLÈME IX. *Deux mobiles M et N, qui suivent une ligne droite, partent de deux points A et B, situés à une distance d l'un de l'autre (A à gauche, B à droite); ils marchent, dans le même sens, de gauche à droite, avec des vitesses v et v'. Après combien de temps se rencontreront-ils ?*

Soit x le temps cherché; le premier mobile, dont la vitesse est v, parcourt un espace v dans l'unité de temps, et par suite, dans le temps x, il parcourt vx; le second, pendant le même temps, parcourt l'espace $v'x$. Puisqu'ils partent en même temps, il faut, pour qu'ils se rencontrent, que le premier ait parcouru un espace d de plus que le second; on doit donc avoir l'équation :

$$vx - v'x = d; \qquad [1]$$

d'où l'on déduit : $\qquad x = \dfrac{d}{v - v'}.$

Discussion. Si **v** est plus grand que v', cette valeur de x est positive et four
la solution demandée. Mais si v est moindre que v', cette solution est négativ
Pour l'interpréter, remarquons que, prise positivement, elle satisfait, en ve
du théorème (176), à l'équation :

$$v'x - vx = d.$$ [2

Or cette équation exprime évidemment, que le chemin parcouru par le mob
N surpasse de d le chemin parcouru par le mobile M ; et cette condition répo
à la question suivante :

*En supposant que les deux mobiles soient en marche depuis un temps in
fini, combien y a-t-il de temps qu'ils se sont rencontrés ?* Car, dans cette hy
thèse, la rencontre a eu lieu à gauche de A.

Si donc on veut donner cette extension au problème, *la valeur négative d
exprime un temps déjà écoulé.*

On comprend d'ailleurs que, si l'on a $v < v'$, le mobile M, qui est en arri
du mobile N, et qui va moins vite que lui, ne pourra pas le rencontrer ultéri
rement, mais qu'il a dû le rencontrer avant l'époque actuelle.

179. Problème X. *Les âges de deux individus sont* a *et* b ; *après comb
de temps l'âge du premier sera-t-il double de celui du second ?*

Soit x le temps cherché ; l'équation du problème est évidemment :

$$a + x = 2(b + x) ;$$ [1

et l'on en déduit : $$x = a - 2b.$$

Discussion. Si a est plus grand que $2b$, cette valeur de x est positive, et
connaître la solution. Mais, si a est moindre que $2b$, cette solution est négati
prise positivement, elle satisfait alors (**176**) à l'équation,

$$a - x = 2(b - x) ;$$ [2]

qui correspond évidemment à la question suivante :

*Combien y a-t-il de temps que l'âge du premier individu était double de
lui du second ?*

Si l'on accepte cette extension, *la valeur négative de x exprime encore
temps écoulé.*

Remarquons que le rapport actuel des deux âges est $\dfrac{a}{b}$; si donc il est plus gra

que 2 (si $a > 2b$), comme il va en diminuant à mesure que le temps s'écoule
arrivera une époque où il deviendra égal à 2 : c'est le cas de la solution positi
Au contraire, s'il est actuellement plus petit que 2 (si $a < 2b$), comme il
rapproche toujours de l'unité, il ne sera jamais égal à 2 dans l'avenir : il n'
donc pas de solution dans ce sens. Mais si, en même temps, a est supérieu
b, il y a eu une époque où le rapport des âges a été égal à 2 ; c'est cette épo
qu'indique la solution négative.

Ajoutons que, si a est inférieur à b, le problème n'a évidemment pas de
lution ; et l'on voit qu'en effet la formule $x = 2b - a$, applicable à ce cas, do
à x une valeur plus grande que b, qui n'est pas acceptable.

180. Problème XI. *On donne sur une droite, deux points* A *et* B : *le prem
est situé à gauche d'un point* O. *à une distance* a, *et le second est situé*

droite, à une distance b. *Déterminer, sur cette ligne, un troisième point* X, *tel qu'en prenant le milieu* M *de* BX, *puis le tiers de* AM, *à partir de* A, *le point déterminé coïncide avec le point* O.

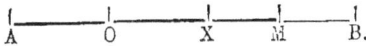

$$ \underset{\text{A}}{\vert}\rule{1.5cm}{0.4pt}\underset{\text{O}}{\vert}\rule{1.5cm}{0.4pt}\underset{\text{X}}{\vert}\rule{1cm}{0.4pt}\underset{\text{M}}{\vert}\rule{1cm}{0.4pt}\underset{\text{B.}}{\vert} $$

Supposons que le point cherché X soit placé à droite du point O.

Soit x la distance OX, que nous prenons pour inconnue. Comme on a évidemment, d'après la figure :

$$ \begin{cases} b = \text{OM} + \text{MB} \\ x = \text{OM} - \text{MX} \end{cases} $$

et que MB $=$ MX, il en résulte :

$$ \text{OM} = \frac{b + x}{2} ; $$

donc :

$$ \text{AM} = a + \frac{b + x}{2}. $$

Mais d'après l'énoncé, $\qquad$ AM $=$ 3AO $=$ 3a.

Il en résulte l'équation :

$$ 3a = a + \frac{b + x}{2} : \qquad [1] $$

d'où l'on déduit : $\qquad x = 4a - b.$

DISCUSSION. Si b est plus petit que $4a$, cette valeur de x est positive, et donne la solution. Mais, si $4a$ est moindre que b, la solution est négative ; prise positivement, elle satisfait donc (**176**) à l'équation :

$$ 3a = a + \frac{b - x}{2}. \qquad [2] $$

Or cette équation est celle à laquelle on est conduit, en supposant le point X placé à une distance x, à gauche du point O. Car, en faisant la figure pour cette hypothèse, on trouve aisément :

$$ \begin{cases} b = \text{OM} + \text{MB}, \\ x = \text{MX} - \text{OM}; \end{cases} \text{d'où} \quad \text{OM} = \frac{b - x}{2}, \quad \text{et} \quad \text{AM} = a + \frac{b - x}{2}; $$

donc $\qquad 3a = a + \dfrac{b - x}{2}. \qquad [2]$

Il résulte de là, que *la valeur négative de* x, *fournie par l'équation* [1], *doit, dans ce cas, être portée dans un sens opposé à celui que l'on avait supposé dans la mise en équation.*

181. REMARQUE. Il ne faut pas croire que les solutions négatives s'interprètent toutes aussi naturellement que les précédentes. On ne doit pas même affirmer, d'une manière générale, qu'*une valeur négative, trouvée pour un temps à venir, exprime un temps passé;* ni que *les longueurs négatives, à porter sur une ligne, à partir d'une origine fixe, doivent toujours être comptées en sens op-*

*posé à celui qui correspond aux valeurs positives. Il en est cependant
ainsi dans la plupart des cas ; et nous allons en donner la raison.*

182. Pourquoi l'on doit compter dans le passé les valeurs
négatives du temps. Supposons que, x désignant le temps qui
doit s'écouler depuis l'époque actuelle jusqu'à un certain événement, on ait trouvé, pour l'équation d'un problème :

$$B + Ax = B' + A'x. \qquad [1]$$

Si, au lieu de chercher le temps qui doit s'écouler à partir de
l'époque actuelle, on avait cherché le temps qui doit s'écouler à
partir d'une époque antérieure de t années ; si, par exemple,
on avait pris pour inconnue la date de l'événement, en nommant x_1 ce temps, on aurait évidemment :

$$x_1 = t + x; \quad \text{d'où} \quad x = x_1 - t;$$

et, par suite, au lieu de l'équation [1], on aurait eu :

$$B + A (x_1 - t) = B' + A' (x_1 - t); \qquad [2]$$

et ce serait là l'équation du problème, si l'on prenait x_1 pour
inconnue.

Supposons que la valeur de x_1, que l'on en déduit, soit positive, mais moindre que t, et égale, par exemple, à $(t - \alpha)$; on
aura, en la substituant dans l'équation [2], l'égalité :

$$B - A\alpha = B' - A'\alpha;$$

par où l'on voit, que l'équation [1] a pour solution : $x = -\alpha$.

*Une solution négative, $x = -\alpha$, trouvée pour l'équation [1], si-
gnifie donc, que l'événement est postérieur de $(t - \alpha)$ années à une
époque antérieure de t années à l'époque actuelle, c'est-à-dire qu'il
précède de α années l'époque actuelle.*

183. Remarque. L'équation [1] est construite, par hypothèse,
pour des valeurs positives de x : par conséquent, l'équation [2]
est construite pour des valeurs de x_1 plus grandes que t, c'est-à-
dire pour des époques postérieures à l'époque actuelle. En appliquant cette dernière, comme nous l'avons fait, à une époque
antérieure, nous avons fait une hypothèse qui pourrait n'être
pas admissible. Le raisonnement précédent n'est donc pas tout
à fait général.

184. Pourquoi l'on doit compter, en sens contraire du sens
convenu, les valeurs négatives des distances. Supposons

maintenant que, x désignant la distance à porter sur une ligne, à partir d'un point donné O, et dans une certaine direction, à droite par exemple, on ait trouvé, pour équation d'un problème,

$$B + Ax = B' + A'x. \qquad [1]$$

Si, au lieu de chercher la distance du point inconnu à l'origine donnée O, on avait cherché sa distance x_1 à une origine O', située à gauche de la première, à une distance d, on aurait eu :

$$x_1 = d + x, \quad \text{ou} \quad x = x_1 - d ;$$

et, par suite, au lieu de l'équation [1], on aurait eu, pour équation du problème :

$$B + A (x_1 - d) = B' + A' (x_1 - d). \qquad [2]$$

Supposons que cette équation fournisse pour x_1 une valeur positive, mais moindre que d, que je représente par $(d - \alpha)$; pour avoir la position X du point cherché, il faudra d'abord porter la distance d de O' en O, puis porter en sens contraire la distance α de O en X. Le point cherché sera donc à gauche du point O, et à une distance α de cette origine. Or, en substituant à x_1, dans l'équation [2], sa valeur $(d - \alpha)$, on a :

$$B - A\alpha = B' - A'\alpha ;$$

d'où il résulte, que l'équation [1] a pour solution : $x = - \alpha$.

Une solution négative $x = - \alpha$, *trouvée pour l'équation* [1], *signifie donc, que le point cherché est situé à gauche du point* O, *et à une distance* α *de cette origine.*

185. REMARQUE. Nous remarquerons, comme au n° **183**, que le raisonnement précédent n'est pas tout à fait général ; il suppose que l'équation [2], qui est construite pour les points situés à droite du point O, puisqu'on l'a déduite de l'équation [1], s'applique aussi aux points situés à gauche. Or cela n'a pas toujours lieu ; et nous en donnerons un exemple.

186. PROBLÈME XII. *Un chemin de fer prend* 0ᶠ, 10, *par tonne et par kilomètre, pour le transport des marchandises ; on paye, en outre, un droit fixe de* 3ᶠ,75 *par wagon de* 2000 *kilogrammes. A quelle distance peut-on transporter* 50 *tonnes pour* 3 *fr.?*

Soit x la distance cherchée.

50 tonnes correspondent à 25 wagons ; le droit fixe à payer est donc de

$$3,75 \times 25.$$

En outre, pour le transport à la distance x, le droit proportionnel est

$$0,10 \times 50 \times x.$$

L'équation du problème est donc :

$$3,75 \times 25 + (0,10 \times 50 \times x) = 3 ; \qquad [1]$$

et, en la résolvant, on trouve : $x = -18,15$.

DISCUSSION. Cette valeur négative ne signifie ici absolument rien. Car les prix du transport de 50 tonnes, à $18^k,15$, *à droite ou à gauche* du point de départ sont exactement les mêmes ; par suite, si le point cherché se trouvait à gauche à $18^k,15$, comme semble l'indiquer la solution négative, il y en aurait un autre situé à droite, à la même distance ; et l'équation, qui est construite pour ce cas fournirait la solution $x = +18,15$. On reconnaît, d'ailleurs, *à priori*, que le problème est impossible ; car le droit fixe, étant $3^f,75 \times 25$, est supérieur au prix total que l'on devrait payer, pour ce droit et pour le transport.

On peut s'assurer que, dans ce cas, le raisonnement du n° **184** est en défaut. En effet, supposons que, les 50 tonnes devant être portées vers la droite, on prenne pour origine un point O situé à une distance d, à gauche du point de départ ; la distance x_1 du point cherché à cette origine sera $(x + d)$; et l'on aura $x = x_1 - d$. L'équation du problème deviendra donc :

$$3,75 \times 25 + 0,10 \times 50 \times (x_1 - d) = 3. \qquad [2]$$

Si cette équation (qui est construite pour les points situés à droite du point de départ, puisqu'on l'a déduite de l'équation [1]) était applicable aux points situés à gauche, le raisonnement (**184**) pourrait être continué, et une valeur de x_1 positive, mais moindre que d, correspondrait effectivement à un point situé à gauche. Mais l'équation [2] ne convient nullement au cas du transport effectué vers la gauche. Dans ce cas, en effet, le chemin parcouru doit être représenté par $d - x_1$; et il faut prendre, pour équation du problème, l'équation

$$3,75 \times 25 + 0,10 \times 50 \times (d - x_1) = 3, \qquad [3]$$

qui diffère de l'équation [2].

§ IV. Introduction des nombres négatifs dans l'énoncé d'un problème.

187. AVANTAGES DE CETTE INTRODUCTION. Il est quelquefois avantageux d'introduire des nombres négatifs dans les données mêmes d'une question. Pour montrer comment on peut y être conduit, et de quelle nature est l'avantage qu'on y trouve, nous reprendrons le problème du n° **178**.

Deux mobiles M *et* M', *suivent la droite* AA', *en marchant dans le même sens* AA' : M *part de* A *avec la vitesse* v, *en même temps que* M' *part de* A' *avec la vitesse* v'. *Après combien de temps se rencontrent-ils ?*

En nommant x le temps inconnu, et d la distance AA', on a trouvé l'équation (**178**) :

$$vx - v'x = d.$$

On a vu, que cette équation fournit la solution du problème, lors même que v est moindre que v', pourvu que l'on regarde la valeur négative de x comme représentant un temps déjà écoulé.

Pour généraliser encore davantage, supposons que les deux mobiles ne marchent pas tous deux dans la direction AA′ : on peut considérer trois cas distincts.

1° Le mobile M marche vers la droite, et le mobile M′ vers la gauche;

ils se rencontrent entre A et A′, après avoir parcouru, l'un vx et l'autre $v'x$; et par conséquent l'équation du problème est :

$$vx + v'x = d.$$

2° M marche vers la gauche, M′ vers la droite;

Les mobiles ne se rencontreront jamais; mais en nommant x le temps écoulé depuis leur rencontre entre A et A′, ils auront parcouru, l'un vx et l'autre $v'x$, quand ils seront arrivés, l'un en A et l'autre en A′. On aura donc :

$$vx + v'x = d.$$

3° Enfin, si l'on suppose que les mobiles marchent tous deux vers la gauche,

la rencontre aura lieu à gauche de A; et l'équation du problème sera, dans ce cas :

$$v'x - vx = d.$$

Les équations relatives aux quatre cas sont donc, en résumé :

$vx - v'x = d$, quand M et M′ marchent vers la droite;

$vx + v'x = d$, quand M marche vers la droite, M′ vers la gauche ;

$vx + v'x = d$, quand M marche vers la gauche, M′ vers la droite; x désigne alors un temps déjà écoulé;

$v'x - vx = d$, quand M et M′ marchent vers la gauche.

Or, ces quatre équations peuvent se réduire à une seule, ce qui est évidemment un avantage, si l'on convient de représenter par des nombres négatifs $(-v)$, $(-v')$ les vitesses dirigées vers la gauche. D'après cette convention, il faut, en effet, remplacer dans la seconde des équations ci-dessus, v' par $(-v')$; dans la troisième, v par $(-v)$; dans la quatrième, v par $(-v)$, v' par $(-v')$. De plus, dans la troisième, où l'inconnue désigne un temps écoulé, il faut remplacer x par $(-x)$.

Les équations deviennent toutes, par ces substitutions :

$$vx - v'x = d;$$

en sorte que la formule, $x = \dfrac{d}{v - v'}$,

que l'on en déduit, convient à tous les cas.

Ainsi, *l'avantage que l'on retire de l'introduction des nombres né-gatifs dans les données d'une question, est de réduire à une seule le équations qui correspondent aux différents cas du problème, et, par suite, de n'avoir à considérer qu'une seule formule pour les ré-soudre.*

§ V. Des solutions négatives des problèmes du premier degré à deux inconnues.

183. Nous n'avons considéré, jusqu'à présent, que les solu-tions négatives fournies par une équation à une inconnue. Le cas de plusieurs équations donne lieu à des remarques entière-ment semblables. Supposons qu'en résolvant le système :

$$\left.\begin{array}{l} ax + by = c, \\ a'x + b'y = c', \end{array}\right\} \quad [1]$$

on ait trouvé, pour l'une des inconnues, ou pour toutes les deux des valeurs négatives. Soient, par exemple, $x = \alpha$, $y = -\beta$. Ces valeurs satisfaisant aux équations [1], on aura les égalités :

$$\left.\begin{array}{l} a\alpha - b\beta = c, \\ a'\alpha - b'\beta = c'; \end{array}\right\} \quad [2]$$

et par conséquent, les valeurs $x = \alpha$, $y = \beta$, satisfont au sys-tème :

$$\left.\begin{array}{l} ax - by = c, \\ a'x - b'y = c'. \end{array}\right\} \quad [3]$$

Ainsi, en prenant positivement la solution négative $y = -\beta$, on satisfait à un système qui diffère du proposé par le change-ment de signe des termes en y. On verrait de même que, si la valeur de x était négative, on pourrait la prendre avec le signe $+$, pourvu qu'on changeât, dans les équations proposées, les signes de tous les termes en x.

THÉORÈME. *En général, lorsqu'en résolvant un système d'équa-tions, on trouve pour quelques-unes des inconnues des valeurs né-gatives, on peut prendre toutes les valeurs des inconnues avec le* signe +; elles sont alors les solutions d'un nouveau système, lequel ne diffère du système proposé, que par le changement de signe des termes qui contiennent les inconnues dont les valeurs sont négatives.

189. REMARQUE. Les équations nouvelles, auxquelles satisfont les valeurs négatives des inconnues prises positivement, correspondent quelquefois à un problème peu différent du proposé, ou à ce problème lui-même, entendu dans un sens plus général. On obtient alors la solution du problème modifié ou généralisé, en prenant, avec le signe +, les valeurs négatives trouvées pour les inconnues. Mais cette remarque, comme dans le cas des équations à une inconnue, ne peut être développée que sur des questions particulières.

Considérons, par exemple, le problème suivant.

190. PROBLÈME XIII. *Un réservoir, de capacité* v, *est rempli, dans un temps* t, *par* n *robinets, versant chacun la même quantité d'eau, et par la pluie tombée uniformément sur un toit dont la surface est* s. *Un autre réservoir, de capacité* v', *est rempli, dans le temps* t', *par* n' *robinets semblables aux précédents, et par la pluie tombant uniformément sur un toit* s' *avec la même intensité que sur le toit* s. *Déduire de ces données la quantité d'eau,* x, *versée par chaque robinet dans l'unité de temps, et la quantité* y *versée par la pluie, pendant chaque unité de temps, sur chaque unité de surface de toit.*

Puisqu'un robinet verse, dans l'unité de temps, une quantité d'eau égale à x, n robinets, dans le temps t, verseront nxt.

La pluie versant, dans l'unité de temps, une quantité d'eau égale à y, sur l'unité de surface, versera, dans le temps t, sur la surface s, une quantité d'eau syt; on aura donc l'équation :

$$nxt + syt = v. \qquad [1]$$

En exprimant que le second réservoir est rempli dans le temps t', on aura de même l'équation :

$$n'xt' + s'yt' = v'; \qquad [2]$$

et les équations [1] et [2] permettront de calculer x et y.

Supposons maintenant, qu'en les résolvant, on trouve pour x une valeur positive α, et pour y une valeur négative $-\beta$. Il faudra en conclure (**188**), que les valeurs $x = \alpha, y = \beta$ satisfont aux équations :

$$\begin{cases} nxt - syt = v, \\ n'xt' - s'yt' = v'. \end{cases}$$

Ces équations correspondent à un problème qui diffère du proposé, en ce que la pluie, qui remplit les réservoirs, doit être remplacée par une cause qui leur enlève une quantité d'eau proportionnelle au temps et à la surface; par exemple, par l'évaporation du liquide.

Si, au contraire, on trouvait pour x une valeur négative, cette valeur, prise positivement, satisferait aux équations :

$$\begin{cases} syt - nxt = v, \\ s'yt' - n'xt' = v'. \end{cases}$$

Ces équations correspondent à un problème qui diffère du proposé, en ce que les robinets qui versent de l'eau dans les réservoirs, doivent être remplacés par un nombre égal de causes qui en enlèvent; par exemple, par des orifices ou par des pompes, enlevant une quantité x d'eau par unité de temps.

191. REMARQUES. Les remarques faites (**182, 184**), au sujet des valeurs négatives trouvées pour un temps ou pour une longueur, s'appliquent sans modification au cas où les équations contiennent plus d'une inconnue.

Ajoutons qu'il y a d'autres grandeurs que les longueurs et les temps, qui peuvent être aussi comptées en deux sens opposés. Ainsi, les températures au-dessus ou au-dessous de zéro, les latitudes (géographiques ou célestes) boréales ou australes, les forces attractives ou répulsives, l'actif ou le passif d'un négociant, sont des grandeurs susceptibles d'être représentées par des nombres positifs ou négatifs.

Remarquons enfin, en terminant, qu'il n'est pas nécessaire d'introduire les nombres négatifs dans l'énoncé des problèmes; on est libre de faire ou de ne pas faire ces conventions. Mais *si l'on veut généraliser les formules, c'est-à-dire si l'on veut qu'une seule et unique formule représente la solution d'un problème dans tous les cas, ces conventions sont obligatoires; il faut représenter un changement de sens par un changement de signe.*

§ VI. Des solutions infinies ou indéterminées.

192. DES SOLUTIONS DITES INFINIES. Lorsque la formule, qui fournit la solution générale d'un problème, se présente sous la forme fractionnaire, il peut arriver que certaines hypothèses, faites sur les lettres qu'elle renferme, annulent son dénominateur, sans annuler son numérateur. Cette formule prend alors la forme $x = \dfrac{k}{0}$. Nous verrons, dans la discussion générale des formules (chap. VII), que l'équation qui l'a fournie est alors impossible. Mais il n'en est pas toujours ainsi du problème qui y a conduit; on peut seulement affirmer que la quantité, prise pour inconnue, cesse alors d'exister.

Prenons pour exemple la question suivante :

193. PROBLÈME XIV. *Deux cercles, de rayons* R *et* r, *non intérieurs l'un à l'autre, sont situés dans un même plan; la distance de leurs centres est* d. *On demande le point où la tangente commune extérieure rencontre la droite qui joint les centres.*

Désignons par *x* la distance qui sépare le point cherché du centre du plus petit cercle. Si l'on joint chaque centre au point de contact correspondant, on forme deux triangles semblables, qui donnent immédiatement la proportion :

$$[1] \qquad \frac{d+x}{x} = \frac{R}{r}; \qquad \text{d'où} \qquad x = \frac{dr}{R-r}. \qquad [2]$$

DISCUSSION. Tant que *r* reste plus petit que R, la valeur de *x* est positive, et la formule permet de construire le point cherché. Si la valeur de *r* se rapproche de celle de R, celle de *x* augmente, puisque son numérateur croît, et que son dénominateur diminue; le point s'éloigne donc sur la ligne des centres. Comme on peut rendre la différence (R — *r*) assez petite, pour que la fraction [2] soit aussi grande que l'on voudra, les rayons des cercles peuvent différer assez peu, pour que le point soit aussi éloigné que l'on voudra. Enfin lorsque, à la limite, *r* = R, la fraction est devenue plus grande que toute grandeur assignable. *Le point de rencontre s'éloigne donc indéfiniment, et les deux droites, ne se rencontrant plus, sont parallèles.* On voit que, dans ce cas, l'équation [1] prend la forme impossible : $\frac{d+x}{x} = 1$, et que la formule prend la forme singulière :

$x = \frac{dr}{0}$; il n'y a plus alors ni équation ni formule, et le point de rencontre n'existe plus; mais c'est précisément dans ce résultat que consiste la solution du problème.

194. REMARQUE. Lorsque le dénominateur d'une fraction diminue, la fraction augmente; et elle peut augmenter indéfiniment, si le dénominateur diminue indéfiniment. D'après cela, on dit quelquefois que, le dénominateur devenant nul, la fraction devient *infinie;* et l'on écrit qu'elle a pour solution $x = \infty$. C'est là une locution incorrecte; *la fraction dont le dénominateur est nul ne représente rien.* Si les données d'un problème varient de telle manière, que le dénominateur de la valeur de l'inconnue tende vers zéro, l'inconnue elle-même augmente sans limites; mais, lorsque le dénominateur est actuellement nul, la solution n'existe pas, et l'équation est impossible.

195. DES SOLUTIONS INDÉTERMINÉES. Lorsque la formule, qui donne la solution d'un problème, se présente sous la forme fractionnaire, il arrive parfois encore, que certaines hypothèses particulières, faites sur les lettres qu'elle renferme, annulent à la fois son numérateur et son dénominateur. Cette formule prend

alors la forme $x = \dfrac{0}{0}$. Nous verrons plus loin (chap. VII), que l
système qui l'a fournie est alors, en général, *indéterminé;* cependant cette indétermination peut n'être qu'apparente.

Donnons des exemples de ces deux cas.

196. PROBLÈME XV. *On a deux lingots; le premier contient a grammes d'o*
et b grammes d'argent; le second contient a' grammes d'or et b' grammes d'argen
Quel poids de chacun de ces lingots faut-il prendre pour en former un troi
sième, contenant α grammes d'or et β grammes d'argent?

Soient x et y les poids à prendre dans le premier et dans le second lingot.

Puisque le poids $a + b$ contient a grammes d'or et b grammes d'argent, l

poids x, extrait du même lingot, contiendra $\dfrac{ax}{a+b}$ en or, $\dfrac{bx}{a+b}$ en argent.

De même, le poids y, extrait du second lingot qui pèse $a' + b'$, contiendr
$\dfrac{a'y}{a'+b'}$ en or, et $\dfrac{b'y}{a'+b'}$ en argent.

On aura donc les deux équations :

$$\left. \begin{array}{l} \dfrac{ax}{a+b} + \dfrac{a'y}{a'+b'} = \alpha, \\[2mm] \dfrac{bx}{a+b} + \dfrac{b'y}{a'+b'} = \beta. \end{array} \right\} \qquad [1]$$

Si l'on résout ce système, on trouve :

$$x = \frac{(a+b)(\alpha b' - \beta a')}{ab' - ba'}, \qquad y = \frac{(a'+b')(\alpha\beta - b\alpha)}{ab' - ba'}.$$

DISCUSSION. Si l'on fait l'hypothèse, $\dfrac{a}{b} = \dfrac{a'}{b'} = \dfrac{\alpha}{\beta}$, les numérateurs et les dénominateurs des deux formules sont nuls; de sorte qu'on a :

$$x = \frac{0}{0}, \qquad y = \frac{0}{0}.$$

Pour interpréter ce résultat, remarquons que l'hypothèse admise a pour consé
quences :

$$\left. \begin{array}{l} \dfrac{a}{a+b} = \dfrac{a'}{a'+b'} = \dfrac{\alpha}{\alpha+\beta}, \\[2mm] \dfrac{b}{a+b} = \dfrac{b'}{a'+b'} = \dfrac{\beta}{\alpha+\beta}; \end{array} \right\} \qquad [2]$$

et que, si l'on remplace dans les équations [1] les coefficients des inconnues pa
leurs valeurs $\dfrac{\alpha}{\alpha+\beta}$, $\dfrac{\beta}{\alpha+\beta}$, tirées des relations [2], les équations se réduisen
toutes deux à l'équation unique :

$$x + y = \alpha + \beta. \qquad [3]$$

Il en résulte (**163**), que le système [1] est indéterminé. Mais *le problème lui*
même est indéterminé, et admet une infinité de solutions. En effet, l'hypothès
admise exprime, que le rapport de l'or à l'argent est le même dans les troi

gots; donc, quelles que soient les quantités que l'on prenne dans chacun des
ux premiers, elles formeront évidemment un alliage au même titre. Ces quan-
és ne seront astreintes qu'à vérifier l'équation [3].

197. Problème XVI. *Calculer la surface d'un trapèze dont on donne les
ses* B *et* b, *et la hauteur* h, *en la considérant comme la différence des surfaces
s deux triangles que l'on obtient, en prolongeant les deux côtés non parallèles
squ'à leur rencontre.*

Désignons par x l'aire cherchée; et prenons pour inconnues auxiliaires les
uteurs y et z des deux triangles. Les surfaces de ces triangles ayant pour ex-
essions $\frac{1}{2}$ By et $\frac{1}{2}$ bz, on a d'abord l'équation :

$$x = \tfrac{1}{2}\,(\mathrm{B}y - bz).\qquad\qquad [1]$$

mme les deux triangles sont semblables, les bases sont proportionnelles aux
uteurs; donc

$$\frac{y}{z} = \frac{\mathrm{B}}{b}.\qquad\qquad [2]$$

fin, la hauteur h étant la différence des hauteurs y et z, on a :

$$y - z = h.\qquad\qquad [3]$$

Pour éliminer les inconnues auxiliaires, on remarque que l'équation [2] donne :

$$\frac{y - z}{y} = \frac{\mathrm{B} - b}{\mathrm{B}},\qquad \frac{y - z}{z} = \frac{\mathrm{B} - b}{b};$$

où, en vertu de l'équation [3] :

$$y = \frac{\mathrm{B}h}{\mathrm{B} - b},\qquad z = \frac{bh}{\mathrm{B} - b}.$$

substituant ces valeurs dans l'équation [1], on obtient enfin :

$$x = \frac{h}{2} \cdot \frac{\mathrm{B}^2 - b^2}{\mathrm{B} - b}.\qquad\qquad [4]$$

Discussion. Tant que b n'est pas égal à B, cette formule donne, pour la surface
trapèze, une valeur parfaitement déterminée. Mais si l'on suppose $b = \mathrm{B}$, la
rmule se présente sous la forme $x = \frac{0}{0}$; et le problème paraît indéterminé. Ce-
ndant *cette indétermination n'est qu'apparente;* car, dans ce cas, le trapèze
vient un parallélogramme, dont la surface est égale à Bh. On peut, d'ailleurs,
er de la fraction cette expression de la surface, si l'on remarque que le facteur
$-b$) divise $(\mathrm{B}^2 - b^2)$, et qu'en supprimant ce facteur commun, il vient :

$$x = \frac{h}{2}(\mathrm{B} + b),$$

rmule connue de l'aire du trapèze, laquelle devient effectivement, $x = \mathrm{B}h$,
ns le cas où $b = \mathrm{B}$.

198. Remarque. On voit que, lorsqu'on rencontre une for-
ule, qui, par suite d'hypothèses particulières, prend la forme

$\frac{0}{0}$, il ne faut pas se hâter d'affirmer que le problème, dont c[

donne la solution, est alors indéterminé. Il peut arriver qu
l'indétermination ne soit qu'apparente, et qu'elle tienne, comm
dans l'exemple précédent, à la présence d'un facteur commu
aux deux termes, facteur qui devient nul en vertu des hyp
thèses admises. *On doit alors, avant toute hypothèse, supprimer
facteur commun, et faire ensuite, dans la formule ainsi simplifi
les hypothèses convenues : on obtiendra la* VRAIE VALEUR *de
fraction, pour ce cas particulier.*

Supposons, par exemple, qu'on ait trouvé comme solution d'un problème :

$$x = \frac{a^3 - 3a^2 + 4a - 2}{a^2 + 3a - 4},$$

et que la discussion amène à faire l'hypothèse, $a = 1$. Les deux termes s'ann
lent, et la fraction prend la forme $\frac{0}{0}$. Or, les deux termes étant des polynom
entiers en a, on sait (**᠎**) qu'ils sont divisibles par $(a - 1)$. On effectuera do
cette division, et l'on trouvera la formule simplifiée :

$$x = \frac{a^2 - 2a + 2}{a + 4},$$

formule qui, pour $a = 1$, prend la valeur $x = \frac{1}{5}$.

EXERCICES.

I. Deux vases, de capacités v et v', contiennent chacun un mélange d'eau
de vin, dans le rapport de m à n pour le premier, et dans le rapport de m' à
pour le second. Quelle capacité x doit-on donner à deux autres vases éga
entre eux, pour que, les remplissant à la fois, l'un dans le premier, l'autre da
le second, et versant dans chacun d'eux ce qui a été pris dans l'autre, la propo
tion de l'eau au vin devienne la même dans les deux vases? Montrer, *à priori*
que le résultat doit être indépendant de m, n, m', n'.

On trouve l'équation :

$$\frac{\dfrac{m(v-x)}{m+n} + \dfrac{m'x}{m'+n'}}{\dfrac{m'(v'-x)}{m'+n'} + \dfrac{mx}{m+n}} = \frac{\dfrac{n(v-x)}{m+n} + \dfrac{n'x}{m'+n'}}{\dfrac{n'(v'-x)}{m'+n'} + \dfrac{nx}{m+n}},$$

et la formule :

$$x = \frac{vv'}{v + v'}.$$

II. Les aiguilles des heures, des minutes et des secondes sont toutes trois s
le chiffre XII du cadran. On demande après combien de temps l'aiguille des
condes divisera en deux parties égales l'angle formé par les deux autres.

En désignant par x le nombre de secondes écoulées, on trouve :

$$x = 60^s + \frac{780^s}{1427}.$$

III. Trois mobiles parcourent une même ligne droite, d'un mouvement uniforme, avec des vitesses v, v', v''. Ils sont actuellement à des distances a, a', a'' d'un point O de cette droite, dont ils s'éloignent tous les trois. On demande après combien de temps le premier sera aux $\frac{3}{5}$ de la distance qui sépare les deux autres.

En désignant par x le temps écoulé, on trouve :

$$x = \frac{2a' + 3a'' - 5a}{5v - 2v' - 3v''},$$

si, après ce temps, le troisième mobile est en avant du second;

et, au contraire, $\qquad x = \frac{3a' + 2a'' - 5a}{5v - 3v' - 2v''},$

si, après ce temps, le second mobile est en avant du troisième.

Il peut y avoir deux solutions, ou une seule; il peut ne pas y en avoir du tout : on examinera les conditions de ces différents cas.

On généralisera la solution, en supposant que les mobiles ne marchent pas tous dans le même sens.

IV. Un parallélipipède rectangle, dont les arêtes sont a, b, c, étant donné, trouver le côté x d'un cube, tel que les surfaces des deux solides soient dans le même rapport que leurs volumes.

On trouve : $\qquad x = \frac{3abc}{ab + ac + bc}.$

V. Trouver une proportion, dont les quatre termes surpassent également les quatre nombres a, b, c, d.

En désignant par x le nombre qu'il faut ajouter à chacun de ceux-ci, on trouve :

$$x = \frac{bc - ad}{a + d - b - c}.$$

Discuter la solution, 1° lorsque $bc = ad$, 2° lorsque $a + d = b + c$.

VI. n pierres sont rangées en ligne droite à d mètres de distance les unes des autres. On propose de déterminer, sur cette droite, la position d'un point X, tel qu'il y ait deux fois plus de chemin à faire pour transporter successivement chaque pierre au point X, que pour les transporter à la place occupée par la première d'entre elles. On supposera, dans les deux cas, que l'on parte de cette première pierre.

Si l'on désigne par x la distance du point X à la première pierre, en supposant ce point au delà de la dernière, on trouve :

$$x = \frac{3n(n-1)}{2n-1}d.$$

On généralisera, en supposant que le rapport des chemins à parcourir est au lieu de 2 ; on trouvera :

$$x = \frac{(m+1)\, n\, (n-1)}{2n-1} d;$$

et l'on discutera les conditions de possibilité du problème. Si la solution est négative, est-il possible de l'interpréter?

VII. Il faut un nombre d'hommes égal à a, ou un nombre de femmes égal à b, pour faire, en n jours, un ouvrage représenté par m. Combien faut-il adjoindre de femmes à $(a-p)$ hommes, pour faire, en $(n-p)$ jours, un ouvrage représenté par $(m+p)$?

On trouve :
$$x = \frac{bp}{a} \left\{ 1 + \frac{(m+n)a}{m(n-p)} \right\}.$$

VIII. Deux horloges A et B sonnent l'heure en même temps, et l'on entend en tout dix-neuf coups. Déduire de là l'heure qu'elles marquaient, sachant que l'horloge A retarde sur l'horloge B de deux secondes, et que les coups de A se succèdent à trois secondes d'intervalle, tandis que ceux de B se suivent à quatre secondes d'intervalle. On admet enfin, que l'oreille ne perçoit qu'un seul son lorsque les horloges sonnent dans la même seconde.

En désignant par x l'heure ou le nombre de coups sonnés par chaque horloge, on remarque que le nombre des coups perdus pour l'oreille est 1, augmenté du plus grand nombre entier contenu dans $\frac{2x-6}{7}$; et l'on en conclut que $x = 11$.

IX. Trouver trois nombres x, y, z, en progression arithmétique, tels que premier soit au troisième comme 5 est à 9, et que la somme des trois nombres soit égale à 63.

On trouve : $x = 15,\quad y = 21,\quad z = 27.$

X. On donne la suite :
$$a+b,\ ap+bq,\ ap^2+bq^2,\ ap^3+bq^3,\ ap^4+bq^4,\ldots;$$

et l'on propose de trouver deux nombres x et y, tels que chaque terme de cette suite puisse s'obtenir en multipliant le précédent par x, et l'antéprécédent par y, et en ajoutant les résultats.

On forme le troisième et le quatrième terme d'après cette loi, et l'on trouve
$$x = p+q,\quad y = -pq;$$

puis l'on prouve qu'en effet ces multiplicateurs donnent tous les termes de la série.

XI. On donne la suite :
$$a+b+c,\ ap+bq+cr,\ ap^2+bq^2+cr^2,\ ap^3+bq^3+cr^3\ldots;$$

et l'on demande de trouver trois nombres x, y, z, tels que chaque terme de cette suite s'obtienne en multipliant le précédent par x, l'antéprécédent par y et celui qui précède de trois rangs par z, et en ajoutant les résultats.

On trouve : $x = p+q+r,\quad y = -pq-pr-qr,\quad z = pqr.$

XII. Un train T, dont la vitesse est v, part après un autre train T', dont la vitesse est v'; et le retard est calculé de manière qu'ils arrivent en même temps à la destination. Le train T' est obligé de ralentir de moitié sa vitesse, après avoir fait les deux tiers de la course: et il y a rencontre des trains, a lieues avant la fin du voyage. Trouver la longueur totale x du trajet.

On trouve :
$$x = 6a - 3a\frac{v'}{v}.$$

XIII. Pour faire un certain ouvrage, A emploie m fois autant de temps que B et C réunis; B emploie n fois autant de temps que A et C; C emploie p fois autant de temps que A et B. Trouver une relation entre m, n et p.

On trouve :
$$\frac{1}{m+1} + \frac{1}{n+1} + \frac{1}{p+1} = 1.$$

XIV. On donne des points A, B, C, D,... situés sur une ligne droite, à des distances a, b, c, d.... d'un point O de cette droite. Trouver, sur cette droite, un point X tel, que sa distance x à un point quelconque M de la droite donnée soit la moyenne des distances des points A, B, C, D,.... au point M. Montrer, qu'à l'aide de conventions convenables, on peut résoudre le problème par une seule formule, quelles que soient les positions des points A, B, C, D,.... à droite ou à gauche de O.

La formule est :
$$x = \frac{a + b + c + d + ...}{n},$$

n étant le nombre des points considérés : elle est indépendante de la position du point M.

XV. Deux triangles rectangles ont les côtés de l'angle droit dirigés suivant les mêmes droites, et représentés par a, b pour le premier, et par a', b' pour le second. On propose d'abaisser du point de rencontre des hypoténuses des perpendiculaires sur les côtés, de calculer leurs longueurs, et de discuter les différents cas qui peuvent se présenter.

Les formules sont, en désignant par x la parallèle aux côtés a, a', et par y la parallèle aux côtés b, b' :

$$x = \frac{aa'(b' - b)}{ab' - ba'}, \qquad y = \frac{bb'(a - a')}{ab' - ba'}.$$

CHAPITRE VI.

DES INÉGALITÉS.

§ I. Principes sur les inégalités considérées isolément.

199. Définition. On dit qu'un nombre a est plus grand qu'u
nombre b, quels que soient leurs signes, lorsque la différenc
$(a - b)$ est positive.

200. Corollaire : 1° *Un nombre positif quelconque est pl.
grand qu'un nombre négatif quelconque.* Ainsi :

$$1 > -8 ; \qquad\qquad [1]$$

car la différence $1 - (-8)$ est (**20**) égale à $1 + 8$: elle est po
sitive.

2° *Un nombre négatif est d'autant plus grand que sa vale
absolue est plus petite.* Ainsi :

$$-7 > -20 ; \qquad\qquad [2]$$

car la différence $-7 - (-20)$ est (**20**) égale à $+20 - 7$: el
est positive.

3° *On doit regarder zéro comme plus grand que tout nomb
négatif.* Ainsi :

$$0 > -4 ; \qquad\qquad [3]$$

car la différence $0 - (-4)$ est (**20**) égale à $0 + 4$; elle est po
sitive.

De là résulte que, si l'on écrit les nombres tant positifs qu
négatifs de la manière suivante :

$$-\infty , \ldots\ldots\ldots\, -4, -3, -2, -1, 0, 1, 2, 3, 4, \ldots\ldots\ldots \infty$$

un nombre quelconque, pris dans cette suite, est plus gran
que tout nombre placé à sa gauche, et plus petit que tout nom
bre placé à sa droite.

On exprime ordinairement qu'un nombre a est positif, •
qu'un nombre b est négatif, par les formules : $a > 0$, $b < 0$.

201. Inégalités renfermant une inconnue. Lorsqu'une e
pression, qui dépend d'un nombre inconnu, doit être plus grand
ou plus petite qu'une autre, cette condition, que l'on nomm

inégalité, permet, en général, d'assigner des limites, entre lesquelles l'inconnue doit être ou n'être pas comprise. Nous en donnerons dans ce chapitre quelques exemples.

202. PRINCIPE I. *On peut, sans altérer les conditions qu'exprime une inégalité, augmenter ou diminuer ses deux membres d'un même nombre.* En effet, l'inégalité $a > b$, est équivalente, par définition, à $a - b > 0$. Or quel que soit m, on a :

$$a - b = a + m - b - m = (a + m) - (b + m) ;$$

donc :
$$(a + m) - (b + m) > 0,$$

ou, d'après la définition :

$$a + m > b + m. \qquad [4]$$

Il résulte de là, qu'*on peut faire passer un terme d'un membre d'une inégalité dans l'autre, en changeant son signe,* comme s'il s'agissait d'une équation.

203. PRINCIPE II. *On peut multiplier les deux membres d'une inégalité par un même nombre, pourvu qu'il soit positif.*

En effet, l'inégalité $a > b$ équivaut à $a - b > 0$. Or, si l'on multiplie $(a - b)$ par un facteur positif m, le produit est positif.

Donc on a : $(a - b)m > 0$, ou $am - bm > 0$,

ou, d'après la définition :

$$am > bm. \qquad [5]$$

On peut aussi multiplier les deux membres de l'inégalité par un facteur négatif, mais il faut changer le sens de l'inégalité. Car si l'on a :

$$a > b, \quad \text{ou} \quad a - b > 0,$$

le produit de $(a - b)$ par un facteur négatif m sera négatif. On aura donc :

$$(a - b)m < 0, \quad \text{ou} \quad am - bm < 0,$$

ou, enfin :

$$am < bm. \qquad [6]$$

Ces principes permettent de *chasser les dénominateurs d'une inégalité,* comme s'il s'agissait d'une équation, quand on connaît le signe du multiplicateur. Les mêmes principes s'appliquent la division des deux membres d'une inégalité par m; car la divi sion par m revient à la multiplication par $\frac{1}{m}$, et les deux nombre m et $\frac{1}{m}$ sont toujours de même signe.

204. Principe III. *Lorsque les deux membres d'une inégalité son positifs, on peut les élever à une même puissance m^{me}, quel que so m.* En effet, plus un nombre est grand, plus sa puissance m^n est grande. Ainsi, $7 > 3$ donne $7^4 > 3^4$.

Lorsque les membres ne sont pas tous deux positifs, il fau distinguer plusieurs cas.

1° *Quels que soient les signes des deux membres, on peut les éleve à une même puissance m^{me}, lorsque m est impair.* Car les deu membres, après l'opération, conservent leurs signes, et pa suite, le sens de leur inégalité. Par exemple,

$$\left. \begin{array}{llll} \text{si} & 7 > -13, & \text{on en conclut} & 7^3 > (-13)^3; \\ \text{si} & -7 > -13, & \text{»} & (-7)^3 > (-13)^3. \end{array} \right\} \quad [7]$$

2° Mais si l'on a à à élever les deux membres d'une inégalité une même puissance *de degré pair,* il faut distinguer encore.

Quand les deux membres sont négatifs, l'inégalité change de sens car les deux membres deviennent positifs, après l'opération Ainsi, de l'inégalité

$$-7 > -13$$

on conclut successivement :

$$13 > 7, \quad 13^4 > 7^4, \quad (-13)^4 > (-7)^4,$$

et, par suite, $\qquad (-7)^4 < (-13)^4.$ $\hfill [8]$

Si les deux membres sont de signes différents, on ne peut plu donner de règle. L'inégalité peut changer ou ne pas changer d sens, ou même se transformer en égalité. Ainsi l'on a :

$$\left. \begin{array}{llll} 7 > -3 & \text{et} & 7^4 > (-3)^4, \\ 7 > -13 & \text{et} & 7^4 < (-13)^4, \\ 7 > -7 & \text{et} & 7^4 = (-7)^4. \end{array} \right\} \quad [9]$$

205. Principe IV. 1° *Quels que soient les signes des deux membre* *d'une inégalité, on peut en extraire une racine d'indice impair;* car les deux racines ont le même signe que les deux nombres. Ainsi :

$$27 > \quad 8 \text{ donne} \quad \sqrt[3]{27} > \sqrt[3]{8}, \quad \text{ou} \quad 3 > \quad 2, \ \\ \ 27 > -8 \quad » \quad \sqrt[3]{27} > \sqrt[3]{-8}, \quad \text{ou} \quad 3 > -2, \ \\ -8 > -27 \quad » \quad \sqrt[3]{-8} > \sqrt[3]{-27}, \quad \text{ou} -2 > -3. \ \qquad [10]$$

2° *Si l'indice est pair, il faut, pour que les racines existent, que les deux membres soient positifs* (96). Et alors, *chaque racine a deux valeurs égales et de signes contraires.* Dans ce cas, *l'inégalité conservera son sens ou en changera, selon que l'on considérera les valeurs positives ou les valeurs négatives des racines.* Ainsi :

l'inégalité $36 > 25,$

donne : $\begin{cases} \sqrt{36} > \quad \sqrt{25} \quad \text{ou} \quad 6 > \quad 5, \\ -\sqrt{36} < -\sqrt{25} \quad \text{ou} \quad -6 < -5. \end{cases}$ $\qquad [11]$

Mais, *si l'on prend des signes différents pour les deux racines, le terme négatif est toujours le plus petit.* Ainsi.

l'inégalité, $36 > 25,$

donne : $\begin{cases} \sqrt{36} > -\sqrt{25}, \quad \text{ou.} \quad 6 > -5, \\ \sqrt{25} > -\sqrt{36}, \quad \text{ou} \quad 5 > -6. \end{cases}$ $\qquad [12]$

§ II. Principes sur les inégalités simultanées.

206. PRINCIPE V. *On peut additionner membre à membre deux inégalités de même sens : la nouvelle inégalité a le même sens que chacune d'elles.*
    Soient, en effet, les deux inégalités :

$$a > b, \qquad c > d;$$

elles équivalent aux suivantes :

$$a - b > 0, \qquad c - d > 0;$$

or la somme de deux quantités positives est positive; donc on a :

$$a - b + c - d > 0,$$

ou $\qquad\qquad\qquad a + c > b + d.$ $\qquad [13]$

    Mais cette nouvelle inégalité ne peut pas, comme lorsqu'il

s'agit d'équations, remplacer l'une des deux proposées. En d'autres termes, les deux systèmes,

$$\begin{cases} a > b, \\ c > d, \end{cases} \qquad \begin{cases} a > b, \\ a + c > b + d, \end{cases}$$

ne sont pas équivalents. Le second est une conséquence du premier, mais le premier n'est pas une conséquence du second.

Si les deux inégalités sont de sens contraires, il n'y a pas de règle à donner. On a, en effet :

$$\left. \begin{array}{l} 7 > 3, \\ 8 < 13, \end{array} \right\} \qquad \text{et} \qquad 7 + 8 < 3 + 13;$$

$$\left. \begin{array}{l} 7 > 3, \\ 8 < 12, \end{array} \right\} \qquad \text{et} \qquad 7 + 8 = 3 + 12;$$

$$\left. \begin{array}{l} 7 > 3, \\ 8 < 10, \end{array} \right\} \qquad \text{et} \qquad 7 + 8 > 3 + 10.$$

207. Principe VI. *On peut soustraire membre à membre d'une inégalité une autre inégalité de sens contraire : la nouvelle inégalité subsiste dans le sens de la première.*

Soient, en effet, les deux inégalités :

$$a > b, \qquad c < d;$$

elles équivalent aux suivantes :

$$a > b, \qquad d > c;$$

et, par suite (**206**), elles donnent

$$a + d > b + c,$$

ou (**202**) $\qquad\qquad a - c > b - d.$ $\qquad\qquad$ [14]

Cette nouvelle inégalité ne peut pas remplacer l'une des deux proposées.

On ne peut pas soustraire une inégalité d'une autre, quand elles sont de même sens (**206**).

208. Principe VII. *On peut multiplier membre à membre deux inégalités de même sens, quand tous les termes sont positifs : l'inégalité nouvelle est de même sens que chacune d'elles.*

En effet, soient : $\qquad a > b, \quad c > d;$

puisque c et b sont positifs, on a, en multipliant la première
par c, et la seconde par b (**203**) :

$$ac > bc, \qquad bc > bd,$$

et, par suite, $\qquad\qquad ac > bd.$ [15]

*Si les quatre termes sont négatifs, l'inégalité nouvelle est de sens
contraire à celui des deux proposées.* Car en multipliant la première par **c** et la seconde par b, on a, puisque ces facteurs sont
négatifs :

$$ac < bc, \qquad bc < bd,$$

et, par suite, $\qquad\qquad ac < bd.$ [16]

La nouvelle inégalité [15] ou [16] ne peut pas remplacer une
des proposées.

On ne saurait donner de règle générale, quand les termes ne
sont pas tous positifs ou tous négatifs. On ne peut rien dire non
plus, quand les inégalités sont de sens contraires.

209. PRINCIPE VIII. *On peut diviser membre à membre une
inégalité par une autre de sens contraire, quand tous les termes sont
positifs : la nouvelle inégalité a le même sens que la première.*

Soient, en effet : $\qquad a > b, \qquad c < d ;$

on peut écrire : $\qquad a > b, \qquad d > c.$

et, par suite (**208**), $\qquad ad > bc ;$

d'où l'on tire, en divisant les deux membres par cd (**203**) :

$$\frac{a}{c} > \frac{b}{d}.$$ [17]

*Si les quatre termes sont négatifs, l'inégalité nouvelle a le sens de
la seconde :* car, en faisant la multiplication, on a (**208**) :

$$ad < bc ;$$

et, en divisant par cd, qui est positif, il vient :

$$\frac{a}{c} < \frac{b}{d}.$$

On ne peut pas donner de règle générale dans les autres cas.

§ III. Des inégalités du premier degré à une inconnue.

210. Résolution de l'inégalité. Une inégalité à une inconnue est dite du *premier degré*, lorsqu'elle peut se ramener à la forme

$$ax + b > a'x + b',$$

a, b, a', b', désignant des nombres donnés qui peuvent être positifs ou négatifs.

Pour *résoudre* cette inégalité, on fait passer des termes contenant l'inconnue d'un côté, les termes connus de l'autre (**202**); et l'on a :

$$(a - a') x > b' - b.$$

Puis on distingue deux cas :

1° Si $(a - a')$ est positif, on a, en divisant (**203**) par $(a - a')$:

$$x > \frac{b' - b}{a - a'}.$$

2° Si $(a - a')$ est négatif, on a, au contraire (**205**) :

$$x < \frac{b' - b}{a - a'}.$$

Ainsi, *pour satisfaire à l'inégalité, il suffit de prendre* x *supérieur ou inférieur à une certaine limite.* On peut remarquer que cette limite est précisément la valeur de x, qui rendrait les deux membres égaux.

211. Problème. Nous résoudrons, comme application, le problème suivant : *Deux points* A *et* B *sont situés à une distance* 2c; *on sait qu'un point* M *est tel que* MA + MB = 2a, a *étant une longueur donnée, plus grande que* c. On *demande entre quelles limites peuvent varier* AM *et* BM.

Supposons AM > BM. Posons : AM = x, BM = y. On a d'abord, d'après l'énoncé :

$$x + y = 2a. \qquad [1]$$

De plus, pour que le triangle AMB soit possible, il faut que chaque côté soit plus petit que la somme des deux autres, c'est-à-dire que l'on ait :

$$2c < x + y, \quad y < 2c + x, \quad x < 2c + y.$$

Or la première de ces inégalités est évidente, d'après l'équation [1]; la seconde est évidente, puisque y est plus petit que x. Reste donc la troisième,

$$x < 2c + y. \qquad [2]$$

Si l'on remplace y par sa valeur $(2a - x)$, cette inégalité devient :
$$x < 2c + 2a - x \, ;$$
d'où $x < a + c.$ [3]

Mais y, qui est égal à $(2a - x)$, est d'autant plus grand que x est plus petit. Donc y doit être plus grand que $[2a - (a + c)]$, c'est-à-dire que $(a - c)$. Ainsi :
$$y > a - c.$$ [4]

Telles sont les limites cherchées.

EXERCICES.

I. Démontrer que la moyenne arithmétique entre deux nombres positifs inégaux est plus grande que leur moyenne proportionnelle.

On s'appuie sur l'inégalité, $(a - b)^2 > 0.$

II. Étant donnés deux nombres a, b, positifs, $a > b$, déduire de l'inégalité,

$$\frac{x + a}{\sqrt{a^2 + x^2}} > \frac{x + b}{\sqrt{b^2 + x^2}},$$

les limites entre lesquelles la valeur de x doit être comprise. Les radicaux sont pris avec le signe $+$.

On trouve que x doit être négatif, ou plus grand que $\sqrt{ab}$.

III. Démontrer que $\sqrt[m+n+p+q]{abcd}$ est comprise entre la plus grande et la plus petite des quatre expressions $\sqrt[m]{a}$, $\sqrt[n]{b}$, $\sqrt[p]{c}$, $\sqrt[q]{d}$.

On démontre cette propriété pour les logarithmes de ces expressions ; et l'on en tire la conséquence pour les expressions elles-mêmes.

IV. Démontrer que l'on a toujours :

$$a\alpha + a'\alpha' + a''\alpha'' + \ldots < \sqrt{a^2 + a'^2 + a''^2 + \ldots} \; \sqrt{\alpha^2 + \alpha'^2 + \alpha''^2 + \ldots},$$

à moins que l'on n'ait : $\dfrac{a}{\alpha} = \dfrac{a'}{\alpha'} = \dfrac{a''}{\alpha''} = \ldots$

On suppose d'abord a, a', a'', …, α, α' α'', …. positifs ; et l'on vérifie l'inégalité, en élevant les deux membres au carré : puis on généralise.

V. Prouver que $x^5 + y^5 - x^4y - xy^4$ est toujours positif, quelles que soient les valeurs positives de x et de y.

On le démontre en décomposant l'expression en facteurs.

VI. Prouver que l'on a : $3(1 + a^2 + a^4) > (1 + a + a^2)^2$, quelles que soient les valeurs, positives ou négatives, de a.

Même mode de démonstration.

VII. Démontrer que l'on a : $abc > (a + b - c)(a + c - b)(b + c - a)$, quels que soient les nombres positifs inégaux a, b, c.

On s'appuie sur des inégalités évidentes, de la forme, $a^2 > a^2 - (b - c)^2$.

CHAPITRE VII.

DISCUSSION DES FORMULES GÉNÉRALES.

§ I. Discussion de la formule générale de résolution d'une équation
du premier degré à une inconnue.

212. FORMULE GÉNÉRALE. Une équation du premier degré à
une inconnue ne peut renfermer que deux sortes de termes
savoir : des termes qui contiennent l'inconnue et des termes qu
ne la contiennent pas. Si donc on réduit, dans chaque membre
les termes semblables, la forme la plus générale de l'équation
sera :

$$ax + b = a'x + b'. \qquad [1]$$

On en tire : $$(a - a')x = b' - b;$$

et divisant par $(a - a')$, on a la formule :

$$x = \frac{b' - b}{a - a'}. \qquad [2]$$

Mais cette formule n'est équivalente à l'équation [1], que dan
le cas où $(a - a')$ n'est pas nul (**124**).

213. DISCUSSION DE LA FORMULE. Lorsque a' n'est pas égal à a
la formule [2] représente un nombre positif, nul ou négatif, qui
substitué dans l'équation [1], et traité d'après les règles conve
nues, rendra le premier membre égal au second. Le seul cas
que l'on doive examiner à part est donc celui où $(a - a') = 0$
Mais alors deux hypothèses se présentent :

1° $(a - a')$ *est nul, sans que* $(b' - b)$ *le soit.* La formule [2] donne

$$x = \frac{b' - b}{0};$$

ce qui ne signifie rien. Si l'on remonte à l'équation pour interpréter ce résultat, on voit que, a' étant égal à a, il vient :

$$ax + b = ax + b',$$

ce qui ne peut avoir lieu, puisque b' n'est pas égal à b.

Donc *l'équation est impossible ; et l'impossibilité se manifeste, dans la formule, par la forme,* $\mathrm{x} = \dfrac{m}{0}$.

2° $(a - a')$ *est nul, en même temps que* $(b' - b)$. La formule devient, dans ce cas :
$$x = \frac{0}{0} \, ;$$

ce qui ne signifie rien. Si l'on remonte à l'équation, on voit qu'elle devient :
$$ax + b = ax + b.$$

Donc *l'équation est satisfaite, quel que soit* x ; *et l'indétermination se manifeste par la forme,* $\mathrm{x} = \dfrac{0}{0}$.

Ainsi, une équation du premier degré à une inconnue admet une solution unique et déterminée, ou elle n'en admet aucune, ou elle en admet une infinité.

§ II. Discussion complète des formules générales de résolution
d'un système de deux équations à deux inconnues.

214. FORMULES GÉNÉRALES. On sait (**145**) qu'un système de deux équations à deux inconnues x, y, peut toujours se ramener à la forme :
$$\left. \begin{array}{l} ax + by = c, \\ a'x + b'y = c'. \end{array} \right\} \qquad [1]$$

Appliquons à ce système l'une des méthodes connues ; par exemple, la méthode par addition et soustraction. Pour cela, multiplions la première équation par b', et la seconde par b, et retranchons le second résultat du premier ; nous aurons :
$$(ab' - ba')x = cb' - bc' ; \quad \text{d'où} \quad x = \frac{cb' - bc'}{ab' - ba'}.$$

Multiplions, au contraire, la première équation par a' et la seconde par b', et retranchons le premier résultat du second ; nous aurons :
$$(ab' - ba')y = ac' - ca' ; \quad \text{d'où} \quad y = \frac{ac' - ca'}{ab' - ba'}.$$

Ainsi, le système [1] a pour solution le système :

$$x = \frac{cb' - bc'}{ab' - ba'}, \qquad y = \frac{ac' - ca'}{ab' - ba'}. \qquad [2]$$

Les formules [2] sont les formules générales de la solutio Elles ne sont légitimes qu'autant que $(ab' - ba')$ n'est pas égal zéro. On vérifie aisément qu'elles satisfont aux équations da ce cas.

215. Règle pour composer les formules. On obtient facil ment ces formules à l'aide des remarques suivantes :

1° Pour former le dénominateur commun $(ab' - ba')$, on écr l'une à la suite de l'autre, les deux *permutations* ab et ba des de lettres a et b, en les séparant par le signe —, et en accentua la dernière lettre de chaque terme.

2° Pour former le numérateur de la valeur de chaque inco nue, on remplace, dans l'expression $(ab' - ba')$, les coefficie qui, dans les équations, multiplient cette inconnue, par le ter tout connu de l'équation correspondante. Ainsi, pour la vale de x, on remplace a et a' par c et c' : et, pour la valeur de y, remplace b et b' par c et c'.

216. Marche a suivre pour la discussion des formul Lorsque le binome $(ab' - ba')$ n'est pas nul, les formules [2] donnent lieu à aucune difficulté ; elles fournissent pour x pour y des valeurs déterminées. Le système [1] a une soluti et une seule. Il n'y a donc à examiner que le cas où $ab' - ba' =$

Nous supposerons d'abord que cette égalité ait lieu, sa qu'aucun des coefficients a, b, a', b', soit nul ; elle est alors équ valente à la suivante :

$$\frac{a}{a'} = \frac{b}{b'},$$

laquelle exprime que *les coefficients des deux inconnues, dans deux équations, sont respectivement proportionnels*.

Nous examinerons ce que deviennent, dans cette hypothès les formules [2] ; et nous chercherons à interpréter les résulta en remontant aux équations [1].

217. Théorème I. *Dans le cas où* $ab' - ba' = 0$, *les numér teurs des valeurs* [2] *de* x *et de* y *sont nuls tous deux à la fois, ou sont nuls ni l'un ni l'autre.*

Pour le prouver, remarquons que la condition $ab' - ba' = 0$, donne :

$$b' = \frac{ba'}{a};$$

donc, si l'on désigne par N_x et N_y les numérateurs de x et de y, on a, en remplaçant, dans N_x, b' par sa valeur :

$$N_x = cb' - bc' = \frac{cba'}{a} - bc' = \frac{cba' - abc'}{a} = \frac{b(ca' - ac')}{a}.$$

Or, $(ca' - ac')$ est égal au numérateur de y, changé de signe; donc :

$$N_x = -\frac{b}{a} N_y.$$

Comme b et a ne sont nuls ni l'un ni l'autre, on conclut de là que si N_y est nul, N_x l'est aussi; mais que, si N_y n'est pas nul, N_x ne peut l'être non plus. C'est ce qu'il fallait démontrer.

Il résulte de là, que *les valeurs de* x *et de* y *se présentent à la fois sous la forme* $\dfrac{0}{0}$, *ou à la fois sous la forme* $\dfrac{m}{0}$.

218. THÉORÈME II. *Dans le cas où* $ab' - ba' = 0$, *les deux équations* [1] *sont incompatibles, ou elles rentrent l'une dans l'autre.*

Pour le prouver, substituons à b' sa valeur dans la seconde des équations [1]; elle devient :

$$a'x + \frac{ba'}{a} y = c', \quad \text{ou} \quad aa'x + ba'y = ac'.$$

Mais, en multipliant la première des équations [1] par a', on a :

$$aa'x + ba'y = ca'.$$

Ainsi, dans ce cas, les équations [1] sont équivalentes à deux autres équations qui ont le même premier membre, et dont les seconds membres sont ac' et ca'. Si donc ac' et ca' ne sont pas égaux, les deux équations sont incompatibles; mais si $ac' = ca'$, elles sont identiques. C'est ce qu'il fallait démontrer.

219. CONSÉQUENCES. 1° Lorsque ac' n'est pas égal à ca', N_y n'est pas nul; et, par suite (**217**), N_x ne l'est pas non plus. Donc, *lorsque les deux équations* [1] *sont incompatibles, les formules* [2] *se*

présentent toutes deux sous la forme $\frac{m}{0}$. *Cette forme est donc le sy*₂
bole de l'impossibilité.

2° Lorsque $ac' = ca'$, N_x est nul, ainsi que N_y **(217)**. *Donc, lor*
que les équations [1] *rentrent l'une dans l'autre, les formules* [2]
présentent toutes deux sous la forme $\frac{0}{0}$. *Cette forme est donc le sy*₂
bole de l'indétermination.

Un système de deux équations à deux inconnues admet do
une solution unique et déterminée, ou bien il n'en admet a
cune, ou bien il en admet une infinité. Mais nous avons suppos
dans cette discussion, qu'aucun des coefficients des inconnu
n'est égal à zéro; il nous reste à examiner maintenant les c
particuliers où quelques-uns d'entre eux seraient nuls, en mê̇n
temps que $(ab' - ba')$.

220. Cas où l'un des coefficients est nul en même temps q
$(ab' - ba')$. Supposons qu'on ait, à la fois,

$$ab' - ba' = 0, \qquad b' = 0;$$

il en résulte que $ba' = 0$; donc : ou $a' = 0$, ou $b = 0$.

1* $a' = 0$, les formules [2] deviennent :

$$x = \frac{-bc'}{0}, \qquad y = \frac{ac'}{0}.$$

Donc, si c' n'est pas nul, elles prennent toutes deux la forme $\frac{?}{}$
et, si $c' = 0$, elles prennent toutes deux la forme $\frac{0}{0}$. Or les équ
tions deviennent alors :

$$ax + by = c, \qquad 0 = c'$$

elles sont donc incompatibles, dans le premier cas, puisque
seconde est absurde; et il n'en existe plus qu'une dans le s
cond cas, puisque la seconde est identique. Donc, *les form*
$\frac{m}{0}$ *et* $\frac{0}{0}$, *que prennent ici les formules, sont encore le symbole, l'u*
de l'impossibilité, l'autre de l'indétermination.

2° Si $b = 0$, les formules deviennent :

$$x = \frac{0}{0}, \qquad y = \frac{ac' - ca'}{0};$$

Donc, si ca' n'est pas égal à ac', y se présente sous la forme $\dfrac{m}{0}$,

tandis que x prend la forme $\dfrac{0}{0}$. C'est une exception au théorème

(217). Or, dans ce cas, les équations deviennent :

$$ax = c, \qquad a'x = c';$$

elles ne contiennent que l'inconnue x, et elles donnent :

$$x = \frac{c}{a}, \qquad x = \frac{c'}{a'};$$

mais $\dfrac{c}{a}$ n'est pas égal à $\dfrac{c'}{a'}$, puisque ca' n'est pas égal à ac'; donc

ces équations sont incompatibles ; et l'impossibilité se manifeste ici par

les formes simultanées $\dfrac{m}{0}$ *et* $\dfrac{0}{0}$.

Mais, si $ac' = ca'$, les deux formules prennent la forme $\dfrac{0}{0}$; et

les deux équations se réduisent à une seule :

$$x = \frac{c}{a} = \frac{c'}{a'}.$$

Cette équation détermine la valeur de x, *mais la valeur de* y *reste*

indéterminée. Il y a donc ici une indétermination partielle, qui se

manifeste par la forme $\dfrac{0}{0}$. On doit remarquer que cette forme af-

fecte les deux formules, bien que la valeur de x soit parfaite-

ment déterminée.

Cette partie de la discussion comprend le cas où les coeffi-

cients des deux inconnues sont nuls dans une même équation,

et celui où les coefficients d'une même inconnue sont nuls

dans les deux équations. Nous n'avons plus à examiner que le

cas suivant.

221. Cas où, en même temps que $ab' - ba' = 0$, le coeffi-

cient de x dans l'une des équations et celui de y dans l'autre

sont égaux à zéro. Supposons par exemple :

$$ab' - ba' = 0, \qquad a = 0, \qquad b' = 0.$$

Il en résulte, que $ba' = 0$, c'est-à-dire que le second coefficient

de l'une des inconnues est nul aussi. Soit $b=0$; alors les f[...]
mules deviennent :

$$x = \frac{0}{0}, \qquad y = \frac{-ca'}{0};$$

et les équations, $0 = c,$ $a'x = c'.$

Si donc ni **c** ni a' ne sont nuls, la première équation est [...]
surde; *et il y a impossibilité, laquelle se manifeste par les for[...]
simultanées $\frac{0}{0}$ et $\frac{m}{0}$.*

Si c est nul, la première équation est identique; la seco[...]
détermine x; *il y a une indétermination partielle, laquelle se m[...]
nifeste par la forme $\frac{0}{0}$.*

Si a' est nul, *il y a impossibilité,* bien que les formules se p[...]
sentent toutes deux sous la forme $\frac{0}{0}$.

222. Tableau de la discussion. On peut résumer la disc[...]
sion précédente dans le tableau suivant :

Cas généraux.	1. $ab'-ba' \gtreqless 0$	$x = \frac{cb'-bc'}{ab'-ba'},\ y = \frac{ac'-ca'}{ab'-ba'}$; une solution détermin[...]	
	II. $ab'-ba'=0$	$ac'-ca' \gtreqless 0, x = \frac{cb'-bc'}{0}, y = \frac{ac'-ca'}{0}$; impossibil[...]	
		$ac'-ca'=0, x = \frac{0}{0}, \quad y = \frac{0}{0}$; indétermination	
Cas particuliers.	$ab'-ba'=0$ $b'=0$	$a'=0$ $\begin{cases} c' \gtreqless 0, x = \frac{-bc'}{0},\ y = \frac{ac'}{0}\text{; impossibilité.} \\ c'=0, x = \frac{0}{0}, \quad y = \frac{0}{0}\text{; indétermination.} \end{cases}$	
		$b=0 \begin{cases} ac'-ca' \gtreqless 0, x = \frac{0}{0}, y = \frac{ac'-ca'}{0}\text{; impossibilité.} \\ ac'-ca'=0, x = \frac{c}{a}, y = \frac{0}{0}\text{; indéterm}^{\text{tion}}\text{ partielle.} \end{cases}$	
		$\begin{cases} a=0 \\ b'=0 \end{cases} \begin{cases} c \gtreqless 0, a' \gtreqless 0, x = \frac{0}{0}, y = -\frac{ca'}{0}\text{; impossibilité.} \\ c=0, \quad x = \frac{c'}{a'}, y = \frac{0}{0}\text{; indéterm}^{\text{on}}\text{ partielle.} \\ a'=0, \quad x = \frac{0}{0}, y = \frac{0}{0}, \text{ impossibilité.} \end{cases}$	

223. Cas où c et c' sont nuls a la fois. En dehors des c[...]
que nous venons d'étudier, on discute encore celui où les term[...]

out connus, c et c', sont nuls à la fois. Les formules se présen-ent sous la forme :

$$x = \frac{0}{ab' - ba'}, \qquad y = \frac{0}{ab' - ba'}.$$

Par conséquent, si $ab' - ba'$ n'est pas nul, on a : $x = 0$, $y = 0$.

Mais, si $ab' - ba' = 0$, les formules deviennent : $x = \frac{0}{0}$, $y = \frac{0}{0}$.

Pour interpréter ces résultats, remontons encore aux équa-ions. Elles sont, dans ce cas :

$$\begin{cases} ax + by = 0, \\ a'x + b'y = 0 ; \end{cases}$$

et elles peuvent s'écrire :

$$x = -\frac{b}{a} y, \qquad x = -\frac{b'}{a'} y.$$

Donc, si $\frac{b}{a}$ *n'est point égal à* $\frac{b'}{a'}$, *c'est-à-dire, si* $(ab' - ba')$ *n'est pas*

nul, ces équations n'ont d'autre solution que $x = 0$, $y = 0$. Mais

i $\frac{b}{a} = \frac{b'}{a'}$, *c'est-à-dire, si* $ab' - ba' = 0$, *les deux équations rentrent*

l'une dans l'autre ; il y a indétermination, laquelle se manifeste par

la forme $\frac{0}{0}$. Il faut remarquer que, *dans ce dernier cas, le rapport*

des inconnues est déterminé ; car on a :

$$\frac{x}{y} = -\frac{b}{a} = -\frac{b'}{a'}.$$

§ III. Discussion sommaire des formules générales de résolution
d'un système de trois équations à trois inconnues.

224. FORMULES GÉNÉRALES. Une équation du premier degré à trois inconnues x, y, z, ne peut renfermer que quatre espèces de termes, savoir : des termes en x, des termes en y, des termes en z, et des termes tout connus. Le système des trois équations pourra donc toujours se ramener à la forme :

$$\left. \begin{array}{l} ax + by + cz = k, \\ a'x + b'y + c'z = k', \\ a''x + b''y + c''z = k''. \end{array} \right\} \qquad [1]$$

Employons, pour le résoudre, la méthode de Bezout (**154**
multiplions la première équation par λ, la deuxième par λ',
ajoutons membre à membre les produits et la troisième :

$$(a\lambda + a'\lambda' + a'')x + (b\lambda + b'\lambda' + b'')y + (c\lambda + c'\lambda' + c'')z$$
$$= k\lambda + k'\lambda' + k''. \qquad [2]$$

Posons ensuite :

$$b\lambda + b'\lambda' + b'' = 0, \qquad c\lambda + c'\lambda' + c'' = 0,$$

d'où nous tirons :

$$\lambda = \frac{c'b'' - b'c''}{cb' - bc'}, \qquad \lambda' = \frac{bc'' - cb''}{cb' - bc'} ;$$

et, substituons ces valeurs dans l'équation [1], nous trouvon
tous calculs faits :

$$x = \frac{kb'c'' - kc'b'' + ck'b'' - bk'c'' + bc'k'' - cb'k''}{ab'c'' - ac'b'' + ca'b'' - ba'c'' + bc'a'' - cb'a''}.$$

On trouverait, par un procédé analogue, les valeurs de y
de z. Mais il vaut mieux remarquer que si, dans la premiè
équation, on change x en y, y en z et z en x, puis a en b
en c et c en a, cette équation devient : $by + cz + ax = k$, c'e
à dire qu'elle ne change pas. La même observation s'appliq
aux deux autres. Par conséquent, on aura y en faisant ces pe
mutations dans la formule qui donne x, et l'on aura z en
opérant ensuite dans la valeur de y. On reconnaît ainsi que
dénominateur ne change pas, et l'on trouve le système de sol
tions :

$$\left.\begin{array}{l}
x = \dfrac{kb'c'' - kc'b'' + ck'b'' - bk'c'' + bc'k'' - cb'k''}{ab'c'' - ac'b'' + ca'b'' - ba'c'' + bc'a'' - cb'a''}, \\[2mm]
y = \dfrac{ak'c'' - ac'k'' + ca'k'' - ka'c'' + kc'a'' - ck'a''}{ab'c'' - ac'b'' + ca'b'' - ba'c'' + bc'a'' - cb'a''}, \\[2mm]
z = \dfrac{ab'k'' - ak'b'' + ka'b'' - ba'k'' + bk'a'' - kb'a''}{ab'c'' - ac'b'' + ca'b'' - ba'c'' + bc'a'' - cb'a''}.
\end{array}\right\} \qquad [3]$$

Ces formules ne sont légitimes que si le dénominateur cor
mun n'est pas nul. On vérifie d'ailleurs aisément que, dans
cas, elles satisfont aux équations [1].

225. Règle pour composer les formules. Pour former le d
nominateur commun, on considère les deux *permutations* ab

ba; on place dans chacune la lettre c successivement, à droite, au milieu et à gauche; ce qui donne :

$$abc, \quad acb, \quad cab, \quad \text{et} \quad bac, \quad bca, \quad cba.$$

Puis on affecte la seconde lettre d'un accent, et la troisième de deux accents. Enfin on donne alternativement les signes $+$ et $-$ aux différents termes. On a ainsi :

$$D = ab'c'' - ac'b'' + ca'b'' - ba'c'' + bc'a'' - cb'a''.$$

On peut encore former le dénominateur commun d'une autre manière. On remarque, en effet, qu'on peut l'écrire :

$$D = a(b'c'' - c'b'') + b(c'a'' - a'c'') + c(a'b'' - b'a'');$$

il est donc la somme des produits que l'on obtient, en multipliant respectivement les coefficients a, b, c de la première équation par les différences $(b'c'' - c'b'')$, $(c'a'' - a'c'')$, $(a'b'' - b'a'')$. On forme d'ailleurs ces différences, en multipliant *en croix* les coefficients des deux autres équations qui ne correspondent pas à la même inconnue que celui qu'on a choisi dans la première. Ainsi, les coefficients étant disposés comme il suit :

$$a', \quad b', \quad c',$$
$$a'', \quad b'', \quad c'',$$

on prend pour multiplicateur de a, $(b'c'' - c'b'')$, $\overset{1}{\underset{2}{}}\times\overset{2}{\underset{1}{}}$; on prend ensuite pour multiplicateur de b, $(c'a'' - a'c'')$, $\overset{2}{\underset{1}{}}\times\overset{1}{\underset{2}{}}$; on prend enfin pour multiplicateur de c, $(a'b'' - b'a'')$, $\overset{1}{\underset{2}{}}\times\overset{2}{\underset{1}{}}$. On doit remarquer avec soin, que la croix, formée par les lignes qui réuniraient les facteurs que l'on multiplie, doit être composée alternativement dans des sens opposés, comme l'indiquent les figures.

Lorsque le dénominateur commun est formé, on obtient le numérateur de chaque inconnue, en remplaçant, dans ce dénominateur, le coefficient de l'inconnue par le terme tout connu de l'équation correspondante, c'est-à-dire en substituant k, k', k'', à a, a', a'', s'il s'agit de x; à b, b', b'', s'il s'agit de y, et à c, c', c'', s'il s'agit de z.

226. Discussion. Lorsque D n'est pas nul, le système a une solution unique et déterminée, fournie par les formules [3]. On

n'a donc à examiner que le cas où $D = 0$. Or, l'équation [2], a
pliquée successivement à la détermination des valeurs de
de y et de z, donne :

$$Dx = m, \quad Dy = n, \quad Dz = p.$$

Si donc $D = 0$, *et qu'une au moins des quantités* m, n, p *ne s*
pas nulle, l'équation correspondante est impossible. Le système
donc impossible ; et l'impossibilité se manifeste par la forme $\frac{\text{r}}{0}$
qu'affecte au moins l'une des inconnues.

Si, au contraire, on a à la fois, $D = 0$, m $= 0$, n $= 0$, p $=$
les équations sont satisfaites, quels que soient x, y, z ; *le systèm*
est indéterminé, et l'indétermination se manifeste par la forme
commune aux trois inconnues.

227. CAS OÙ LES SECONDS MEMBRES DES ÉQUATIONS [1] SONT NUL
Examinons enfin le cas où les équations proposées ne contier
nent aucun terme indépendant des inconnues : on peut les co
sidérer alors comme ayant lieu entre les rapports des inconnue:
et il suffit, pour déterminer ces rapports, d'avoir une équatic
de moins qu'il n'y a d'inconnues. En effet, si nous considéror
les deux premières équations :

$$\begin{cases} ax + by + cz = 0, \\ a'x + b'y + c'z = 0, \end{cases}$$

elles peuvent s'écrire de la manière suivante :

$$\begin{cases} a\dfrac{x}{z} + b\dfrac{y}{z} = -c, \\ a'\dfrac{x}{z} + b'\dfrac{y}{z} = -c', \end{cases}$$

et l'on en déduit :
$$\begin{cases} \dfrac{x}{z} = \dfrac{c'b - b'c}{ab' - ba'}, \\ \dfrac{y}{z} = \dfrac{a'c - c'a}{ab' - ba'}. \end{cases}$$

Si, maintenant, on complète le système par la troisième équa
tion, et qu'on y substitue à x et y leurs valeurs en z, tirées de
rapports $\dfrac{x}{z}, \dfrac{y}{z}$, on trouve :

$$Dz = 0.$$

Donc, *si* D *n'est pas nul, il faut que l'on ait :* z = 0 ; *et par suite* x = 0, y = 0. C'est la solution dans ce cas.

Si D = 0, la dernière équation est vérifiée, quel que soit *z* ; elle est une conséquence des deux premières : *il y a donc indé-termination ; et cette indétermination se manifeste par la forme* $\frac{0}{0}$ *que présentent les formules générales ; mais les rapports des incon-nues restent déterminés.*

§ IV. Discussion du problème des courriers.

228. PROBLÈME. Nous terminerons ce chapitre par la réso-ution d'un problème dont la discussion résumera tout ce qui a été dit plus haut ; nous y trouverons une application remar-quable de la théorie des quantités négatives, et nous y rencon-trerons aussi les différents cas d'impossibilité et d'indétermina-tion dont nous avons parlé.

Deux courriers M *et* M' *parcourent une droite indéfinie* XX', *dans le sens* XX', *avec des vitesses* v *et* v' ; *le courrier* M *passe en un point* A *de cette ligne,* h *heures avant que le courrier* M' *ne passe en un autre point* A'. *La distance* AA' = d. *On demande le point de rencontre des deux courriers.*

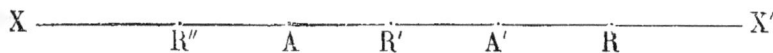

X ——————————————————————— X'
      R"   A   R'   A'   R

Le point de rencontre cherché peut être, soit en R à droite de A', soit en R' entre A et A', soit en R" à gauche de A ; sa posi-tion dépend des nombres v, v', d, h. Il est donc indispensable de distinguer plusieurs cas.

229. 1er CAS. *On suppose* v > v', *et* d > vh. Comme le cour-rier M parcourt *v* kilomètres à l'heure, il parcourra *vh* kilo-mètres en *h* heures ; par suite, lorsque M' sera en A', M sera à une distance *vh* du point A. Ainsi la condition d > vh signifie qu'à ce moment, M ne sera pas encore arrivé en A' ; il sera donc en arrière de M' ; or il va plus vite que lui, puisqu'on a v > v' ; donc il le rejoindra à droite de A'.

Cela posé, soit R le point de rencontre : prenons pour in-connue la distance A'R = *x*. Le courrier M parcourt la distance

$AR = d + x$, dans un temps $\dfrac{d+x}{v}$; le courrier M′ parcourt

distance $A'\dot{R} = x$, dans le temps $\dfrac{x}{v'}$. Or, d'après l'énon

M part de A, h heures avant le moment où M′ part de A′ ; d

M met h heures de plus que M′ pour parvenir au point R. D

on a l'équation :

$$\frac{d+x}{v} - \frac{x}{v'} = h. \tag{1}$$

En résolvant cette équation (on a soin de faire passer les tern
inconnus dans le second membre, pour n'avoir pas à considé
des nombres négatifs), on trouve la formule :

$$x = \frac{v'(d - vh)}{v - v'}. \tag{α}$$

230. 2ᵉ Cᴀs. *On suppose* $v < v'$, $d < vh$. Dans ce cas, au n
ment où le courrier M′ est en A′, le courrier M a dépassé
point, puisque l'on a $vh > d$; il est donc alors en avant de ℳ
et comme il va moins vite que M′, puisque $v < v'$, il sera rejo
par lui à droite de A′. Le point de rencontre est donc dans
même région A′X′ que dans le cas précédent. L'équation du p
blème est donc la même [1]. Mais, pour éviter l'emploi des no
bres négatifs, on résoudra cette équation en faisant passer
termes connus dans le second membre ; et l'on trouvera :

$$x = \frac{v'(vh - d)}{v' - v}. \tag{β}$$

231. 3ᵉ Cᴀs. *On suppose* $v > v'$, $d < vh$. Dans ce cas, le cou
rier M, au moment où M′ est en A′, a dépassé ce point, puisq
$vh > d$; mais il va plus vite que M′ ; donc la rencontre ne pe
pas avoir lieu à droite de A′. On comprend, d'ailleurs, qu'ell
dû avoir lieu à gauche, avant l'époque considérée, puisque ℳ
vitesses sont inégales et la route indéfinie. Mais alors deux c
se présentent : le point de rencontre est-il en R′ entre A et ℳ
ou en R″ à gauche de A ?

Supposons-le d'abord en R′, et représentons par x la distan
A′R′ : la distance AR′ sera égale à $(d - x)$. Pour trouver, dans

cas, l'équation du problème, on peut considérer le courrier M comme partant du point A à un certain instant, et parcourant la distance AR′ dans un temps $\dfrac{d-x}{v}$; au bout de ce temps, il rencontre le courrier M′, qui, partant alors de R′, parcourt la distance R′A′ dans un nouveau temps $\dfrac{x}{v'}$. Ainsi, lorsque ce dernier arrive en A′, il s'est écoulé un temps $\dfrac{d-x}{v}+\dfrac{x}{v'}$, depuis que M est parti de A ; et l'équation est :

$$\frac{d-x}{v}+\frac{x}{v'}=h. \qquad [2]$$

Supposons maintenant le point de rencontre en R″. Désignons par x la distance A′R″ ; la distance AR″ sera $(x-d)$. On peut supposer ici que les deux courriers partent ensemble du point R″ ; le courrier M arrive en A après un temps $\dfrac{x-d}{v}$, et le courrier M′ parvient en A′ après un temps $\dfrac{x}{v'}$. Et comme, d'après l'énoncé, M″ a employé h heures de plus que M, l'équation est :

$$\frac{x}{v'}-\frac{x-d}{v}=h. \qquad [3]$$

Or on voit aisément que les équations [2] et [3], quoique obtenues par des raisonnements différents, sont identiques ; car, en séparant les termes $\dfrac{d}{v}$ et $\dfrac{x}{v}$, elles deviennent toutes deux :

$$\frac{d}{v}-\frac{x}{v}+\frac{x}{v'}=h.$$

Ainsi, quand le point de rencontre est à gauche de A′, sa position, quelle qu'elle soit, est fournie par l'équation [2].

Si l'on résout cette équation, en ayant soin de laisser les termes inconnus dans le premier membre, on trouve :

$$x=\frac{v'(vh-d)}{v-v'}. \qquad [\gamma]$$

252. 4ᵉ Cᴀs. *On suppose* v < v′, d > vh. Dans ce cas, le courrier M n'est pas encore en A′, quand le courrier M′ s'y trouve, puisque $vh < d$. Ainsi M est alors en arrière de M' ; et comme il va moins vite que lui, il ne le rejoindra pas à droite de A'. Mais, puisque les vitesses sont inégales, la rencontre a dû avoir lieu à gauche. L'équation du problème est donc encore l'équation [2]. Seulement, pour la résoudre, on fera passer les termes inconnus dans le second membre, et l'on trouvera la formule :

$$x = \frac{v'(d - vh)}{v' - v}. \qquad [\delta]$$

253. DISCUSSION. L'équation [1] et les formules [α] et [β] conviennent aux cas où le point de rencontre se trouve à droite du point A'. Or les deux formules [α] et [β] ne diffèrent pas l'une de l'autre, si l'on continue à admettre les conventions (41) ; car leurs numérateurs sont égaux et de signes contraires, ainsi que leurs dénominateurs. On peut donc supprimer la formule [β] et ne considérer, pour les deux premiers cas, que la formule [α].

L'équation [2] et les formules [γ] et [δ] s'appliquent aux cas où le point de rencontre est à gauche du point A'. Or ces deux formules sont aussi identiques, en vertu des conventions [41]. Donc on peut se contenter de la formule [γ] pour les deux derniers cas.

D'un autre côté, l'équation [2] ne diffère de l'équation [1] que par le changement du signe de x ; et les formules [α] et [γ], ayant des dénominateurs égaux, et des numérateurs égaux et de signes contraires, donnent pour x, en vertu des conventions (41), des valeurs égales et de signes contraires.

Donc *l'équation* [1] *et la formule* [α], *qui la résout, s'appliqueront aux quatre cas, pourvu que l'on convienne de porter à gauche de* A' *la longueur mesurée par la valeur de* x, *lorsque celle-ci sera négative.*

254. CAS PARTICULIERS. Nous avons supposé jusqu'ici, que l'on a $v \gtrless v'$, $d \gtrless vh$. Examinons maintenant les cas où ces inégalités se transforment en égalités.

1° *Si* $d = vh$, *sans que* v *soit égal à* v', la formule [α] donne : $x = 0$; c'est-à-dire que la distance du point de rencontre au point A' est nulle, ou que *les deux courriers sont ensemble en* A'. On voit, *à priori*, qu'il doit en être ainsi : car, puisque $vh = d$, M arrive en A' en même temps que M' ; et, puisque les vitesses sont inégales, ils ne sont ensemble qu'en ce point.

2ᵉ *Si* v = v', *sans que* d *soit égal à* vh, la formule [α] donne :
$x = \dfrac{v'(d-vh)}{0}$. Cette forme est (**213**) le symbole de l'impossibilité. On doit donc affirmer que, *dans ce cas, les courriers ne se
rencontreront jamais.* C'est ce dont il est facile de se convaincre
à priori ; car, puisque d n'est pas égal à *vh,* les courriers ne sont
pas ensemble au point A'; et, puisqu'ils ont la même vitesse, la
distance qui les sépare est toujours la même.

3° *Si l'on a, à la fois :* v = v', d = vh, la formule [α] donne : $x = \dfrac{0}{0}$.
Cette forme est ordinairement le symbole de l'indétermination.
On peut donc penser que, *dans ce cas, les deux courriers sont toujours ensemble.* Mais il faut le vérifier *à priori,* et cela est facile ;
car, puisque $d = vh,$ ils sont ensemble au point A'; et, puisque
leur vitesse est la même, ils ne se sépareront jamais.

Ainsi, même dans les cas particuliers où l'équation et la formule cessent d'exister, on peut donner aux symboles que l'on
rencontre une interprétation qui fournit la solution véritable.

255. Nous ne pousserons pas plus loin la discussion de ce
problème ; nous en avons dit assez pour indiquer la marche à
suivre. Nous engageons le lecteur à faire d'autres hypothèses :
par exemple, à supposer que *le courrier* M' *marche de* X' *vers* X,
ou que le courrier M passe en A, *h* heures *après* que le courrier M' est passé en A'. En construisant directement, pour chacune de ces hypothèses, l'équation et la formule qui la résout,
il trouvera toujours que l'équation [1] et la formule [α] sont applicables, pourvu qu'il regarde comme négatives les grandeurs
dont il aura changé le sens.

EXERCICES.

I. Quelle relation faut-il supposer entre A, B, A', B', pour que l'expression,
$\dfrac{Ax + B}{A'x + B'}$, ait une valeur indépendante de x ?

Il faut que l'on ait : $\dfrac{A}{A'} = \dfrac{B}{B'}$ ou bien B = 0, B' = 0.

II. Quelles relations faut-il supposer entre A, B, C, A', B', C', pour que l'expression, $\dfrac{Ax + By + C}{A'x + B'y + C'}$, ait une valeur indépendante à la fois de x et de y

Il faut que l'on ait : $\dfrac{A}{A'} = \dfrac{B}{B'} = \dfrac{C}{C'}$.

On demande encore, si l'expression peut être indépendante de x, sans l'être de y. Non.

III. Trouver une progression par différence, dans laquelle il existe un rapport constant entre la somme des x premiers termes, et la somme des kx termes suivants; k étant donné, et x pouvant prendre toutes les valeurs entières.

Il y a une infinité de progressions qui répondent à la question. Ce sont celles dont la raison est double du premier terme.

IV. Discuter les formules de résolution de trois équations à trois inconnues. On distinguera les cas suivants :

1° Les deux premières équations peuvent être incompatibles, quelle que soit la troisième.

On trouvera, pour cela, les conditions : $\dfrac{a}{a'} = \dfrac{b}{b'} = \dfrac{c}{c'}$, et $bk' - kb' \gtrless 0$.

2° Les deux premières peuvent être incompatibles avec la troisième.

Il faudra, pour cela, que le dénominateur commun soit nul, et que le numérateur d'une des inconnues ne le soit pas.

3° Les deux premières équations peuvent rentrer l'une dans l'autre.

Il faudra, pour cela, que l'on ait : $\dfrac{a}{a'} = \dfrac{b}{b'} = \dfrac{c}{c'} = \dfrac{k}{k'}$.

4° La troisième peut rentrer dans les autres

Il faut, pour cela, que le dénominateur commun soit nul, ainsi que le numérateur d'une des inconnues.

V. Déterminer les conditions nécessaires et suffisantes, pour que le problème du n° 190, relatif à des réservoirs qui sont remplis par des robinets et par la pluie, devienne impossible ou indéterminé. On rendra compte, *à priori*, de l'impossibilité ou de l'indétermination.

On trouve que la condition d'impossibilité est $\dfrac{n}{n'} = \dfrac{s}{s'}$; et que si, en outre, on

a : $vs't' = v'st$, le problème est indéterminé.

VI. Si l'on considère les équations :

$$\begin{cases} ax + by = c, \\ a'x + b'y = c', \end{cases} \qquad [1]$$

et que l'on pose :

$$\begin{cases} x = \alpha t + \beta u, \\ y = \alpha' t + \beta' u; \end{cases} \qquad [2]$$

on obtient, par cette substitution, deux équations en t et en u. On propose de vérifier, que le dénominateur des valeurs de t et de u, qu'on en déduit, est le produit des dénominateurs que l'on trouve, en résolvant les équations [1] par rapport à x et à y, et les équations [2] par rapport à t et à u.

VII. Même question pour les équations :

$$\begin{cases} ax + by + cz = k \ , \\ a'x + b'y + c'z = k' \ , \\ a''x + b''y + cz'' = k'', \end{cases} \qquad [1]$$

dans lesquelles on pose :

$$\begin{cases} x = \alpha t + \beta u + \gamma v \ , \\ y = \alpha' t + \beta' u + \gamma' v \ , \\ z = \alpha'' t + \beta'' u + \gamma'' v. \end{cases} \qquad [2]$$

Ces deux exercices n'offrent que de simples vérifications de calcul.

———

LIVRE III.

DES ÉQUATIONS DU SECOND DEGRÉ.

CHAPITRE I.

DES ÉQUATIONS DU SECOND DEGRÉ A UNE INCONNUE.

256. FORME GÉNÉRALE D'UNE ÉQUATION À UNE INCONNUE. Une équation à une inconnue x est du second degré, lorsque ses deux membres, étant entiers en x, contiennent le carré de l'inconnue, et n'en contiennent pas une puissance supérieure. Cette équation ne peut donc renfermer que trois sortes de termes, savoir, des termes qui contiennent le carré de x, des termes qui contiennent sa première puissance, et des termes indépendants. Par conséquent, si l'on fait passer tous les termes dans le premier membre, et que l'on réunisse en un seul tous les termes en x^2, en un seul tous les termes en x, et en un seul tous les termes connus, l'équation prend la *forme générale*,

$$ax^2 + bx + c = 0;$$

a, b, c étant des nombres donnés qui peuvent être positifs ou négatifs. Par exemple, l'équation,

$$3x - \frac{2}{5} + \frac{x^2}{9} = 8 + \frac{2x^2}{3} - \frac{26x}{15},$$

se transforme successivement en les équations suivantes :

$$\frac{x^2}{9} - \frac{2x^2}{3} + 3x + \frac{26x}{15} - 8 - \frac{2}{5} = 0,$$

$$5x^2 - 30x^2 + 135x + 78x - 360 - 18 = 0,$$

$$-25x^2 + 213x - 378 = 0,$$

$$25x^2 - 213x + 378 = 0.$$

Les solutions de l'équation du second degré se nomment ses *racines.*

Le coefficient a ne peut pas être nul; car l'équation cesserait d'être du second degré; mais les coefficients b et c peuvent être égaux à zéro. L'équation prend alors l'une des formes :

$$ax^2 + c = 0, \quad ax^2 + bx = 0.$$

On dit, dans ce cas, qu'elle est incomplète.

§ I. Résolution de l'équation du second degré

237. Cas où l'équation est de la forme $ax^2 + c = 0$. Lorsque l'équation du second degré se présente sous la forme,

$$ax^2 + c = 0, \qquad [1]$$

on peut la considérer comme une équation du premier degré dont l'inconnue serait x^2; et l'on en tire :

$$x^2 = -\frac{c}{a}.$$

Si donc $-\frac{c}{a}$ est un *nombre positif*, ce nombre est le carré de l'inconnue. La valeur de x est donc la racine carrée de $-\frac{c}{a}$; et, comme cette racine (96) a deux valeurs égales et de signes contraires, *on a deux solutions :*

$$x' = +\sqrt{-\frac{c}{a}}, \quad x'' = -\sqrt{-\frac{c}{a}}. \qquad [2]$$

Si, au contraire, $-\frac{c}{a}$ est *négatif*, il n'y a pas de nombre positif ou négatif, dont ce nombre soit le carré (96). *L'équation* [1] *n'a donc pas de solution.* Cependant on dit alors, *qu'elle a deux racines imaginaires*, représentées par les formules [2].

238. Cas où l'équation est de la forme $ax^2 + bx = 0$. Lorsque le terme indépendant de x est nul, l'équation se présente sous la forme :

$$ax^2 + bx = 0; \qquad [1]$$

on peut alors mettre x en facteur, et écrire :

$$x(ax + b) = 0.$$

Or, pour qu'un produit de deux facteurs soit nul, il faut et il suffit que l'un des deux facteurs soit nul. On aura donc toutes les solutions de l'équation, en posant :

$$x = 0, \quad ax + b = 0,$$

équations du premier degré, dont les solutions sont :

$$x' = 0, \quad x'' = -\frac{b}{a}. \qquad [2]$$

Ainsi, *l'équation a deux racines, dont l'une est toujours nulle.*

259. Résolution de l'équation complète. Considérons maintenant l'équation complète,

$$ax^2 + bx + c = 0. \qquad [1]$$

Pour la résoudre, on cherche à la ramener à la forme [1] du n° **257**, dans laquelle le premier membre est un carré contenant l'inconnue, et le second est tout connu. A cet effet, on multiplie les deux membres par $4a$ (ce qui est permis (122), puisque a n'est pas nul) ; puis on fait passer $4ac$ dans le second membre, et l'on obtient l'équation équivalente :

$$4a^2x^2 + 4abx = -4ac.$$

On reconnaît alors sans peine, que le premier membre se compose des deux premiers termes du carré de $(2ax + b)$, et qu'il ne manque que b^2 pour compléter ce carré. Si donc on ajoute b^2 aux deux membres, l'équation devient :

$$4a^2x^2 + 4abx + b^2 = b^2 - 4ac, \quad \text{ou} \quad (2ax + b)^2 = b^2 - 4ac.$$

Elle a ainsi la forme cherchée : $(b^2 - 4ac)$ est le carré de $(2ax + b)$. Si donc $(b^2 - 4ac)$ *est positif*, la valeur de $(2ax + b)$ sera la racine carrée de ce nombre ; et comme cette racine a deux valeurs égales et de signes contraires, on aura indifféremment :

$$2ax + b = +\sqrt{b^2 - 4ac}, \quad 2ax + b = -\sqrt{b^2 - 4ac};$$

équations du premier degré, d'où l'on tirera :

$$x' = \frac{-b + \sqrt{b^2 - 4ac}}{2a}, \quad x'' = \frac{-b - \sqrt{b^2 - 4ac}}{2a}.$$

L'équation a donc deux solutions. On indique, en général, cette double valeur, en écrivant de la manière suivante :

$$x = \frac{-b \pm \sqrt{b^2 - 4ac}}{2a}; \qquad [2]$$

on sous-entend, que $+\sqrt{b^2-4ac}$ représente la valeur positive du radical, et que $-\sqrt{b^2-4ac}$ représente sa valeur négative.

Si, au contraire, la quantité (b^2-4ac) *est négative,* $\sqrt{b^2-4ac}$ ne représente, d'après nos conventions, aucun nombre positif ou négatif; et *l'équation proposée n'admet aucune solution.* Cependant on dit alors, qu'*elle a deux racines imaginaires,* représentées par la formule [2].

Il pourrait arriver que (b^2-4ac) *fût égal à zéro;* dans ce cas, les deux valeurs de $\sqrt{b^2-4ac}$ se réduisent à zéro; l'équation devient : $(2ax+b)^2=0$, et les racines deviennent, l'une et l'autre : $x=-\dfrac{b}{2a}$. *L'équation n'admet donc qu'une solution.* On dit cependant encore, qu'*elle a deux racines, mais qu'elles sont égales.*

240. UNE ÉQUATION DU DEUXIÈME DEGRÉ A TOUJOURS DEUX RACINES. En résumé, on voit qu'une équation du second degré admet quelquefois deux solutions, quelquefois une seule; et quelquefois enfin, elle n'en admet aucune. On dit cependant, qu'elle en admet toujours deux, qui peuvent être réelles et différentes, réelles et égales, ou imaginaires. Il peut sembler puéril, au premier abord, de choisir ainsi une forme détournée, pour affirmer, dans tous les cas, l'existence de deux racines, qui n'en existent pas pour cela davantage. Ces locutions et l'introduction dans les calculs des nombres imaginaires sont cependant une conséquence de l'esprit de généralisation qui règne en algèbre. Il serait impossible, en effet, d'opérer sur des expressions *littérales,* si la forme des résultats changeait avec la valeur numérique des lettres. Il faudrait, à chaque instant, diviser et subdiviser les questions, pour obtenir les formules correspondantes à telle ou telle hypothèse. L'adoption des nombres négatifs et imaginaires a pour but d'éviter cet inconvénient. Dans une question particulière, l'introduction de ces nombres n'aurait aucune utilité; mais dans l'étude générale d'une classe de questions, ils permettent d'exprimer et de démontrer, en une fois, des règles et des résultats qui exigeraient, sans cela, des démonstrations et des formules distinctes.

241. DÉFINITION DE L'EXPRESSION IMAGINAIRE. On désigne, en général, sous le nom d'*expression imaginaire,* la racine carrée d'un nombre négatif. Il né faut attacher à cette locution aucune

idée relative à la mesure des grandeurs. Une expression imagi
naire, semblable en cela à un nombre négatif, ne représent
aucune grandeur. Mais, de même que les opérations faites su
les nombres négatifs, les opérations relatives aux expression
imaginaires reçoivent conventionnellement un sens, et devien
nent un moyen précieux de généralisation.

La première de ces conventions consiste, en ce que le carré de l'ex
pression $\sqrt{-A}$ *est* $-A$.

Pour définir les autres opérations, on convient d'appliquer aux ex
pressions imaginaires toutes les règles démontrées généralement pou
les quantités réelles. (On donne le nom de *réels* aux nombres po
sitifs et négatifs).

242. FORME DES RACINES IMAGINAIRES DE L'ÉQUATION DU SE
COND DEGRÉ. Les racines imaginaires de l'équation du secon
degré sont, d'après ce qui précède, des expressions de la form
$A + \sqrt{-B}$, B représentant un nombre positif. Si l'on désign
par b la racine carrée de ce nombre, de telle sorte que l'on ai
$B = b^2$, l'expression imaginaire, qui représente la racine, de
vient $A + \sqrt{-b^2}$, ou $A + \sqrt{b^2 \times (-1)}$. Puisque l'on convien
d'appliquer aux opérations relatives aux expressions imaginai
res toutes les règles démontrées généralement pour les nombre
réels, on fera sortir le facteur b^2 hors du radical, comme s'
s'agissait de la racine carrée d'un produit positif; et l'on écrir
l'expression ainsi :

$$A + b\sqrt{-1}.$$

D'après cela, $\sqrt{-1}$ sera le seul facteur imaginaire, qui entrer
dans une expression imaginaire. On le définira, en disant qu'il
pour carré -1.

En général, comme nous l'avons dit, les règles démontrée
pour les nombres réels serviront de définition, dans ce cas nou
veau, aux opérations qui, sans cela, n'auraient aucun sens.

245. RÈGLE. La formule [2] fournit, dans tous les cas, les ra
cines de l'équation [1]. Elle montre que, *pour les obtenir, on pren*
le coefficient de x, *après avoir changé son signe; on lui ajoute e*
l'on en retranche séparément la racine carrée du nombre formé, e
soustrayant du carré de ce coefficient le quadruple produit du coef

ficient de x² *par le terme indépendant; puis on divise le résultat par le double du coefficient de* x².

244. SIMPLIFICATION. Il arrive quelquefois, que cette formule et la règle qu'elle exprime se simplifient légèrement.

1° Souvent le coefficient de x^2 est égal à l'unité; on peut toujours, d'ailleurs, amener cette circonstance, en divisant les deux membres par a. L'équation prend alors la forme :

$$x^2 + px + q = 0. \qquad [3]$$

On peut résoudre directement cette équation, en faisant passer q dans le second membre, puis en ajoutant $\dfrac{p^2}{4}$ aux deux membres, et en extrayant les racines des résultats, comme on l'a fait au n° **239**. Mais il est plus simple de déduire la nouvelle formule de la formule [2], en y faisant $a = 1, b = p, c = q$; elle devient :

$$x = \frac{-p \pm \sqrt{p^2 - 4q}}{2};$$

ou, en effectuant la division du radical par 2,

$$x = -\frac{p}{2} \pm \sqrt{\frac{p^2}{4} - q}. \qquad [4]$$

Il faut savoir par cœur la formule, sous cette dernière forme, et l'employer toutes les fois que $a = 1$. Elle montre que, *pour résoudre l'équation* [3], *il faut prendre la moitié du coefficient de* x *changé de signe, puis ajouter et retrancher successivement la racine carrée du nombre qu'on obtient en soustrayant du carré de cette moitié le terme tout connu.*

2° Il peut arriver que le coefficient b de x soit pair. Si l'on met le facteur 2 en évidence, en posant $b = 2k$, l'équation [1] prend la forme :

$$ax^2 + 2kx + c = 0. \qquad [5]$$

On pourrait encore résoudre directement cette équation par la méthode (**239**). Toutefois on multiplierait seulement les deux membres par a, et l'on formerait dans le premier le carré de $(ax + k)$. Mais il est plus simple de faire l'hypothèse $b = 2k$ dans la formule [2]; elle devient :

$$x = \frac{-2k \pm \sqrt{4k^2 - 4ac}}{2a};$$

ou, en divisant les deux termes par 2,

$$x = \frac{-k \pm \sqrt{k^2 - ac}}{a}.$$ [6]

Ainsi, *pour trouver les racines dans ce cas, il faut prendre moitié du coefficient de* x *changé de signe, ajouter et retrancher racine carrée du nombre qu'on obtient en retranchant du carré cette moitié le produit du coefficient de* x^2 *par le terme indépendant et diviser le résultat par le coefficient de* x^2. Il ne faut jamais dispenser de faire cette simplification, quand elle se présente

245. APPLICATIONS. 1° Soit l'équation : $x^2 - 7x + 10 = 0$; on aura :

$$x = \frac{7}{2} \pm \sqrt{\frac{49}{4} - 10} = \frac{7}{2} \pm \sqrt{\frac{9}{4}} = \frac{7}{2} \pm \frac{3}{2}; \quad \begin{cases} x' = \frac{7}{2} + \frac{3}{2} = 5, \\ x'' = \frac{7}{2} - \frac{3}{2} = 2. \end{cases}$$

2° Soit l'équation : $3x^2 + 14x - 440 = 0$; on trouve :

$$x = \frac{-7 \pm \sqrt{49 + 3.440}}{3} = \frac{-7 \pm \sqrt{1369}}{3} = \frac{-7 \pm 37}{3};$$

$$\begin{cases} x' = \frac{-7 + 37}{3} = 10, \\ x'' = \frac{-7 - 37}{3} = -\frac{44}{3}. \end{cases}$$

3° Soit l'équation : $7x^2 - 13x + 3 = 0$; on a :

$$x = \frac{13 \pm \sqrt{169 - 4.7.3}}{14} = \frac{13 \pm \sqrt{85}}{14}; \quad \begin{cases} x' = \frac{13 + \sqrt{85}}{14}; \\ x'' = \frac{13 - \sqrt{85}}{14}. \end{cases}$$

4° Soit l'équation : $x^2 - 6x + 9 = 0$;

on a (racines égales) : $x = 3 \pm \sqrt{9 - 9} = 3$; $\begin{cases} x' = 3, \\ x'' = 3. \end{cases}$

5° Soit l'équation : $2x^2 - 11x + 20 = 0$; on a (racines imaginaires) :

$$x = \frac{11 \pm \sqrt{121 - 4.2.20}}{4} = \frac{11 \pm \sqrt{-39}}{4}; \quad \begin{cases} x' = \frac{11 + \sqrt{39}\sqrt{-1}}{4}, \\ x'' = \frac{11 - \sqrt{39}\sqrt{-1}}{4}. \end{cases}$$

6° Soit l'équation littérale : $\frac{x+a}{x-a} + \frac{x+b}{x-b} = \frac{a}{b} + \frac{b}{a}$.

On chasse d'abord les dénominateurs ; puis on transpose, et l'on réduit les termes semblables ; et l'on trouve :

$$(a-b)^2x^2 - (a^2 + b^2)\ (a+b)\,x + ab(a+b)^2 = 0.$$

De là : $x = \dfrac{(a^2 + b^2)\ (a+b) \pm \sqrt{(a^2 + b^2)^2\,(a+b)^2 - 4ab\,(a+b)^2\,(a-b)^2}}{2\,(a-b)^2}$,

ou, $\qquad x = \dfrac{(a+b)\ \{\,a^2 + b^2 \pm \sqrt{(a-b)^4 + 4\,a^2 b^2}\,\}}{2\,(a-b)^2}.$

§ II. Discussion des formules.

246. CAS OÙ LES RACINES SONT RÉELLES ET INÉGALES. On a vu que, lorsque $(b^2 - 4ac)$ est positif, l'équation [1] a deux racines réelles et différentes :

$$x' = \frac{-b - \sqrt{b^2 - 4ac}}{2a}, \qquad x'' = \frac{-b + \sqrt{b^2 - 4ac}}{2a}.$$

On peut admettre que a est positif ; car s'il ne l'était pas, on changerait les signes de tous les termes, et on le rendrait ainsi plus grand que zéro. Le dénominateur des deux racines est donc positif ; et ces racines ont le signe de leur numérateur.

Or c peut être positif, nul ou négatif. *Si c est positif,* $(b^2 - 4ac)$ est plus petit que b^2 ; et par suite $\sqrt{b^2 - 4ac}$ est plus petit que la valeur absolue de b : donc c'est le terme $-b$ qui donne son signe aux numérateurs : donc, dans ce cas, *les deux racines ont le même signe, qui est celui de* $-$b. *Si c est négatif,* $(b^2 - 4ac)$ est plus grand que b^2 ; le radical est donc plus grand que la valeur absolue de la quantité qui le précède, et il donne son signe aux numérateurs : *les deux racines sont donc de signes contraires ;* et la plus grande, en valeur absolue, est x', si b est positif, et x'', si b est négatif. *Dans le cas particulier où* $c = 0$, $\sqrt{b^2 - 4ac}$ est égal à la valeur absolue de b : par suite, $x' = -\dfrac{b}{a}$, et $x'' = 0$, *si* b *est positif* ; $x' = 0$, $x'' = -\dfrac{b}{a}$, *si* b *est négatif.*

247. CAS OÙ LES RACINES SONT RÉELLES ET ÉGALES. *Lorsque* $(b^2 - 4ac) = 0$, on sait que les deux racines sont égales, l'une et l'autre, à $-\dfrac{b}{2a}$: *elles ont donc un signe contraire à celui de* b.

On peut remarquer que, dans ce cas, l'équation générale [1] peut s'écrire :

$$ax^2 + bx + \frac{b^2}{4a} = 0, \quad \text{ou} \quad a\left(x + \frac{b}{2a}\right)^2 = 0.$$

Son premier membre est un carré parfait, multiplié par a.

248. CAS OÙ LES RACINES SONT IMAGINAIRES. *Lorsque* $(b^2 - 4ac)$ *est négatif,* on sait que les racines sont imaginaires; et, en posant, $-\dfrac{b}{2a} = \alpha$, et $\dfrac{\sqrt{4ac - b^2}}{2a} = \beta$, elles deviennent :

$$x' = \alpha - \beta \sqrt{-1}, \quad x'' = \alpha + \beta \sqrt{-1}.$$

Le premier membre de l'équation peut, dans ce cas, se mettre sous une forme particulière, très-utile à connaître. En effet, on a évidemment :

$$ax^2 + bx + c = a\left(x^2 + \frac{b}{a}x + \frac{c}{a}\right) = a\left\{x^2 + \frac{b}{a}x + \frac{b^2}{4a^2} - \frac{b^2}{4a^2} + \frac{c}{a}\right\}.$$

Or les trois premiers termes, dans la parenthèse, composent le carré de $\left(x + \dfrac{b}{2a}\right)$; et les deux derniers se réduisent à $\dfrac{4ac - b^2}{4a^2}$. Donc l'équation peut s'écrire :

$$a\left\{\left(x + \frac{b}{2a}\right)^2 + \frac{4ac - b^2}{4a^2}\right\} = 0.$$

Mais $\dfrac{4ac - b^2}{4a^2}$ est un nombre positif, que l'on peut regarder comme le carré de sa racine carrée. Donc on peut écrire

$$a\left\{\left(x + \frac{b}{2a}\right)^2 + \left(\frac{\sqrt{4ac - b^2}}{2a}\right)^2\right\} = 0.$$

Ainsi *le premier membre est le produit par* a *de la somme des carrés de deux expressions réelles.*

Cette forme montre bien pourquoi l'équation, dans ce cas, n'admet aucune solution : car il n'est pas de nombre positif ou négatif, qui, substitué à x dans le premier membre, puisse l'annuler.

249. TABLEAU DE LA DISCUSSION. La discussion précédente est résumée dans le tableau suivant :

$b^2-4ac>0$,
2 racines réelles et
inégales.
$\begin{cases} c>0 \begin{cases} b<0, \text{ deux racines positives,} \\ b>0, \text{ deux racines négatives.} \end{cases} \\ c=0 \begin{cases} \text{une racine nulle, une racine} = -\dfrac{b}{a}. \end{cases} \\ c<0 \begin{cases} \text{deux racines de signes différents.} \end{cases} \end{cases}$

$b^2-4ac=0$.
2 racines réelles et
égales.
$\begin{cases} x'=x''=-\dfrac{b}{2a}: \end{cases}$ $\begin{cases} \text{le premier membre est} \\ \text{un carré parfait.} \end{cases}$

$b^2-4ac<0$.
2 rac. imaginaires.
$\begin{cases} x'=\alpha-\beta\sqrt{-1} \\ x''=\alpha+\beta\sqrt{-1} \end{cases}:$ $\begin{cases} \text{le premier membre est} \\ \text{la somme de 2 carrés.} \end{cases}$

250. REMARQUE. 1° Lorsque a et c sont de signes différents, les racines sont toujours réelles : car (b^2-4ac) est alors une somme, toujours positive.

2° Pour que les racines soient égales et de signes contraires, il faut et il suffit que l'on ait : $b=0$. En effet, si α et $-\alpha$ sont les deux racines, on doit avoir à la fois :

$$\begin{cases} a\alpha^2+b\alpha+c=0, \\ a\alpha^2-b\alpha+c=0; \end{cases}$$

d'où l'on tire par soustraction :

$$2b\alpha=0,$$

ou, puisque α n'est pas nul,

$$b=0.$$

La condition, d'ailleurs, est évidemment suffisante.

§ III. Propriétés des racines.

251. THÉORÈME I. *La somme des racines de l'équation du second degré est égale au quotient, changé de signe, du coefficient de* x *divisé par le coefficient de* x².

En effet, si l'on additionne les formules [2] du n° **239**, on a :

$$x'+x''=-\frac{b}{a}. \qquad [1]$$

252. THÉORÈME II. *Le produit des racines est égal au quotient du terme connu, divisé par le coefficient de* x².

En effet, multipliant les formules [2] l'une par l'autre, on a :

$$x'x'' = \frac{(-b-\sqrt{b^2-4ac})(-b+\sqrt{b^2-4ac})}{4a^2} = \frac{b^2-(b^2-4ac)}{4a^2},$$

ou
$$x'x'' = \frac{c}{a}. \qquad [2]$$

253. REMARQUE. Ces deux théorèmes peuvent se démontrer *à priori*. Car, dire que x' et x'' sont les racines de l'équation

$$ax^2 + bx + c = 0,$$

c'est dire qu'on a les identités :

$$\begin{cases} ax'^2 + bx' + c = 0, \\ ax''^2 + bx'' + c = 0; \end{cases}$$

or, on en tire par soustraction :

$$a(x'^2 - x''^2) + b(x' - x'') = 0;$$

et, en divisant par $(x' - x'')$,

$$a(x' + x'') + b = 0;$$

donc :
$$x' + x'' = -\frac{b}{a}. \qquad [1]$$

Si l'on remplace b par $-a(x'+x'')$ dans la première des identités précédentes, il vient :

$$ax'^2 - a(x'+x'')x' + c = 0;$$

d'où
$$x'x'' = \frac{c}{a}. \qquad [2]$$

Ces deux propositions sont fort importantes; leurs applications sont nombreuses. Nous en indiquerons quelques-unes.

254. DÉCOMPOSITION DU PREMIER MEMBRE DE L'ÉQUATION DU SECOND DEGRÉ EN FACTEURS DU PREMIER DEGRÉ. Si x' et x'' désignent les racines de l'équation

$$ax^2 + bx + c = 0, \qquad [1]$$

on a (**253**) :

$$x' + x'' = -\frac{b}{a}, \quad x'x'' = \frac{c}{a}.$$

Si l'on divise les deux membres de l'équation [1] par a, et que l'on remplace $\frac{b}{a}$ et $\frac{c}{a}$ par les valeurs précédentes, son premier membre devient :

$$x^2 - (x' + x'')x + x'x'',$$

ou, comme il est facile de le vérifier,

$$(x - x')(x - x'').$$

Ainsi, *le premier membre d'une équation du second degré, mise sous la forme*

$$x^2 + \frac{b}{a}x + \frac{c}{a} = 0,$$

est le produit de deux binomes du premier degré, égaux à l'excès de x *sur chacune des racines.*

Si l'équation proposée est de la forme :

$$ax^2 + bx + c = 0,$$

c'est seulement après l'avoir divisée par a, que l'on peut lui appliquer le résultat précédent ; et, par suite, avant cette division, *le premier membre est égal à*

$$a(x - x')(x - x'').$$

255. Décomposition d'un trinome du second degré en facteurs du premier degré. Le théorème qui précède s'applique immédiatement à la décomposition du trinome du second degré : mais il peut se démontrer directement d'une autre manière.

Considérons, en effet, le trinome

$$ax^2 + bx + c ;$$

on a identiquement :

$$ax^2 + bx + c = a\left(x^2 + \frac{b}{a}x + \frac{c}{a}\right) = a\left\{\left(x + \frac{b}{2a}\right)^2 + \frac{c}{a} - \frac{b^2}{4a^2}\right\} ; \quad [1]$$

or, on peut remplacer $\left(\frac{c}{a} - \frac{b^2}{4a^2}\right)$ par l'expression identiquement égale,

$$-\left(\sqrt{\frac{b^2}{4a^2} - \frac{c}{a}}\right)^2 ;$$

et, par cette substitution, l'expression [1] devient le produit de a par la différence de deux carrés, savoir :

$$a\left\{\left(x + \frac{b}{2a}\right)^2 - \left(\sqrt{\frac{b^2}{4a^2} - \frac{c}{a}}\right)^2\right\}.$$

Or, on sait que la différence de deux carrés est égale au produit de la somme des racines par leur différence; et, par suite, l'expression précédente, équivalente à $ax^2 + bx + c$, peut s'écrire :

$$a\left(x + \frac{b}{2a} - \sqrt{\frac{b^2}{4a^2} - \frac{c}{a}}\right)\left(x + \frac{b}{2a} + \sqrt{\frac{b^2}{4a^2} - \frac{c}{a}}\right),$$

ou, ce qui revient au même,

$$a\left(x - \frac{-b + \sqrt{b^2 - 4ac}}{2a}\right)\left(x - \frac{-b - \sqrt{b^2 - 4ac}}{2a}\right);$$

et l'on reconnaît l'expression trouvée plus haut,

$$a(x - x')(x - x'').$$

Cette formule, quelle que soit la manière dont on l'établisse, s'applique évidemment au cas où x' et x'' sont imaginaires (**241**); mais, dans ce cas, les deux facteurs $(x - x')$, $(x - x'')$, n'ont aucune valeur arithmétique, et nous n'aurons pas occasion d'en faire usage.

On nomme ordinairement *racines d'un trinome* $ax^2 + bx + c$, les nombres qui, substitués à x, le réduisent à zéro, c'est-à-dire les racines de l'équation

$$ax^2 + bx + c = 0.$$

Par conséquent, *pour décomposer le trinome en facteurs du premier degré, on détermine ses racines, on retranche chacune d'elles de* x, *et l'on multiplie par* a *le produit des différences.*

256. PROBLÈME. Les propriétés du n° **255** fournissent immédiatement l'équation du second degré, qui permet de résoudre le problème suivant : *Trouver deux nombres, connaissant leur somme et leur produit.*

Soient, en effet, S la somme de deux nombres, et P leur produit; ces deux nombres sont les racines de l'équation

$$x^2 - Sx + P = 0;$$

car la somme de ces racines est S, et leur produit est P.

Il est facile, d'ailleurs, de donner à l'équation une forme qui montre, *à priori*, la raison de ce fait; on peut, en effet, l'écrire ainsi

$$P = Sx - x^2, \quad \text{ou} \quad P = x(S - x);$$

et l'on voit que, résoudre cette équation, c'est trouver deux nombres x et $S - x$, dont le produit soit P, et dont la somme $x + S - x$ soit égale à S.

257. Détermination, a priori, des signes des racines. Les relations, qui donnent la somme et le produit des deux racines (255), permettent de déterminer leurs signes, sans résoudre l'équation.

On voit, en effet, d'après le signe de leur produit $\dfrac{c}{a}$, si les racines sont de même signe ou de signes contraires. Dans le premier cas, le signe de la somme $-\dfrac{b}{a}$ apprendra si elles sont toutes deux positives, ou toutes deux négatives. Dans le second cas, l'une est positive et l'autre négative; et le signe de $-\dfrac{b}{a}$ fait connaître le signe de celle dont la valeur absolue est la plus grande. Ainsi les racines de l'équation

$$x^2 - 3x - 4 = 0$$

sont de signes contraires, car leur produit est -4; et la plus grande est positive, car leur somme est positive et égale à 3.

258. Remarque. *Avant d'appliquer les règles précédentes, il faut s'assurer que les racines sont réelles.* Si l'on considère, par exemple, l'équation

$$x^2 - 3x + 10 = 0,$$

on serait conduit (255) à regarder les racines comme toutes deux positives; car leur produit 10 est positif, ainsi que leur somme 3. Mais l'expression $(b^2 - 4ac)$ étant ici égale à -31, les racines sont imaginaires.

259. Problème. Le théorème de l'article **255**, dont on fait, du reste, un usage continuel en analyse, permet de résoudre immédiatement la question suivante : *former une équation du second degré, dont les racines soient des nombres donnés α et β.* L'équation demandée est évidemment :

$$(x - α)(x - β) = 0, \quad \text{ou} \quad x^2 - (α + β)x + αβ = 0;$$

et l'on aperçoit d'ailleurs, à *priori*, que le premier membre $(x - α)(x - β)$ s'annule pour $x = α$ et pour $x = β$. On voit aussi que le coefficient de x est égal à la somme des racines, prises en signe contraire, et que le terme tout connu est égal au produit des racines.

EXEMPLES : 1ᶜ *Quelle est l'équation du second degré, dont les racines sont :*

$$2 + \sqrt{3} \, et \, 2 - \sqrt{3} \, ?$$

La somme $\qquad 2 + \sqrt{3} + 2 - \sqrt{3} = 4,$

et le produit $\qquad (2 + \sqrt{3})\,(2 - \sqrt{3}) = 4 - 3 = 1;$

l'équation demandée est, par conséquent, $x^2 - 4x + 1 = 0.$

2° L'équation du second degré, dont les racines sont $(a + b)$ et $(a - b)$, est :

$$x^2 - 2ax + a^2 - b^2 = 0.$$

§ IV. Examen d'un cas particulier remarquable.

260. CAS OU $a = 0$. Lorsque, dans l'équation $ax^2 + bx + c = 0$, on suppose que a prend la valeur zéro, les formules

$$x' = \frac{-b - \sqrt{b^2 - 4ac}}{2a}, \quad x'' = \frac{-b + \sqrt{b^2 - 4ac}}{2a},$$

deviennent :

$$x' = \frac{-b - \sqrt{b^2}}{0}, \quad x'' = \frac{-b + \sqrt{b^2}}{0};$$

c'est-à-dire, si b est positif,

$$x' = \frac{-2b}{0} \qquad x'' = \frac{0}{0};$$

et, si b est négatif,

$$x' = \frac{0}{0}, \quad x'' = \frac{-2b}{0}.$$

Ainsi l'une des racines se présente sous la forme indéterminée, et l'autre sous la forme infinie. D'un autre côté, l'équation proposée devient :

$$bx + c = 0;$$

elle est alors du premier degré, et elle n'admet qu'une solution :

$$x = -\frac{c}{b}.$$

Les formules générales semblent donc, dans ce cas, en défaut.

Remarquons d'abord que, si réellement il en était ainsi, il

n'en faudrait rien conclure contre les raisonnements qui y ont conduit; car ces raisonnements supposent expressément (**259**), que a ne soit pas nul.

Cependant les valeurs de x' et de x'' satisfaisant à l'équation proposée, quel que soit a, lorsque a tend vers zéro, l'une d'elles doit approcher de la solution de l'équation

$$bx + c = 0.$$

Et c'est évidemment, comme nous allons le vérifier, celle qui se présente sous la forme $\dfrac{0}{0}$. Considérons, en effet, pour fixer les idées, le cas où b est positif. On a :

$$x'' = \frac{-b + \sqrt{b^2 - 4ac}}{2a}.$$

Multiplions les deux termes de cette fraction par l'expression $-b - \sqrt{b^2 - 4ac}$, qui ne devient pas nulle pour $a = 0$; nous aurons :

$$x'' = \frac{\left(-b + \sqrt{b^2 - 4ac}\right)\left(-b - \sqrt{b^2 - 4ac}\right)}{2a\left(-b - \sqrt{b^2 - 4ac}\right)};$$

en effectuant la multiplication indiquée au numérateur, où l'on remarque que l'on a le produit de la somme de deux nombres $\left(-b + \sqrt{b^2 - 4ac}\right)$ par leur différence $\left(-b - \sqrt{b^2 - 4ac}\right)$, il vient :

$$x'' = \frac{b^2 - b^2 + 4ac}{2a\left(-b - \sqrt{b^2 - 4ac}\right)} = \frac{4ac}{2a\left(-b - \sqrt{b^2 - 4ac}\right)}$$

$$= \frac{2c}{-b - \sqrt{b^2 - 4ac}};$$

et, sous cette forme, il est évident que, a tendant vers zéro, x'' s'approche de la valeur $-\dfrac{2c}{2b}$ ou $-\dfrac{c}{b}$.

Quant à la valeur de x', elle augmente évidemment sans limite quand a diminue, puisque le numérateur tend vers $-2b$, tandis que le dénominateur tend vers zéro.

§ V. Résolution de l'équation $ax^2 + bx + c = 0$, quand a est très-petit.

261. GRANDEUR DES RACINES. *Lorsque* a *est très-petit, par rap-*

port à b *et à* c, *l'une des racines diffère peu de* $-\dfrac{c}{b}$, *et l'autre est extrêmement grande.* Cette proposition résulte évidemment de ce que, lorsque a tend vers zéro, l'une tend vers $-\dfrac{c}{b}$, et l'autre croît indéfiniment (260).

On peut s'en convaincre, en mettant l'équation proposée sous la forme

$$\frac{1}{x}\left(b+\frac{c}{x}\right)=-a.$$

En effet, comme le second membre est très-petit, on satisfera à cette équation, en donnant à x une valeur convenable, qui rendra très-petit l'un des facteurs du premier, sans rendre l'autre très-grand. Pour cela, il suffira de choisir pour x une valeur très-grande; car alors le facteur $\dfrac{1}{x}$ sera très-petit, et le facteur $\left(b+\dfrac{c}{x}\right)$ différera peu de b; ou bien, on prendra pour x une valeur voisine de $-\dfrac{c}{b}$; car cette valeur rendra très-petit le second facteur, tandis que le premier différera peu de $-\dfrac{b}{c}$.

262. DÉSAVANTAGE DES FORMULES ORDINAIRES. La formule générale, qui donne les racines de l'équation $ax^2+bx+c=0$,

$$x=-\frac{b}{2a}\pm\frac{1}{2a}\sqrt{b^2-4ac},$$

se prête mal aux calculs numériques, lorsque le coefficient a a une valeur très-petite par rapport à celles de b et de c. On comprend, en effet, qu'après avoir calculé approximativement $\sqrt{b^2-4ac}$, si l'on divise le résultat par $2a$, on divisera en même temps l'erreur, qui se trouvera par là considérablement augmentée. Il est donc convenable de modifier, dans ce cas, la formule qui donne les racines.

263. CALCUL DE LA PLUS PETITE RACINE. Nous nous occuperons seulement de la racine qui diffère peu de $-\dfrac{c}{b}$. L'autre se

rouvera ensuite sans peine, puisque la somme des deux est
onnue et égale à $-\dfrac{b}{a}$.

De l'équation $ax^2 + bx + c = 0$,

n déduit : $x = -\dfrac{c}{b} - \dfrac{ax^2}{b}.$ [1]

Or a est, par hypothèse, très-petit ; x et b ne sont ni très-grands
i très-petits : donc la valeur de $\dfrac{ax^2}{b}$ est elle-même très-petite ;

t nous pouvons la négliger, et écrire, comme *première approximation :*

                    $x_1 = -\dfrac{c}{b}.$ [2]

L'erreur commise, en adoptant cette valeur, est $\dfrac{ax^2}{b}$; elle con-
ient en facteur la première puissance de a ; et l'on dit, pour
ette raison, qu'elle est petite du *premier ordre.*

Si nous désignons par α_1 l'erreur commise, quand on prend
$x = -\dfrac{c}{b}$, nous aurons exactement :

                    $x = -\dfrac{c}{b} + \alpha_1.$ [3]

En remettant cette valeur dans le second membre de l'équa-
ion [1], il vient :

$$x = -\frac{c}{b} - \frac{a}{b}\left(-\frac{c}{b} + \alpha_1\right)^2 = -\frac{c}{b} - \frac{ac^2}{b^3} + \frac{2a\alpha_1 c}{b^2} - \frac{a\alpha_1^2}{b} ; \quad [4]$$

i nous négligeons, dans le second membre, le troisième et le
quatrième terme, qui contiennent en facteurs $a\alpha_1$ et $a\alpha_1^2$, il viendra, comme *seconde approximation :*

                    $x_2 = -\dfrac{c}{b} - \dfrac{ac^2}{b^3} ;$ [5]

α_1 étant du premier ordre par rapport à a, $a\alpha_1$ et $a\alpha_1^2$ sont respectivement du second et du troisième ordre, c'est-à-dire qu'ils
contiennent a^2 et a^3 en facteur. Notre seconde approximation,

fournie par la formule [5], ne laisse donc subsister que c erreurs du *second ordre;* et si nous posons, par conséquent :

$$x = -\frac{c}{b} - \frac{ac^2}{b^3} + \alpha_2, \qquad [6]$$

α_2 sera du second ordre, c'est-à-dire que son expression co tiendra a^2 en facteur.

Si nous remettons dans le second membre de la formule la valeur de x fournie par la formule [6], il vient :

$$x = -\frac{c}{b} - \frac{a}{b}\left(-\frac{c}{b} - \frac{ac^2}{b^3} + \alpha_2\right)^2, \qquad [7]$$

ou, en développant,

$$x = -\frac{c}{b} - \frac{ac^2}{b^3} - \frac{2a^2c^3}{b^5} - \frac{a^3c^4}{b^7} + 2\alpha_2\frac{a}{b}\left(\frac{c}{b} + \frac{ac^2}{b^3}\right) - \frac{a\alpha_2^2}{b}.$$

Or α_2 étant du *second ordre* (c'est-à-dire contenant a^2 en f teur), $\alpha_2 a$ et $\frac{\alpha_2^2 a}{b}$ seront du troisième et du cinquième ord Si donc nous négligeons les termes qui les contiennent, ai que $\frac{a^3c^4}{b^7}$, qui est du troisième ordre, et qu'il n'y a dès l aucune raison pour conserver, il vient, comme *troisième appro mation,*

$$x_3 = -\frac{c}{b} - \frac{ac^2}{b^3} - \frac{2a^2c^3}{b^5}; \qquad [9]$$

et l'erreur commise n'est plus que du troisième ordre. Il ser facile de continuer ainsi indéfiniment.

264. REMARQUE. Les formules d'*approximations successive*

$$x_1 = -\frac{c}{b}, \quad x_2 = -\frac{c}{b} - \frac{ac^2}{b^3}, \quad x_3 = -\frac{c}{b} - \frac{ac^2}{b^3} - \frac{2a^2c^3}{b^5},$$

satisfont aux conditions que l'on doit toujours s'efforcer d'obt nir dans un système d'approximations successives.

1° Chacune s'obtient de la précédente par l'addition d' terme de correction.

2° L'erreur qui subsiste, après l'addition de chacun d termes, est toujours *très-petite* par rapport à ce terme.

En effet, quand on écrit : $x = -\dfrac{c}{b}$, l'erreur commise contient

en facteur, et est, par suite, très-petite par rapport à $-\dfrac{c}{b}$.

Quand on écrit : $x = -\dfrac{c}{b} - \dfrac{ac^2}{b^3}$, l'erreur commise contient

en facteur, et est très-petite par rapport à $\dfrac{ac^2}{b^3}$; et ainsi de

uite.

D'après cette remarque, pour savoir si la valeur obtenue est rop grande ou trop petite, il suffira d'examiner le signe du erme de correction que l'on obtiendrait en poussant l'approxination plus loin. Car, si ce terme est positif, comme il l'emorte sur la somme de tous ceux qui le suivraient, l'erreur est ositive, et la valeur trouvée est trop faible. Ce sera l'inverse, si e terme de correction est négatif.

§ VI. Propriétés du trinome du second degré.

265. DÉFINITION DU TRINOME DU SECOND DEGRÉ. Un trinome lu second degré est un polynome à trois termes, de la forme ;énérale,

$$ax^2 + bx + c;$$

, b, c y représentent des nombres constants, positifs ou négaifs, donnés *à priori*; x y représente un nombre variable, suseptible de recevoir toutes les valeurs possibles. Lorsque l'on ait varier la valeur attribuée à x, la valeur du trinome varie et asse par différents états de grandeur qu'il est utile d'étudier.

Nous avons déjà dit (**255**) qu'on nomme ordinairement raines du trinome les racines de l'équation qu'on obtient en égaant le trinome à zéro. Ces nombres peuvent être réels ou imainaires; si on les désigne par x' et par x'', on sait que le trinome st représenté par le produit : $a(x - x')(x - x'')$.

266. THÉORÈME I. *Lorsque les racines* x', x'' *du trinome sont éelles et inégales, et qu'on substitue à* x *un nombre compris entre lles, la valeur du trinome a un signe contraire à celui de son prenier terme; et si l'on remplace* x *par un nombre non compris entre es racines, le signe de la valeur du trinome est celui de son premier erme.*

En effet, si l'on suppose $x' < x''$, toute valeur donnée à x comprise entre x' et x'', rend $(x - x')$ positif et $(x - x'')$ négatif elle rend donc négatif le produit $(x - x')(x - x'')$; elle donn par suite, au produit $a(x - x')(x - x'')$ un signe contraire à cc lui de a, ou, ce qui est la même chose, à celui de ax^2. Si, a contraire, la valeur attribuée à x est plus petite que x', ou plu grande que x'', les facteurs $(x - x')$, $(x - x'')$ sont tous deux né gatifs ou tous deux positifs; leur produit est positif, et le tri nome $a(x - x')(x - x'')$ a le même signe que a.

267. Théorème II. *Lorsque les racines du trinome sont réell et égales, le trinome est toujours de même signe que son premic terme, quelle que soit la valeur attribuée à* x, *à l'exception de cel qui le rend nul.*

En effet, on sait (**247**) que, dans ce cas, le trinome prend l forme :

$$a\left(x + \frac{b}{2a}\right)^2.$$

Or le carré est toujours positif, quelle que soit la valeur de x donc le trinome a toujours le signe de a. Cependant il faut fair exception pour la valeur $x = -\dfrac{b}{2a}$, qui annule le trinome.

268. Théorème III. *Lorsque les racines du trinome sont imagi naires, la valeur du trinome a toujours, quel que soit* x, *le signe d son premier terme.*

Car on a vu (**248**) que, dans ce cas, le trinome est le produ de a par la somme des carrés de deux nombres réels, dont l'u n'est jamais nul. Cette somme étant toujours positive, le pro duit est nécessairement de même signe que a.

269. Remarque. Les trois théorèmes précédents peuvent s renfermer sous un seul énoncé: *Le trinome* $ax^2 + bx + c$ *est d même signe que son premier terme, excepté lorsque la valeur attri buée à* x *est comprise entre les racines.*

On sous-entend alors que, dans le cas des racines imaginaire: x ne pouvant jamais être compris entre elles, le trinome a tou jours le signe de son premier terme.

270. Application aux inégalités du second degré. On d

qu'une inégalité est du second degré, lorsqu'on peut la mettre sous l'une des deux formes,

$$Ax^2 + Bx + C > 0, \quad Ax^2 + Bx + C < 0 \,;$$

A, B, C désignent des nombres donnés positifs ou négatifs; et x est un nombre inconnu dont il faut déterminer les limites, de manière à vérifier l'inégalité qui le renferme.

Les théorèmes précédents vont servir à résoudre cette question importante.

1º Soit à résoudre l'inégalité :

$$3x^2 + 5x + \frac{4}{3} < 0.$$

En égalant le premier membre à zéro, on trouve pour racines $-\frac{1}{3}$ et $-\frac{4}{3}$. Les racines étant réelles et inégales, il faut, pour que l'inégalité soit vérifiée, c'est-à-dire pour que le premier membre soit de signe contraire à son premier terme, que la valeur de x soit comprise entre $-\frac{1}{3}$ et $-\frac{4}{3}$, ou que l'on ait :

$$-\frac{4}{3} < x < -\frac{1}{3}.$$

2º Soit encore l'inégalité :

$$-9 + 6x - x^2 < 0.$$

Dans ce cas, les racines du trinome sont réelles et égales à 3; son premier terme $-x^2$ est négatif; donc l'inégalité sera vérifiée pour toute valeur attribuée à x, excepté pour la valeur $x = 3$, qui la transforme en égalité.

3º Soit l'inégalité :

$$x^2 - 3x + 7 > 0.$$

Dans ce cas, les racines du trinome sont imaginaires, et son premier terme est positif; l'inégalité est satisfaite, quel que soit x.

271. REMARQUE. Nous verrons plus loin que la théorie des inégalités sert fréquemment, dans la discussion des problèmes, à déterminer les conditions de possibilité.

EXERCICES.

I. Résoudre l'équation :

$$(1 + x + x^2)^{\frac{1}{2}} = a - (1 - x + x^2)^{\frac{1}{2}}.$$

On trouve :
$$x = \pm \frac{a}{2}\left(\frac{a^2-4}{a^2-1}\right)^{\frac{1}{2}}.$$

II. Résoudre l'équation :
$$\frac{1-ax}{1+ax}\sqrt{\frac{1+bx}{1-bx}} = 1.$$

On trouve :
$$x = \pm\frac{1}{a}\sqrt{\frac{2a}{b}-1}.$$

III. Résoudre l'équation :
$$\sqrt{(1+x)^2-ax} + \sqrt{(1-x)^2+ax} = x.$$

On trouve :
$$x = \pm 2\sqrt{(1-a)\left(1-\frac{a}{3}\right)},$$

et
$$x = 0,$$

qui ne convient, qu'en changeant le signe de l'un des radicaux.

IV. Résoudre l'équation : $\dfrac{21x^3-16}{3x^2-4} - 7x = 5.$

On trouve : $x' = 2, \qquad x'' = -\dfrac{2}{15}.$

V. Résoudre l'équation :
$$mqx^2 - mnx + pqx - np = 0.$$

On trouve : $x' = \dfrac{n}{q}, \qquad x'' = -\dfrac{p}{m}.$

VI. Résoudre l'équation :
$$\frac{1}{a} + \frac{1}{a+x} + \frac{1}{a+2x} = 0.$$

On trouve : $x = \dfrac{a}{2}\left(-3 \pm \sqrt{3}\right).$

VII. Résoudre l'équation :
$$\frac{\sqrt{x^2+x+6}}{3} = \frac{20-\frac{4}{3}\sqrt{x^2+x+6}}{\sqrt{x^2+x+6}}.$$

On prend $\sqrt{x^2+x+6}$ pour inconnue auxiliaire, et l'on trouve :
$$x' = 5, \qquad x'' = -6 ;$$

et, en outre,
$$x = \frac{-1 \pm \sqrt{377}}{2},$$

racines qui ne conviennent, que si l'on prend le radical avec le signe —.

VIII. Résoudre l'équation :
$$2x^2 + 3x - 3 + \sqrt{2x^2+3x+9} = 33.$$

On prend $2x^2 + 3x$ pour inconnue auxiliaire, et l'on trouve :

$$x' = 3, \quad x'' = -\frac{9}{2}, \quad x = \frac{-3 \pm \sqrt{329}}{4} :$$

ces deux dernières ne conviennent que si l'on prend le radical avec le signe —.

IX. Résoudre l'équation :

$$\frac{1}{1 - \sqrt{1 - x^2}} - \frac{1}{1 + \sqrt{1 - x^2}} = \frac{\sqrt{3}}{x^2}.$$

On trouve : $x = \pm \dfrac{1}{2}.$

X. Résoudre l'équation :

$$\sqrt[m]{(1 + x)^2} - \sqrt[m]{(1 - x)^2} = \sqrt[m]{(1 - x^2)}.$$

En posant $z = \sqrt[m]{\dfrac{1 + x}{1 - x}},$

On trouve : $z = \dfrac{1 \pm \sqrt{5}}{2}, \quad x = \dfrac{z^m - 1}{z^m + 1}.$

XI. Résoudre l'équation : $\left(\dfrac{a + x}{a - x} \right)^2 = 1 + \dfrac{cx}{ab}.$

On trouve : $x = a \left(1 \pm 2 \sqrt{\dfrac{b}{c}} \right).$

XII. Résoudre l'équation :

$$\sqrt{a + x} + \sqrt{b + x} + \sqrt{c + x} = 0.$$

On trouve : $x = \dfrac{-(a + b + c) \pm 2 \sqrt{a^2 + b^2 + c^2 - ab - ac - bc}}{3}.$

XIII. Former la somme des carrés, celle des cubes, celle des quatrièmes puissances et celle des inverses des quatrièmes puissances des racines de l'équation, $ax^2 + bx + c = 0$.

On trouve : $x'^2 + x''^2 = \dfrac{b^2 - 2ac}{a^2}, \quad x'^3 + x''^3 = \dfrac{3abc - b^3}{a^3}$

$x'^4 + x''^4 = \dfrac{b^4 - 4ab^2c + 2a^2c^2}{a^4}, \quad \dfrac{1}{x'^4} + \dfrac{1}{x''^4} = \dfrac{b^4 - 4ab^2c + 2a^2c^2}{c^4}.$

XIV. Trouver les conditions nécessaires, pour que la fraction,

$$\frac{Ax^2 + Bx + C}{A'x^2 + B'x + C'},$$

soit indépendante de x.

On trouve les conditions : $\dfrac{A}{A'} = \dfrac{B}{B'} = \dfrac{C}{C'}.$

XV. Démontrer que l'équation :

$$(b^2 - 4ac) x^2 + 2 (2ac' + 2ca' - bb') x + (b'^2 - 4a'c') = 0,$$

a toujours ses racines réelles, quand $(b^2 - 4ac)$ est négatif.

Il n'y a lieu à démonstration, que lorsque $(b'^2-4a'c')$ est aussi négatif. O pose alors : $b^2-4ac=-\alpha^2$, $b'^2-4a'c'=-\alpha'^2$; et l'on prouve que la quantit qui, dans les valeurs'de x, est placée sous le radical, est un produit de deu facteurs, dont chacun est une somme de deux carrés.

CHAPITRE II.

DES ÉQUATIONS A UNE INCONNUE, QUI SE RAMÈNENT A CELLES DU SECOND DEGRÉ.

§ I. Des équations bicarrées.

272. RÉSOLUTION DE L'ÉQUATION BICARRÉE. Une équation une inconnue est dite *bicarrée*, lorsqu'elle ne contient que l carré et la quatrième puissance de l'inconnue. Elle peut toujours être ramenée à la forme,

$$ax^4+bx^2+c=0. \qquad [1]$$

Si l'on prend x^2 pour inconnue, cette équation devient du second degré. Car en posant : $x^2=z$, on a : $x^4=z^2$; et l'équation [1] devient :

$$az^2+bz+c=0.$$

On tire de là;

$$z=\frac{-b\pm\sqrt{b^2-4ac}}{2a};$$

comme x est la racine carrée de z, on a :

$$x=\pm\sqrt{\frac{-b\pm\sqrt{b^2-4ac}}{2a}}. \qquad [2]$$

Ainsi x admet, en général, quatre valeurs, égales deux à deux et de signes contraires.

273. DISCUSSION DES FORMULES. 1° Si l'on a : $b^2-4ac>0$, les deux valeurs de z sont réelles; elles peuvent, d'ailleurs (**246**) être toutes deux positives, ou toutes deux négatives, ou encore l'une positive et l'autre négative. *Dans le premier cas, les quatre* *valeurs de* x *sont réelles; dans le second, elles sont toutes les quatre imaginaires; dans le troisième, deux d'entre elles sont réelles, et les deux autres sont imaginaires.*

2° Si l'on a : $b^2 - 4ac = 0$, les valeurs de z sont réelles et égales; par suite, *les valeurs de* x *sont égales deux à deux : elles sont réelles, si* b *et* a *sont de signes contraires, et imaginaires, si* b *et* a *sont de même signe.*

3° Si l'on a : $b^2 - 4ac < 0$, les valeurs de z sont imaginaires; et, par conséquent, *les quatre valeurs de* x *sont imaginaires.*

274. Transformation des expressions de la forme $\sqrt{a + \sqrt{b}}$. La formule [2], qui résout l'équation bicarrée, contient deux radicaux superposés; et cette forme n'est pas avantageuse, en général, quand il s'agit de calculer numériquement les racines. Il n'est donc pas inutile de chercher, à quelles conditions il sera possible de transformer une expression de la forme $\sqrt{a + \sqrt{b}}$ en une somme de deux radicaux simples.

Posons l'équation :

$$\sqrt{a + \sqrt{b}} = \sqrt{x} + \sqrt{y};$$

et essayons de la résoudre par des valeurs *rationnelles* de x et de y; c'est le seul cas, où il y ait avantage à opérer la transformation. Nous supposerons, pour éviter toute difficulté, que les quatre radicaux ont le signe $+$; il nous sera permis alors (**126**) d'élever au carré les deux membres de l'équation [1]; et nous aurons l'équation équivalente :

$$a + \sqrt{b} = x + y + 2\sqrt{xy};$$

ou

$$(a - x - y) + \sqrt{b} = 2\sqrt{xy}. \qquad [2]$$

Si nous élevons encore au carré, nous aurons :

$$(a - x - y)^2 + 2(a - x - y)\sqrt{b} + b = 4xy.$$

Or le second membre est commensurable, par hypothèse; il en est de même des termes $(a - x - y)^2$ et b. Il faut donc que $2(a - x - y)\sqrt{b}$ soit aussi commensurable; et, comme $\sqrt{b}$ ne l'est pas, il faut que $(a - x - y)$ soit nul. On doit donc avoir :

$$x + y = a$$

et, par suite :

$$4xy = b. \qquad [3]$$

Il résulte de là, que x et y ne peuvent être que les racines (**256**) de l'équation :

$$z^2 - az + \frac{b}{4} = 0. \tag{4}$$

Ainsi, on doit avoir, par exemple :

$$x = \frac{a + \sqrt{a^2 - b}}{2}, \qquad y = \frac{a - \sqrt{a^2 - b}}{2}. \tag{5}$$

Mais ces valeurs ne sont commensurables que dans le cas où $(a^2 - b)$ est un carré parfait. Donc, si cette condition n'est pas remplie, la transformation n'est pas possible. Si, au contraire, $(a^2 - b)$ est un carré c^2, x et y ont des valeurs commensurables :

$$x = \frac{a + c}{2}, \quad y = \frac{a - c}{2};$$

et, ces valeurs vérifiant l'équation [2], nous avons la formule de transformation :

$$\sqrt{a + \sqrt{b}} = \sqrt{\frac{a + c}{2}} + \sqrt{\frac{a - c}{2}}. \tag{6}$$

Faisons remarquer, d'ailleurs, que, quel que soit $(a^2 - b)$, la formule :

$$\sqrt{a + \sqrt{b}} = \sqrt{\frac{a + \sqrt{a^2 - b}}{2}} + \sqrt{\frac{a - \sqrt{a^2 - b}}{2}},$$

est vraie, puisqu'en l'élevant au carré, on arrive à une identité ; mais elle n'offre aucun avantage, quand $(a^2 - b)$ n'est pas un carré, puisqu'alors on substitue à un radical une somme de deux radicaux *de même forme*.

275. REMARQUE. Si l'on a à transformer $\sqrt{a - \sqrt{b}}$, on posera :

$$\sqrt{a - \sqrt{b}} = \sqrt{x} - \sqrt{y},$$

x étant plus grand que y ; et les mêmes raisonnements conduiront à la même équation [4], pour la détermination de x et de y. La transformation ne réussira donc que dans le cas où $(a^2 - b)$ serait un carré parfait c^2 ; et l'on aura :

$$\sqrt{a - \sqrt{b}} = \sqrt{\frac{a + c}{2}} - \sqrt{\frac{a - c}{2}}. \tag{7}$$

Si maintenant le premier membre a le signe —, il est facile de voir que, pour faire concorder les signes des deux membres, on devra écrire :

$$\left.\begin{array}{l} -\sqrt{a+\sqrt{b}}=-\sqrt{\dfrac{a+c}{2}}-\sqrt{\dfrac{a-c}{2}}, \\[2ex] -\sqrt{a-\sqrt{b}}=-\sqrt{\dfrac{a+c}{2}}+\sqrt{\dfrac{a-c}{2}}. \end{array}\right\} \quad [8]$$

Car il suffira, pour obtenir ces nouvelles formules, de changer les signes des deux membres des formules [6] et [7].

Ainsi, en résumé, on a :

$$\pm\sqrt{a\pm\sqrt{b}}=\pm\left(\sqrt{\frac{a+\sqrt{a^2-b}}{2}}\pm\sqrt{\frac{a-\sqrt{a^2-b}}{2}}\right),$$

en admettant que les signes extérieurs se correspondent, ainsi que les signes intérieurs.

276. APPLICATIONS.

1° $\sqrt{7-\sqrt{24}}=\sqrt{\dfrac{7+\sqrt{49-24}}{2}}-\sqrt{\dfrac{7-\sqrt{49-24}}{2}}=\sqrt{6}-1.$

2° $\sqrt{94+6\sqrt{245}}=\sqrt{94+\sqrt{8820}}=\sqrt{\dfrac{94+4}{2}}+\sqrt{\dfrac{94-4}{2}}=7+3\sqrt{5}.$

3° On démontre, en géométrie, qu'en désignant par C le côté d'un polygone régulier inscrit dans un cercle de rayon R, et par x le côté du polygone régulier inscrit d'un nombre de côtés double, on a la formule : $x=\sqrt{2R^2-R\sqrt{4R^2-C^2}}.$ Ici, $a=2R^2,\ b=4R^4-C^2R^2$; d'où $a^2-b=C^2R^2.$ On a donc :

$$x=\sqrt{R\left(R+\frac{C}{2}\right)}-\sqrt{R\left(R-\frac{C}{2}\right)}.$$

4° Condition nécessaire et suffisante, pour que les racines de l'équation bi-carrée $x^4+px^2+q=0$, s'expriment par la somme de deux radicaux simples.

On a : $\qquad x=\pm\sqrt{-\dfrac{p}{2}\pm\sqrt{\dfrac{p^2}{4}-q}}.$

Dans ce cas, $\qquad a=-\dfrac{p}{2},\qquad b=\dfrac{p^2}{4}-q\,;\quad$ donc $\quad a^2-b=q.$

Ainsi, il faut et il suffit que q soit un carré.

277. FORME DE L'ÉQUATION BINOME. Une équation binome est une équation à deux termes, de la forme :

$$x^m + A = 0. \qquad [1]$$

Si A est positif, en désignant par a la racine m^{me} de A, on aura : $A = a^m$. Si A est négatif, on désignera par a la racine m^{me} de $-A$, et l'on aura : $A = -a^m$. L'équation [1] prendra alors la forme,

$$x^m \pm a^m = 0. \qquad [2]$$

Et, si l'on pose, $x = ay$, l'équation [2] deviendra :

$$a^m y^m \pm a^m = 0,$$

ou
$$y^m \pm 1 = 0. \qquad [3]$$

Telle est la forme à laquelle on peut ramener toute équation binome. Quand on a trouvé les valeurs de y, on les multiplie par a, pour avoir les valeurs de x.

278. RÉSOLUTION DE QUELQUES ÉQUATIONS BINOMES.

1° L'équation [1] $x^2 - 1 = 0$,

a pour racines, $x = \pm 1.$

L'équation [2] $x^2 + 1 = 0$,

a pour racines, $x = \pm \sqrt{-1}.$

2° L'équation [3] $x^3 - 1 = 0$,

peut s'écrire : $(x - 1)(x^2 + x + 1) = 0;$

elle est donc décomposable en deux équations,

$$x - 1 = 0, \quad \text{et} \quad x^2 + x + 1 = 0;$$

et ses racines sont :

$$x = 1, \quad \text{et} \quad x = \frac{-1 \pm \sqrt{-3}}{2}.$$

L'équation [4] $x^3 + 1 = 0$,

devient identique à la précédente, quand on y change x en $-x$: ses racines sont donc celles de [3], changées de signe, c'est-à-dire :

$$x = -1, \quad \text{et} \quad x = \frac{1 \pm \sqrt{-3}}{2}.$$

3° L'équation [5] $\qquad x^4 - 1 = 0$,

peut s'écrire : $\qquad (x^2 - 1)(x^2 + 1) = 0$.

Elle est donc équivalente aux deux équations [1] et [2]; et, par suite, ses racines sont celles de ces équations, c'est-à-dire :

$$x = \pm 1, \qquad x = \pm \sqrt{-1}.$$

L'équation [6] $\qquad x^4 + 1 = 0$,

est identique à $\qquad x^4 + 2x^2 + 1 = 2x^2$,

ou à $\qquad (x^2 + 1)^2 - 2x^2 = 0 :$

elle peut donc s'écrire :

$$(x^2 + 1 + x\sqrt{2})(x^2 + 1 - x\sqrt{2}) = 0;$$

et par suite, elle est décomposable en deux équations du deuxième degré,

$$x^2 + x\sqrt{2} + 1 = 0, \quad \text{et} \quad x^2 - x\sqrt{2} + 1 = 0.$$

Ces deux équations ne diffèrent que par le signe de x : elles ont pour racines,

$$x = \frac{-\sqrt{2} \pm \sqrt{-2}}{2} \qquad x = \frac{\sqrt{2} \pm \sqrt{-2}}{2},$$

Ce sont donc là les quatre racines de l'équation [6].

4° L'équation [7] $\qquad x^6 - 1 = 0$,

est décomposable en deux autres,

$$x^3 - 1 = 0 \qquad x^3 + 1 = 0.$$

Ses solutions sont donc les six racines des équations [3] et [4], c'est-à-dire :

$$x = \pm 1, \qquad \text{et} \qquad x = \frac{\pm 1 \pm \sqrt{-3}}{2}.$$

L'équation [8] $\qquad x^6 + 1 = 0$,

devient identique à la précédente, quand on y remplace x par $x\sqrt{-1}$; car on a :

$$(x\sqrt{-1})^6 = x^6(\sqrt{-1})^6 = -x^6.$$

Ses racines sont donc données par les équations :

$$x\sqrt{-1} = \pm 1, \qquad x\sqrt{-1} = \frac{\pm 1 \pm \sqrt{-3}}{2};$$

et, pour les obtenir, il suffit de multiplier les deux membres par $\sqrt{-1}$; car alors les premiers membres deviennent égaux à $x \times (-1)$, ou à $-x$. On a donc :

$$x = \pm\sqrt{-1}, \quad \text{et} \quad x = \frac{\pm\sqrt{3} \pm \sqrt{-1}}{2}.$$

5° L'équation [9] $x^8 - 1 = 0,$

est décomposable en deux autres,

$$x^4 - 1 = 0, \quad \text{et} \quad x^4 + 1 = 0.$$

Ses racines sont donc les huit racines des équations [5] et [6], c'est-à-dire :

$$x = \pm 1, \quad x = \pm\sqrt{-1}, \quad x = \frac{\pm\sqrt{2} \pm \sqrt{-2}}{2}$$

L'équation [10] $x^8 + 1 = 0,$

peut s'écrire : $x^8 + 2x^4 + 1 = 2x^4,$

ou $(x^4 + 1)^2 - 2x^4 = 0 :$

elle se décompose donc en deux autres,

$$x^4 + 1 + x^2\sqrt{2} = 0, \quad \text{et} \quad x^4 + 1 - x^2\sqrt{2} = 0,$$

équations bicarrées que l'on sait résoudre, et qui donnent :

$$x = \pm\sqrt{\frac{-\sqrt{2} \pm \sqrt{-2}}{2}}, \quad \text{et} \quad x = \pm\sqrt{\frac{\sqrt{2} \pm \sqrt{-2}}{2}}.$$

6° Enfin les racines de l'équation,

$$x^{12} - 1 = 0, \tag{11}$$

sont celles des équations [7] et [8].

Nous ne pousserons pas plus loin l'étude de ces transformations; car notre but était seulement de montrer, par quelques exemples, comment certaines équations, de degré supérieur au second, peuvent se ramener à celles du second degré. Mais la méthode générale de résolution des équations binomes appartient à la seconde partie de l'algèbre.

§ III. Des équations trinomes.

279. RÉSOLUTION DE L'ÉQUATION TRINOME. Une équation trinome est une équation à trois termes, de la forme,

$$ax^{2n} + bx^n + c = 0. \qquad [1]$$

Si l'on prend x^n pour inconnue, en posant :

$$x^n = z, \quad \text{d'où} \quad x^{2n} = z^2, \qquad [2]$$

cette équation devient du second degré,

$$az^2 + bz + c = 0. \qquad [3]$$

On peut donc obtenir les deux valeurs de z; et, en les substituant successivement dans l'équation [2], on est ramené, pour avoir les racines de l'équation [1], à résoudre deux équations binomes du degré n.

EXERCICES.

I. Résoudre l'équation :

$$\frac{1}{x - \sqrt{2 - x^2}} - \frac{1}{x + \sqrt{2 - x^2}} = 1.$$

On trouve :

$$x = \pm \sqrt{\frac{1 \pm \sqrt{5}}{2}}.$$

II. Résoudre l'équation : $2x \sqrt[3]{x} - 3x \sqrt[3]{\frac{1}{x}} = 20.$

On pose :

$$\sqrt[3]{x} = z;$$

et l'on trouve : $\qquad x = \pm 8, \quad x = \pm \frac{5}{2} \sqrt{-\frac{5}{2}}.$

III. Résoudre l'équation : $\dfrac{x}{a + x} + \dfrac{\sqrt{a}}{\sqrt{a + x}} = \dfrac{b}{a}.$

On pose :

$$\frac{\sqrt{a + x}}{\sqrt{a}} = z;$$

et l'on trouve :

$$z = \frac{-a \pm \sqrt{5a^2 - 4ab}}{2(a - b)}, \qquad x = \frac{a(a^2 + 2ab - 2b^2 \pm a\sqrt{5a^2 - 4ab})}{2(a - b)^2}.$$

IV. Résoudre l'équation :

$$cx = (\sqrt{1+x} - 1)(\sqrt{1-x} + 1).$$

On pose : $\sqrt{1+x} = z$;

et l'on trouve : $x = 0, \qquad x = \dfrac{4c(1-c^2)}{(1+c^2)^2}.$

V. Résoudre l'équation :

$$(x+2)^2 + 2(x+2)\sqrt{x} - 3\sqrt{x} = 46 + 2x.$$

On pose : $x + \sqrt{x} + 2 = z$;

et l'on trouve : $x = 4, \quad x = 9, \quad x = \dfrac{-13 \pm 3\sqrt{-3}}{2}.$

VI. Résoudre l'équation :

$$(a+x)^{\frac{2}{3}} + 4(a-x)^{\frac{2}{3}} - 5(a^2 - x^2)^{\frac{1}{3}} = 0.$$

On trouve : $x = 0, \qquad x = \dfrac{63a}{65}.$

VII. Résoudre l'équation :

$$(1+x)^{\frac{2}{5}} + (1-x)^{\frac{2}{5}} = (1-x^2)^{\frac{1}{5}}.$$

On trouve : $x = \pm \dfrac{\sqrt{-3}}{3}.$

VIII. Résoudre l'équation :

$$\frac{(1+x)^2}{1+x^3} + \frac{(1-x)^2}{1-x^3} = a.$$

On trouve : $x = \pm \sqrt{\dfrac{2}{a} - \dfrac{1}{2} \pm \sqrt{\dfrac{4}{a^2} - \dfrac{3}{4}}}.$

IX. Résoudre l'équation :

$$(a+x)^{\frac{1}{4}} + (a-x)^{\frac{1}{4}} = h.$$

On trouve : $x = \pm \sqrt{a^2 - \left\{ h^2 \pm \sqrt{a + \dfrac{h^4}{2}} \right\}^4}.$

X. Résoudre l'équation : $\dfrac{x + \sqrt{x^2 - a^2}}{x - \sqrt{x^2 - a^2}} = \dfrac{x}{a}.$

On trouve : $x = a, \quad x = a\,\dfrac{-3 \pm \sqrt{-7}}{8}.$

Quelquefois on reconnaît, à l'inspection d'une équation, qu'elle admet une racine a. Son premier membre est alors décomposable en facteurs (76) : et cette décomposition facilite la résolution de l'équation, en abaissant son degré, car son premier membre est divisible par $(x-a)$.

En voici quelques exemples.

XI. Résoudre l'équation : $x^3 - 3x = 2.$

Elle admet la racine. $x = 2.$

XII. Résoudre l'équation : $2x^3 - x^2 = 1$.

e admet la racine, $x = 1$.

XIII. Résoudre l'équation :

$$x^3 - 6x^2 + 10x - 8 = 0.$$

e admet la racine, $x = 4$.

XIV. Résoudre l'équation :

$$x^4 - 2x^3 + x - 132 = 0.$$

On l'écrit sous la forme,

$$x^2 (x-1)^2 - x(x-1) - 132 = 0;$$

pose : $x(x-1) = z;$

l'on trouve : $x = 4, \quad x = -3, \quad x = \dfrac{1 \pm \sqrt{-43}}{2}.$

XV. Résoudre l'équation :

$$x^4 + x^3 - 4x^2 + x + 1 = 0.$$

le admet deux fois la racine, $x = 1;$

on la ramène ainsi au second degré.

XVI. Résoudre l'équation :

$$x^4 + \frac{13}{3} x^3 - 39x - 81 = 0.$$

On écrit l'équation sous la forme,

$$x^4 - 81 + \frac{13}{3} x(x^2 - 9) = 0;$$

l'on trouve : $x = \pm 3, \quad x = \dfrac{-13 \pm \sqrt{-155}}{6}.$

CHAPITRE III.

DES ÉQUATIONS A PLUSIEURS INCONNUES.

§ I. Des équations du second degré à deux inconnues.

280. FORME GÉNÉRALE DE L'ÉQUATION DU SECOND DEGRÉ À DEUX INCONNUES. Une équation du second degré, à deux inconnues x et y, ramenée à la forme entière, ne peut renfermer que six es-

pèces de termes, savoir : des termes en x^2, des termes en x
des termes en y^2, puis des termes en y, des termes en x, et c
termes indépendants. L'équation du second degré peut do
toujours se ramener à la forme,

$$Ax^2 + Bxy + Cy^2 + Dx + Ey + F = 0.$$

281. RÉSOLUTION DE DEUX ÉQUATIONS DONT L'UNE EST DU PR
MIER DEGRÉ. La résolution des équations simultanées est u
des questions les plus compliquées de l'algèbre. Nous n'avo
pas à en aborder ici la théorie générale : nous nous bornero
à traiter quelques cas fort simples.

*On peut toujours résoudre deux équations à deux inconnu
l'une du premier et l'autre du second degré.* Soit, en effet,
système :

$$Ax^2 + Bxy + Cy^2 + Dx + Ey + F = 0, \quad\rbrace \qquad [1]$$
$$ax + by = c. \qquad\qquad\qquad [2]$$

On tire de l'équation [2] :

$$y = \frac{c - ax}{b};$$

substituant cette valeur dans l'équation [1], on obtient une équa
tion du second degré en x :

$$(Ab^2 - Bab + Ca^2)x^2 + (Bbc - 2Cac + Db^2 - Eab)x$$
$$+ Cc^2 + Ebc + Fb^2 = 0, \qquad\qquad [3]$$

laquelle fournit deux valeurs pour cette inconnue; et chacu
de ces valeurs, mise à la place de x, dans l'équation [2], don
deux valeurs correspondantes pour y.

Le système proposé admet donc deux systèmes de solution
Si les deux valeurs de x sont réelles, les deux systèmes de sol
tions sont réels : ils sont imaginaires, si les valeurs de x so
imaginaires.

282. CAS DE DEUX ÉQUATIONS DU SECOND DEGRÉ. *Lorsque
équations à deux inconnues sont toutes deux du second degré, l'élim
nation de l'une des inconnues conduit, en général, à une équa
complète du quatrième degré.*

En effet, soit le système :

$$Ax^2 + Bxy + Cy^2 + Dx + Ey + F = 0, \quad\rbrace \qquad [1]$$
$$A'x^2 + B'xy + C'y^2 + D'x + E'y + F' = 0. \quad\rbrace \qquad [2]$$

Pour éliminer y, on pourrait tirer sa valeur de l'une des équations, et la substituer dans l'autre : mais on compliquerait ainsi l'équation finale de radicaux, qu'il faudrait ensuite faire disparaître. Il est plus simple d'éliminer d'abord y^2, en multipliant l'équation [1] par C' et l'équation [2] par C, et en soustrayant l'un des résultats de l'autre ; on a ainsi :

$$(AC' - CA')x^2 + (BC' - CB')xy + (DC' - CD')x + (EC' - CE')y$$
$$+ (FC' - CF') = 0,$$

ou, en représentant chaque coefficient par une lettre,

$$ax^2 + bxy + cx + dy + e = 0; \qquad [3]$$

et cette équation [3] peut remplacer (**139**) l'une des deux équations proposées.

On tire alors de l'équation [3] la valeur de y :

$$y = - \frac{ax^2 + cx + e}{bx + d},$$

et on la substitue dans l'équation [1], qui devient :

$$Ax^2 - \frac{Bx(ax^2 + cx + e)}{bx + d} + \frac{C(ax^2 + cx + e)^2}{(bx + d)^2}$$
$$+ Dx - \frac{E(ax^2 + cx + e)}{bx + d} + F = 0. \qquad [4]$$

Or on voit aisément que, si l'on chasse les dénominateurs, en multipliant les deux membres par $(bx + d)^2$, cette équation sera au quatrième degré. Comme elle contiendra, en général, des termes du troisième degré et des termes du premier degré, il ne sera pas possible de la résoudre par les procédés ordinaires de l'Algèbre élémentaire.

Ainsi, le système de deux équations du second degré à deux inconnues ne peut être résolu, en général, par les méthodes connues jusqu'ici. Mais on rencontre parfois des systèmes simples, qui peuvent se résoudre à l'aide de certains artifices particuliers, que nous allons faire connaître.

283. Résolution de quelques systèmes simples. 1° Soit le système :

$$\left. \begin{array}{l} x + y = a, \\ xy = b^2. \end{array} \right\} \qquad [1]$$

On reconnaît immédiatement (256) que x et y sont les racines de l'équation

$$z^2 - az + b^2 = 0;$$

donc
$$\genfrac{}{}{0pt}{}{x}{y} = \frac{a \pm \sqrt{a^2 - 4b^2}}{2}. \qquad [2]$$

Pour que les racines soit réelles, il faudra que l'on ait :

$$a^2 \gtreqless 4b^2.$$

2° Soit le système ;

$$\left. \begin{array}{l} x - y = a, \\ xy = b^2. \end{array} \right| \qquad [1]$$

On ramène ce système au précédent, en posant $y = -v$; car on a alors :

$$x + v = a, \qquad xv = -b^2;$$

et, par suite,
$$\genfrac{}{}{0pt}{}{x}{v} = \frac{a \pm \sqrt{a^2 + 4b^2}}{2}.$$

Ainsi l'on a :

$$\left. \begin{array}{l} x = \dfrac{a + \sqrt{a^2 + 4b^2}}{2} \\ y = \dfrac{-a + \sqrt{a^2 + 4b^2}}{2}; \end{array} \right\} \quad [2] \quad \text{ou} \quad \left. \begin{array}{l} x = \dfrac{a - \sqrt{a^2 + 4b^2}}{2}, \\ y = -\dfrac{a + \sqrt{a^2 + 4b^2}}{2}. \end{array} \right\} \quad [3]$$

Il y a donc deux systèmes de solutions, qui sont toujours réelles.

3° Soit le système :

$$\left. \begin{array}{l} x + y = a, \\ x^2 + y^2 = b^2. \end{array} \right\} \qquad [1]$$

Si l'on élève au carré les deux membres de la première équation, puis qu'on en retranche les deux membres de la seconde, on a :

$$2xy = a^2 - b^2.$$

On connaît donc la somme et le produit des inconnues, qui sont, par suite racines de l'équation :

$$z^2 - az + \frac{a^2 - b^2}{2} = 0.$$

On a donc :
$$\genfrac{}{}{0pt}{}{x}{y} = \frac{a \pm \sqrt{2b^2 - a^2}}{2}. \qquad [2]$$

Si l'on a : $2b^2 - a^2 > 0$, les valeurs de x et de y sont réelles; elles sont imaginaires, si l'on a : $2b^2 - a^2 < 0$.

4° Soit le système :

$$\left. \begin{array}{l} x^2 + y^2 = a^2, \\ xy = b^2. \end{array} \right| \qquad [1]$$

Si l'on double les deux membres de la seconde équation, puis qu'on l'ajoute à remière, et qu'on l'en retranche successivement, on remplace le système proosé par le système équivalent (139) :

$$(x+y)^2 = a^2 + 2b^2, \\ (x-y)^2 = a^2 - 2b^2. \quad \Big\} \qquad [2]$$

On tire de là :

$$x+y = \pm \sqrt{a^2 + 2b^2}, \\ x-y = \pm \sqrt{a^2 - 2b^2}. \quad \Big\} \qquad [3]$$

Par conséquent, en ajoutant et en retranchant membre à membre, puis en diviant par 2, on a

$$x = \pm \frac{1}{2} \sqrt{a^2 + 2b^2} \pm \frac{1}{2} \sqrt{a^2 - 2b^2}, \\ y = \pm \frac{1}{2} \sqrt{a^2 + 2b^2} \mp \frac{1}{2} \sqrt{a^2 - 2b^2}. \quad \Big\} \qquad [4]$$

REMARQUE. Il semble qu'il y ait là huit systèmes de solutions, qu'on obtiendrait en combinant les signes des radicaux de toutes les manières possibles. Mais on doit faire observer que les équations [3] forment seulement quatre systèmes; savoir, en posant $\sqrt{a^2 + 2b^2} = R$, et $\sqrt{a^2 - 2b^2} = R'$:

$$x+y = R, \quad\} \quad x+y = -R, \quad\} \quad x+y = R, \quad\} \quad x+y = -R, \quad\} \\ x-y = R', \quad\} \quad x-y = R', \quad\} \quad x-y = -R', \quad\} \quad x-y = -R'. \quad\}$$

De plus, si l'on permute x et y, les équations [1] ne changent pas; le premier et le troisième système sont équivalents; il en est de même du second et du quatrième. Il n'y a donc, en réalité, que deux systèmes de solutions.

On voit d'ailleurs, que les solutions seront réelles, si l'on a : $a^2 > 2b^2$; et imaginaires, si l'on a : $a^2 < 2b^2$.

5° Soit le système :

$$x^2 - y^2 = a^2, \\ xy = b^2. \quad \Big\} \qquad [1]$$

On ramène ce système à celui du second cas, en l'écrivant ainsi

$$x^2 - y^2 = a^2, \\ x^2 y^2 = b^4. \quad \Big\} \qquad [2]$$

Et l'on en tire les valeurs de x^2 et de y^2, puis celles de x et de y :

$$x = \pm \sqrt{\frac{a^2 + \sqrt{a^4 + 4b^4}}{2}}, \\ y = \pm \sqrt{\frac{-a^2 + \sqrt{a^4 + 4b^4}}{2}}; \quad \Big\} \quad [3] \quad \text{ou} \quad x = \pm \sqrt{\frac{a^2 - \sqrt{a^4 + 4b^4}}{2}}, \\ y = \pm \sqrt{\frac{-a^2 - \sqrt{a^4 + 4b^4}}{2}}, \quad \Big\} \quad [4]$$

Mais le système [2] est plus général que le système [1], parce qu'on a élevé au carré les deux membres de la seconde équation [1]. On doit donc combiner les valeurs de x et de y, de manière que leur produit soit égal à b^2 : et cela exige que l'on associe les valeurs qui ont le même signe.

Il y a donc quatre systèmes de solutions : les deux premiers sont réels, et les deux autres imaginaires.

§ II. Des équations du second degré à plus de deux inconnues.

284. EXEMPLES. 1° Soit le système :

$$\left. \begin{array}{l} x + y + z = a \,, \\ x^2 + y^2 + z^2 = b^2, \\ xy = cz. \end{array} \right\} \qquad [1]$$

Si l'on élève au carré les deux membres de la première équation, après avoir fait passer z dans le second membre, on a :

$$x^2 + 2xy + y^2 = a^2 - 2az + z^2 \,;$$

et, si l'on substitue à $x^2 + y^2$ et à xy leurs valeurs tirées des deux autres, il vient

$$2z^2 - 2(a + c)\,z + a^2 - b^2 = 0,$$

équation du second degré en z, d'où l'on tire :

$$z = \frac{a + c \pm \sqrt{(a+c)^2 - 2(a^2 - b^2)}}{2}. \qquad [2]$$

Connaissant z, on tirera la somme $x + y$ de la première équation, et le produit xy de la troisième ; et le calcul s'achèvera, comme au n° **283** (1°).

2° Soit encore le système :

$$\left. \begin{array}{l} x^2 + xy + y^2 = 37, \\ x^2 + xz + z^2 = 28, \\ y^2 + yz + z^2 = 19. \end{array} \right\} \qquad [1]$$

Si l'on retranche la seconde équation de la première, et la troisième de la deuxième, on a :

$$\left. \begin{array}{l} (y - z)\,(x + y + z) = 9 \,, \\ (x - y)\,(x + y + z) = 9 \,; \end{array} \right\}$$

d'où l'on conclut : $y - z = x - y,$ ou $x + z = 2y \,;$ [2]

et, par suite, $(x - y)y = 3.$ [3]

On tire de cette dernière : $x = \dfrac{3}{y} + y \,;$

et, substituant cette valeur dans la première des équations proposées, il vient

$$\left(\frac{3}{y} + y \right)^2 + 3 + z^2 + y^2 = 37,$$

ou $3y^4 - 28y^2 + 9 = 0,$

équation bicarrée, qui donne :

$$y = \pm 3, \quad y = \pm \frac{1}{3}\sqrt{3}.$$

Par suite, $x = \pm 4, \quad x = \pm \frac{10}{3}\sqrt{3},$

et $z = \pm 2, \quad z = \mp \frac{8}{3}\sqrt{3}.$

§ III. Des équations de degré supérieur au second.

285. EXEMPLES. 1° Soit le système :

$$x^2y + xy^2 = 30, \atop \frac{1}{x} + \frac{1}{y} = \frac{5}{6}. \Bigg\}$$ [1]

En chassant les dénominateurs de la seconde équation, on peut écrire ainsi le système :

$$xy(x+y) = 30, \atop 6(x+y) = 5xy. \Big\}$$

Si donc on considère xy et $x+y$ comme deux inconnues auxiliaires u et v, on aura :

$$uv = 30, \atop 6v = 5u. \Big\}$$ [2]

La seconde équation donne $v = \frac{5}{6}u$; en substituant cette valeur dans la première, on obtient :

$$\frac{5}{6}u^2 = 30, \quad \text{ou} \quad u^2 = 36 ;$$

de là : $$u = \pm 6, \quad \text{et} \quad v = \pm 5.$$

Il faut adopter le même signe pour la valeur de u et pour celle de v, puisque $v = \frac{5}{6}u$.

Si nous adoptons d'abord les valeurs $u = 6$, $v = 5$, nous avons :

$$x + y = 5, \atop xy = 6 ; \Big\}$$ [3]

d'où l'on déduit, pour x et pour y, les valeurs 2 et 3.

Si nous adoptons $u = -6$, $v = -5$, nous avons :

$$x + y = -5, \atop xy = -6 ; \Big\}$$ [4]

d'où l'on déduit pour x et y les valeurs -6 et 1.

2° Soit encore le système :

$$\frac{4}{y^2} + \frac{4+y}{y} = \frac{8+4y}{x} + \frac{12y^2}{x^2}, \atop 4y^2 - xy = x. \Bigg\}$$ [1]

La première équation devient, si l'on chasse les dénominateurs :

$$4x^2 + (4+y)yx^2 = (8+4y)xy^2 + 12y^4 ;$$

et on peut l'écrire, en ajoutant $4y^4$ aux deux membres,

$$x^2(2+y)^2 - 4xy^2(2+y) + 4y^4 = 16y^4.$$

ALG. B. Ire PARTIE.   14

Or ie premier membre est le carré de $x(2+y) - 2y^2$; cette équation peut donc s'écrire :

$$[x(2+y) - 2y^2]^2 = (4y^2)^2;$$

ce qui équivaut à $\qquad x(2+y) - 2y^2 = \pm 4y^2.$ [2]

Nous pouvons donc, au système proposé, substituer les deux suivants :

[3] $\qquad \begin{cases} x(2+y) - 2y^2 = 4y^2, \\ 4y^2 - xy = x. \end{cases}$ $\qquad \begin{cases} x(2+y) - 2y^2 = -4y^2, \\ 4y^2 - xy = x. \end{cases}$ [4]

Nous résoudrons, d'ailleurs, sans difficulté ces deux systèmes. En effet, la seconde des équations [3], résolue par rapport à x, devient :

$$x = \frac{4y^2}{y+1};$$

et cette valeur, substituée dans la première, donne :

$$4y^2 \left(\frac{2+y}{y+1} \right) - 6y^2 = 0, \quad \text{ou} \quad 2y^2 (1-y) = 0;$$

d'où l'on conclut : $\qquad y = 0, \quad \text{et} \quad y = 1,$

et, par suite, $\qquad x = 0, \quad \text{et} \quad x = 2.$

On trouvera de même, pour les solutions du système [4] :

$$\begin{matrix} y = 0, \\ x = 0, \end{matrix} \Big\} \quad \text{et} \quad \begin{matrix} y = -\dfrac{5}{3}, \\ x = -\dfrac{50}{3}. \end{matrix} \Big\}$$

Ainsi les solutions du système proposé sont :

$$1° \begin{cases} x = 0, \\ y = 0, \end{cases} \quad 2° \begin{cases} x = 2, \\ y = 1, \end{cases} \quad 3° \begin{cases} x = -\dfrac{50}{3}, \\ y = -\dfrac{5}{3}. \end{cases}$$

3° Soit, enfin, le système :

$$\begin{matrix} x^3 + y^3 + x^2y + y^2x = 13, \\ x^4y^2 + x^2y^4 = 468; \end{matrix} \Big\} \qquad [1]$$

On peut, en groupant les termes, l'écrire ainsi :

$$\begin{matrix} (x+y)(x^2+y^2) = 13, \\ x^2y^2(x^2+y^2) = 468; \end{matrix} \Big\}$$

et, en divisant la seconde équation par la première, on a :

$$x^2y^2 = 36(x+y),$$

équation qui peut remplacer l'une des précédentes. Si l'on désigne le produit xy par u, et la somme $x+y$ par v, le système devient :

$$\begin{matrix} v(v^2 - 2u) = 13, \\ u^2 = 36v. \end{matrix} \Big\} \qquad [2]$$

Si l'on élimine v entre ces deux équations, on a :

$$\frac{u^6}{36^3} - \frac{2u^3}{36} - 13 = 0,$$

équation trinome, d'où l'on tire :

$$\frac{u^3}{36} = 36 \pm \sqrt{36^2 + 13 \times 36};$$

et de là :
$$u = -6, \quad \text{et} \quad u = 6\sqrt[3]{13}.$$

Par suite,
$$v = 1, \quad \text{et} \quad v = \sqrt[3]{13^2}.$$

Ainsi le premier système de solution est fourni par l'équation :

$$z^2 - z - 6 = 0;$$

d'où l'on conclut :
$$x = 3, \quad y = -2;$$

et le second système est fourni par l'équation :

$$z^2 - \sqrt[3]{13^2}\, z + 6\sqrt[3]{13} = 0 ;$$

d'où l'on conclut :

$$x = \frac{\sqrt[3]{13^2} + \sqrt{-11\sqrt[3]{13}}}{2}, \qquad y = \frac{\sqrt[3]{13^2} - \sqrt{-11\sqrt[3]{13}}}{2}.$$

EXERCICES.

I. Résoudre les équations :

$$\begin{cases} ab - \frac{1}{2}(a+b)(x+y) + xy = 0, \\ cd - \frac{1}{2}(c+d)(x+y) + xy = 0 \end{cases}$$

et en déduire :
$$\frac{(x-y)^2}{4} = \frac{(a-c)(a-d)(b-c)(b-d)}{(a+b-c-d)^2}.$$

On tire $x+y$ et xy des deux équations, et on forme l'expression $\left(\dfrac{x+y}{2}\right)^2 - xy$, qui est égale à $\dfrac{(x-y)^2}{4}$.

II. Résoudre le système :

$$a^n x^m + b^m y^n = 2\sqrt{a^m b^n x^m y^n}, \quad xy = ab.$$

On élimine y; et, en posant $\sqrt{x^{m+n}} = z$, on obtient une équation du second degré,

$$z^2 - 2b^n\sqrt{a^{m-n}}\, z + b^{m+n} = 0.$$

On en tire z; et l'on obtient ensuite x et y.

III. Résoudre le système :

$$x + y = a, \quad x^3 + y^3 = d^3.$$

On calcule le produit xy ; et l'on arrive ensuite à

$$x \atop y = \frac{a}{2} \pm \frac{1}{2} \sqrt{\frac{4\,d^3}{3a} - \frac{a^2}{3}}.$$

IV. Résoudre le système :

$$x + y = a, \quad x^4 + y^4 = d^4.$$

On calcule le produit xy, en élevant la première équation à la quatrième puissance ; et l'on trouve :

$$xy = a^2 \pm \sqrt{\frac{a^4 + d^4}{2}}.$$

On en conclut aisément x et y.

V. Résoudre le système :

$$x + y = a, \quad x^5 + y^5 = d^5.$$

On calcule le produit xy d'une manière analogue, et l'on trouve :

$$xy = \frac{a^2}{2} \pm \frac{\sqrt{5a\,(a^5 + 4d^5)}}{10a}.$$

VI. Résoudre le système :

$$\frac{1}{x} + \frac{1}{y} = \frac{1}{a}, \qquad \frac{1}{x^2} + \frac{1}{y^2} = \frac{1}{b^2}.$$

En prenant $\frac{1}{x}$ et $\frac{1}{y}$ pour inconnues, on est ramené au système 3° (n° **283**).

VII. Résoudre le système :

$$\sqrt{x} + \sqrt{y} = \sqrt{a}, \quad x + y = b.$$

On est ramené au même système, en prenant $\sqrt{x}$ et $\sqrt{y}$ pour inconnues.

VIII. Résoudre le système :

$$x^{\frac{3}{4}} + y^{\frac{3}{5}} = 35, \qquad x^{\frac{1}{4}} + y^{\frac{1}{5}} = 5.$$

On prend pour inconnues $x^{\frac{1}{4}}$ et $y^{\frac{1}{5}}$; et l'on est ramené à l'exercice III.

IX. Résoudre le système :

$$\sqrt{\frac{x}{y}} + \sqrt{\frac{y}{x}} = \frac{61}{\sqrt{xy}} + 1, \quad \sqrt[4]{x^3 y} + \sqrt[4]{xy^3} = 78.$$

On prend encore pour inconnues $x + y$ et xy. (Rép. : $x = 81, y = 16$).

X. Résoudre le système :

$$x - y + \sqrt{\frac{x - y}{x + y}} = \frac{20}{x + y}, \quad x^2 + y^2 = 34.$$

On trouve aisément :

$$1° \quad x = \pm 5, \quad y = \pm 3; \quad 2° \quad x = \pm \sqrt{\frac{59}{2}}, \quad y = \pm \sqrt{\frac{9}{2}}.$$

XI. Résoudre le système :

$$\begin{cases} (x + y) \, (xy + 1) = 18xy, \\ (x^2 + y^2) \, (x^2y^2 + 1) = 208x^2y^2. \end{cases}$$

On divise la première équation par xy, la seconde par x^2y^2; puis on représente $x + \dfrac{1}{x}$ par u, $y + \dfrac{1}{y}$ par v, et l'on arrive aux deux équations :

$$v + u = 18, \quad v^2 + u^2 = 212;$$

d'où l'on tire aisément : $x = 7 \pm 4\sqrt{3}$, $y = 2 \pm \sqrt{3}$.

XII. Résoudre le système :

$$\left. \begin{array}{c} \sqrt{x^2 + \sqrt[3]{x^4 y^2}} + \sqrt{y^2 + \sqrt[3]{x^2 y^4}} = a, \\ x + y + 3\sqrt[3]{bxy} = b. \end{array} \right\}$$

On remarque que la première équation peut s'écrire ·

$$\sqrt[3]{x^2} + \sqrt[3]{y^2} = \sqrt[3]{a^2},$$

et que la seconde est le cube de la suivante :

$$\sqrt[3]{x} + \sqrt[3]{y} = \sqrt[3]{b}.$$

On est ainsi ramené au système (3°) du n° **283**, en posant $\sqrt[3]{x} = u$, $\sqrt[3]{y} = v$. Mais la dernière équation n'est pas aussi générale que la seconde des équations proposées ; de sorte qu'on n'a pas ainsi toutes les solutions.

XIII. Résoudre le système :

$$\frac{x^2 + xy + y^2}{x + y} = a, \quad \frac{x^2 - xy + y^2}{x - y} = b.$$

On tire facilement de ces équations, en posant $\sqrt[3]{\dfrac{b + a}{b - a}} = r$:

$$x = ry; \quad y = \frac{a(1 + r)}{1 + r + r^2} \quad x = \frac{ar(1 + r)}{1 + r + r^2}.$$

XIV. Résoudre le système :

$$\frac{xy}{z} = a, \quad \frac{xz}{y} = b, \quad \frac{yz}{x} = c.$$

On trouve : $\quad x^2 = ab, \quad y^2 = ac, \quad z^2 = bc.$

XV. Résoudre le système :

$$x\,(y + z) = 2p, \quad y\,(z + x) = 2q, \quad z\,(x + y) = 2r.$$

On tire aisément de là :

$$xy = p + q - r, \quad xz = p + r - q, \quad yz = q + r - p;$$

et, par suite,

$$x = \sqrt{\frac{(p+q-r)(p+r-q)}{q+r-p}}, \quad y = \sqrt{\frac{(p+q-r)(q+r-p)}{p+r-q}},$$

$$z = \sqrt{\frac{(p+r-q)(q+r-p)}{p+q-r}}.$$

XVI. Résoudre le système :

$$xy^2z^3 = 4725, \quad \frac{yz^2}{x} = 6\frac{3}{7}, \quad \frac{z}{x^2y} = \frac{3}{245}.$$

On trouve : $\quad\quad\quad x = 7, \quad y = 5, \quad z = 3.$

XVII. Résoudre le système :

$$x+y+z = 13, \quad x^2+y^2+z^2 = 61, \quad 2yz = x(z+y).$$

On élimine aisément y et z; et l'on trouve $x = 4$ et $x = 9$. On obtient, par suite, $y+z$ et yz; d'où l'on conclut y et z. Les valeurs, qui correspondent à $x = 9$ sont imaginaires ; celles qui correspondent à $x = 4$, sont $y = 3$, $z = 6$.

CHAPITRE IV.

RÉSOLUTION ET DISCUSSION DES PROBLÈMES D'UN DEGRÉ SUPÉRIEUR AU PREMIER.

§ I. Problèmes à une inconnue.

286. PROBLÈME I. *Calculer la profondeur d'un puits, sachant qu'il s'est écoulé un nombre θ de secondes entre l'instant où l'on a laissé tomber une pierre et celui où le bruit qu'elle a fait, en frappant le fond, est revenu à l'oreille. (On néglige la résistance de l'air.)*

Pour résoudre ce problème, il faut se rappeler deux principes de physique :

1° L'espace parcouru par un corps pesant est proportionnel au carré du temps t écoulé depuis le commencement de la chute ; et, si l'on désigne par g un coefficient constant, égal à $9^m,80896$, il est représenté par l'expression $\frac{gt^2}{2}$.

2° Le son se meut uniformément, et parcourt 333 mètres par seconde. Dans le calcul qui va suivre, nous représenterons sa vitesse par v ; de sorte que, dans le temps t, il parcourt l'espace vt.

Soit x la profondeur du puits, évaluée en mètres. En nommant t_1 le nombre de secondes que la pierre met à descendre, on a :

$$z = \frac{gt_1^2}{2}; \quad \text{d'où} \quad t_1 = \sqrt{\frac{2x}{g}}. \quad\quad\quad [1]$$

En nommant t_2 le temps que le son met à remonter, on a :

$$x = vt_2 ; \quad \text{d'où} \quad t_2 = \frac{x}{v}. \tag{2}$$

Or $t_1 + t_2 = \theta$, d'après l'énoncé ; donc l'équation du problème est :

$$\frac{x}{v} + \sqrt{\frac{2x}{g}} = \theta. \tag{3}$$

Pour résoudre cette équation, qui contient un radical, on la met sous la forme :

$$\theta - \frac{x}{v} = \sqrt{\frac{2x}{g}}. \tag{4}$$

et, élevant les deux membres au carré, on a :

$$\theta^2 - 2\frac{\theta x}{v} + \frac{x^2}{v^2} = \frac{2x}{g}; \tag{5}$$

ou, en faisant passer tous les termes dans le premier membre, et ordonnant :

$$\frac{x^2}{v^2} - 2x\left(\frac{\theta}{v} + \frac{1}{g}\right) + \theta^2 = 0. \tag{6}$$

On tire de là :

$$x = \frac{\dfrac{\theta}{v} + \dfrac{1}{g} \pm \sqrt{\left(\dfrac{\theta}{v} + \dfrac{1}{g}\right)^2 - \dfrac{\theta^2}{v^2}}}{\dfrac{1}{v^2}}.$$

DISCUSSION. Les deux racines sont réelles ; car la quantité placée sous le radical est évidemment positive.

Il est facile de voir, en outre, qu'elles sont toutes deux positives : car, d'après l'équation [6], leur produit $\theta^2 v^2$ est positif, ainsi que leur somme $\left(\dfrac{2\theta}{v} + \dfrac{2}{g}\right)v^2$. Le problème ne peut, cependant, avoir qu'une solution ; car deux puits de profondeurs différentes ne peuvent correspondre à une même valeur de θ. Pour expliquer cette singularité, et trouver quelle est celle des deux racines qui *répond* à la question, remarquons qu'en élevant au carré les deux membres de l'équation [4], nous formons une équation nouvelle, qui, il est vrai, ne peut manquer d'être satisfaite si la proposée l'est elle-même, mais qui peut l'être aussi sans que celle-ci le soit. Les deux membres auraient, en effet, même carré, s'ils étaient égaux et de signes contraires. L'équation [5] équivaut donc réellement (**126**) aux deux suivantes :

$$\theta - \frac{x}{v} = \sqrt{\frac{2x}{g}}, \quad \theta - \frac{x}{v} = -\sqrt{\frac{2x}{g}}.$$

La première de ces équations est la seule qui corresponde au problème proposé ; et sa solution est la solution du problème. Or cette solution est moindre que $v\theta$, puisque, $\theta - \dfrac{x}{v}$ étant positif, il en est de même de $v\theta - x$: au contraire, la solution de la seconde équation est plus grande que $v\theta$, puisque

$\theta - \dfrac{x}{v}$ est négatif; elle est, par conséquent, la plus grande racine de l'équation [5] : elle doit être rejetée comme solution étrangère. Ainsi, la solution cherchée est :

$$x = \frac{\dfrac{\theta}{v} + \dfrac{1}{g} - \sqrt{\left(\dfrac{\theta}{v} + \dfrac{1}{g}\right)^2 - \dfrac{\theta^2}{v^2}}}{\dfrac{1}{v^2}}.$$

Remarquons que, dans l'équation [6] qui fournit cette solution, v représente la vitesse du son, égale à 333 environ ; le carré v^2 est donc un nombre assez considérable, et $\dfrac{1}{v^2}$, coefficient de x, est très-petit. D'ailleurs, la solution cherchée est la plus petite des deux racines. Il y a donc lieu d'appliquer à la recherche de sa valeur les formules de l'article **263** ; en adoptant la première, il viendra :

$$x = \frac{\theta^2}{\dfrac{2}{g} + \dfrac{2\theta}{v}}. \qquad [a]$$

C'est la formule dont on devra se servir dans les applications. En effet, $\dfrac{1}{v^2}$ vaut, à peu près, $\dfrac{1}{100000}$; et comme l'unité de longueur est le mètre, on peut, sans aucun inconvénient, négliger les quantités de l'ordre $\dfrac{1}{v^2}$.

La formule [a] peut, du reste, se simplifier un peu, si l'on remarque que, v étant grand, $\dfrac{2\theta}{v}$ est petit ; en sorte qu'en le négligeant dans une première approximation, on peut écrire :

$$x = \frac{g\theta^2}{2} ;$$

c'est la formule qui conviendrait, en supposant la vitesse du son infinie. Pour obtenir un terme de correction, posons :

$$x = \frac{g\theta^2}{2} + \alpha.$$

Nous aurons, pour déterminer α, l'équation :

$$\frac{\theta^2}{\dfrac{2}{g} + \dfrac{2\theta}{v}} = \frac{g\theta^2}{2} + \alpha ;$$

d'où l'on tire, en chassant le dénominateur du premier membre,

$$0 = \frac{2\alpha}{g} + \frac{g\theta^3}{v} + \frac{2\alpha\theta}{v}.$$

Négligeant $\frac{2\alpha\theta}{v}$, qui est, à la fois, très-petit, à cause du facteur α et du facteur $\frac{1}{v}$, on en déduit :

$$\alpha = -\frac{g^2 b^3}{2v};$$

l'on a enfin, comme valeur approchée de x :

$$x = \frac{g\theta^2}{2} - \frac{g^2 b^3}{2v} \qquad [b]$$

C'est, du reste, la formule à laquelle on serait arrivé, en effectuant la division de θ^2 par $\left(\frac{2}{g} + \frac{2\theta}{v}\right)$, et en s'arrêtant après avoir trouvé les deux premiers termes du quotient.

287. PROBLÈME II. *Partager une droite* AB *en deux parties telles, que la plus grande* AX *soit moyenne proportionnelle entre la plus petite et la ligne entière.*

A ——————|——— X ———— B

Soit a la longueur de AB; désignons AX par x, et, par suite, BX par $(a-x)$; nous aurons, d'après l'énoncé, la proportion :

$$\frac{a}{x} = \frac{x}{a-x}. \qquad [1]$$

On en tire l'équation : $\qquad x^2 = a(a-x),$

ou $\qquad x^2 + ax - a^2 = 0. \qquad [2]$

De là $\qquad x = \frac{-a \pm \sqrt{5a^2}}{2} = \frac{a(-1 \pm \sqrt{5})}{2}. \qquad [3]$

DISCUSSION. Les deux racines sont évidemment réelles. Comme $\sqrt{5}$ est comprise entre 2 et 3, la première racine est positive et plus petite que a; elle est donc la solution demandée. Mais la seconde est négative, et sa valeur absolue est plus grande que a; elle doit donc être rejetée.

Cependant on peut interpréter cette solution négative. En effet, désignons-la par $(-\alpha)$: comme elle vérifie l'équation [2], on doit avoir :

$$(-\alpha)^2 = a\{a - (-\alpha)\}, \quad \text{ou} \quad \alpha^2 = a(a + \alpha).$$

Ainsi α est une moyenne proportionnelle entre a et $(a+\alpha)$, et répond évidemment à la question suivante :

Trouver, sur la ligne AB *prolongée, un point* X' *tel, que sa distance* α *au point* A *soit moyenne proportionnelle entre sa distance* $(a + \alpha)$ *au point* B *et la ligne* AB $= a$.

!——————— |——————— |
X'   A   B

Les deux solutions, que nous venons de rencontrer, résolvent d'une manière générale le problème suivant :

Trouver, sur une droite indéfinie, sur laquelle sont pris deux points A *et* B, un point X *tel, que la distance* AX *soit moyenne proportionnelle entre* et AB.

Et il arrive que, comme dans la plupart des problèmes du premier degré, solution négative doit être portée sur la droite AB, en sens opposé à la solut. positive.

On aurait pu, d'ailleurs, éviter la solution négative, en comptant les d tances à partir du point B. Car, en désignant par x la distance BX (1re fig et, par suite, par $(a-x)$ la distance AX, on aurait eu la proportion :

$$\frac{a}{a-x} = \frac{a-x}{x};$$

d'où l'on eût tiré l'équation

$$x^2 - 3ax + a^2 = 0;$$ [4

et, par suite

$$x = \frac{a(3 \pm \sqrt{5})}{2}.$$ [5

Ces deux solutions sont positives : la première, qui est plus grande que donne le point X'; et la seconde, qui est plus petite que a, donne le point X.

CONSTRUCTION DES SOLUTIONS. Les formules [3], qui peuvent s'écrire:

$$x' = \sqrt{\frac{a^2}{4} + a^2} - \frac{a}{2}, \quad x'' = -\left(\sqrt{\frac{a^2}{4} + a^2} + \frac{a}{2} \right),$$

conduisent immédiatement à la construction qu'on indique dans les *Éléme de géométrie.* Car $\sqrt{\frac{a^2}{4} + a^2}$ est l'hypoténuse du triangle rectangle, qui a p côtés de l'angle droit AB et $\frac{AB}{2}$; et, pour avoir x', il faut retrancher $\frac{AB}{2}$ cette hypoténuse, tandis que, pour avoir la valeur absolue de x'', il faut ajou les deux longueurs. On porte d'ailleurs x' de A vers B, et x'' en sens contrai

Remarquons encore que l'équation [2] peut s'écrire :

$$x(x+a) = a^2;$$

par conséquent, le problème proposé revient à celui-ci : *Trouver deux lig* x *et* x + a, *dont la différence est* a, *et dont la moyenne proportionnelle est* On apprend, en géométrie, à résoudre cette question, et l'on retrouve la cc struction précédente.

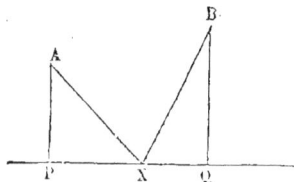

288. PROBLÈME III. *Trouver, sur une lig* PQ, *un point* X *également éclairé par de lumières* A *et* B, *dont les intensités sont* i *i'. On donne* AP = a, BQ = b, *et* PQ = AP *et* BQ *étant les perpendiculaires abaiss des points* A *et* B *sur la ligne* PQ.

Pour résoudre ce problème, on doit se ra peler que l'intensité de la lumière est en rais inverse du carré de la distance du point éclairé au point lumineux; de so qu'une lumière, d'intensité i, éclaire, à la distance x, avec une intensité

On doit avoir, par conséquent :

$$\frac{i}{\overline{AX}^2} = \frac{i'}{\overline{BX}^2};$$

ou, en désignant PX par x, et, par conséquent, QX par $(d-x)$:

$$\frac{i}{a^2+x^2} = \frac{i'}{b^2+(d-x)^2}; \qquad [1]$$

ou, en chassant les dénominateurs :

$$[b^2+(d-x)^2]\,i = (a^2+x^2)\,i'. \qquad [2]$$

DISCUSSION. Sans entrer dans les détails de la solution de cette équation du deuxième degré, et des conditions de possibilité du problème, cherchons à interpréter les solutions négatives qu'elle peut avoir. Si l'on désigne par $(-\alpha)$ une solution négative, cette solution doit vérifier l'équation [1] ; on doit donc avoir :

$$\frac{i}{a^2+\alpha^2} = \frac{i'}{b^2+(d+\alpha)^2} \qquad [3]$$

C'est là précisément l'équation que l'on aurait dû écrire si, cherchant le point X à gauche de P, on avait désigné par α sa distance inconnue au point P. Les solutions négatives fournissent donc des solutions du problème proposé, pourvu que l'on porte la longueur qu'elles représentent à gauche du point P, c'est-à-dire dans un sens opposé à celui qui correspond aux solutions positives.

289. PROBLÈME IV. *Étant donnés un cercle dont le centre est O, un de ses diamètres AB, et une corde CD perpendiculaire à AB ; on demande de tracer un cercle tangent, à la fois, au cercle O, au diamètre et à la corde*

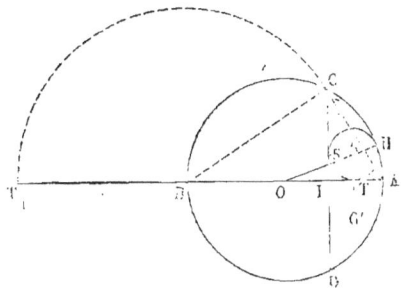

Soient OA$=$R, OI$=a$. Supposons qu'on veuille construire le cercle G inscrit dans le segment AIC. Prenons pour inconnue son rayon, et posons GT$=$IT$=x$. La droite OG, qui joint les centres, va passer par le point de contact H des deux cercles ; elle coupe d'ailleurs le cercle inconnu en S. Or la tangente OT est moyenne proportionnelle entre la sécante entière OH et sa partie extérieure OS. On a donc :

$$\overline{OT}^2 = OH \times OS, \quad \text{ou} \quad (a+x)^2 = R(R-2x), \qquad [1]$$

ou, en développant et en ordonnant,

$$x^2 + 2(R+a)x - R^2 + a^2 = 0. \qquad [2]$$

On en tire : $\qquad x = -(R+a) \pm \sqrt{(R+a)^2 + (R^2 - a^2)}$;

ou, réduisant :

$$x = -(R+a) \pm \sqrt{2R(R+a)}. \qquad [3]$$

Discussion. Ces deux racines sont évidemment réelles, puisque $2R(R+$
est une quantité positive; et, comme a est plus petit que R, on voit, à l'insp
tion de l'équation [2], que l'une d'elles est positive et l'autre négative.

La solution positive x' se construit avec une grande facilité : car le rad
est une moyenne proportionnelle entre $2R$ et $(R+a)$, c'est-à-dire entre
et BI; il est donc égal à BC. Donc :

$$x' = BC - BI.$$

Donc, si l'on prend $BT = BC$, IT sera égal à x' : ce sera le rayon cherc
Pour avoir le centre, on élèvera en T une perpendiculaire TG sur AB, et on
prendra égale à IT.

Quant à la solution négative x'', elle est égale, en valeur absolue, à $BC +$
Pour l'interpréter, remarquons que, si on la désigne par $(-\alpha)$, elle doit v
fier l'équation [1]; on doit donc avoir :

$$(a-\alpha)^2 = R(R+2\alpha), \quad \text{ou} \quad (\alpha-a)^2 = R(R+2\alpha). \qquad [4$$

Or c'est là précisément l'équation qu'il eût fallu écrire, si l'on avait vo
tracer un cercle tangent extérieurement à l'arc BC, au diamètre et à la co
prolongés, et que l'on eût appelé α son rayon inconnu; on s'en assure aisém
en faisant la figure. Ainsi la racine négative fournit une seconde solution
problème; et pour avoir le point de contact T_1 du nouveau cercle et du c
mètre AB, il suffit de porter, sur ce diamètre, à gauche de B, une longueur
égale à BC.

On voit qu'ici encore les deux rayons $IT = BC - BI$ et $IT_1 = BC + BI$ s
portés, à partir du point I, en des sens opposés, comme l'indiquent les sig
dont leurs valeurs sont affectées dans les formules [3].

Il est évident que les points T et T_1 sont les points de contact de deux au
cercles égaux aux premiers, dont les centres sont symétriquement placés
dessous du diamètre AB, et qui répondent aussi à la question.

Si l'on veut maintenant inscrire un cercle dans le segment BIC, on trouve
par des raisonnements analogues, l'équation

$$(x-a)^2 = R(R-2x), \qquad [5$$

qui différera de l'équation [1], et qui ne pourra pas s'y ramener par le chan
ment de signe de x. Sans entrer dans le détail de cette nouvelle solution, n
dirons seulement que la racine négative correspondra au cercle tangent ex
rieurement à l'arc AC, et qu'on obtiendra les points de contact des deux cerc
avec le diamètre AB, en décrivant, du point A comme centre, une demi-circo
férence, de rayon AC.

On voit que le problème a huit solutions fournies par deux équations du
cond degré.

290. Problème V. *Partager la surface d'un cercle, de rayon R, en moyen
et extrême raison, par une circonférence concentrique.*

On peut faire deux hypothèses : 1° la surface comprise entre les deux circo
férences est la moyenne; 2° la surface du cercle inconnu est la moyenne.

Dans le premier cas, si l'on désigne par x le rayon du cercle cherché, l'équation du problème est :

$$\frac{\pi R^2}{\pi (R^2 - x^2)} = \frac{\pi (R^2 - x^2)}{\pi x^2},$$

ou
$$(R^2 - x^2)^2 = R^2 x^2. \qquad [1]$$

On tire de là : $\quad R^2 - x^2 = Rx, \quad$ ou $\quad R^2 - x^2 = -Rx.$

La première de ces deux équations donne :

$$x = \frac{R(-1 \pm \sqrt{5})}{2}; \qquad [2]$$

et la seconde, qui n'en diffère que par le signe de x, donne :

$$x = \frac{R(1 \pm \sqrt{5})}{2}. \qquad [3]$$

DISCUSSION. Ces quatre racines sont égales deux à deux et de signes contraires. Mais les racines négatives n'ont pas de signification dans cette question géométrique; elles doivent être rejetées. Quant aux racines positives, *la première*,

$$x = \frac{R(\sqrt{5} - 1)}{2}$$

est la plus grande partie du rayon R *divisé en moyenne et extrême raison :* elle répond directement à la question de *partage*. La seconde,

$$x = \frac{R(\sqrt{5} + 1)}{2},$$

est la ligne dont la moyenne serait R *dans la division en moyenne et extrême raison.* Cette ligne, plus grande que R, donne une solution qui ne convient pas au problème tel qu'il a été posé. Mais, que l'on en généralise l'énoncé de la manière suivante :

Construire un cercle concentrique à un cercle donné, et tel que la couronne soit moyenne proportionnelle entre les surfaces des deux cercles,

Ce nouvel énoncé n'exigera plus que le rayon inconnu soit plus petit que R. Si on le suppose plus grand, l'équation nouvelle,

$$(x^2 - R^2)^2 = R^2 x^2,$$

ne différera pas de l'équation [1]; et, par suite, la seconde solution conviendra, comme la première.

Supposons maintenant que ce soit le cercle inconnu qui doive être moyenne proportionnelle entre le cercle donné et la couronne : l'équation du problème est alors :

$$\frac{\pi R^2}{\pi x^2} = \frac{\pi x^2}{\pi (R^2 - x^2)}, \quad \text{ou} \quad x^4 + R^2 x^2 - R^4 = 0. \qquad [4]$$

On pourrait résoudre cette équation bicarrée par les méthodes connues. Mais il vaut mieux poser :

$$x^2 = Ry; \qquad [5]$$

et l'équation devient, après avoir été divisée par R^2 :

$$y^2 + Ry - R^2 = 0; \qquad [6]$$

elle est identique avec la première des équations du premier cas. Ainsi
valeur négative de y doit être rejetée ; et *la valeur positive est la plus gran*
partie du rayon divisé en moyenne et extrême raison. Quant au rayon x
cercle inconnu, il est, d'après l'équation [5], *une moyenne proportionnelle en*
le rayon du cercle donné et la moyenne y.

On construira aisément les trois solutions de ce problème.

§ II. Problèmes à plusieurs inconnues.

291. PROBLÈME VI. *Calculer les côtés de l'angle droit d'un triangle rectang*
connaissant l'hypoténuse a *et la hauteur* h *abaissée du sommet de l'angle dr*
sur l'hypoténuse.

Soient x et y les deux côtés inconnus ; le théorème de Pythagore donne l'équ
tion :

$$x^2 + y^2 = a^2. \qquad [1]$$

La surface du triangle a pour expressions $\frac{xy}{2}$ et $\frac{ah}{2}$; donc on a :

$$xy = ah. \qquad [2]$$

En doublant les deux membres de l'équation [2], et en l'ajoutant ensuite
l'équation [1], on a :

$$x^2 + y^2 + 2xy = a^2 + 2ah, \quad \text{ou} \quad (x+y)^2 = a^2 + 2ah;$$

d'où l'on tire, en extrayant les racines carrées des deux membres, ce qui
permis, puisqu'ils sont positifs :

$$x + y = \sqrt{a^2 + 2ah}. \qquad [3]$$

Si, au lieu d'additionner les deux équations membre à membre, on soustr.
la seconde de la première, on a :

$$(x - y)^2 = a^2 - 2ah;$$

et, comme on peut supposer que x est le plus grand des deux côtés cherchés,
a, en extrayant les racines :

$$x - y = \sqrt{a^2 - 2ah}. \qquad [4]$$

On connaît donc la somme [3] et la différence [4] des inconnues, et l'on
conclut :

$$\begin{cases} x = \frac{1}{2}(\sqrt{a^2 + 2ah} + \sqrt{a^2 - 2ah}), \\ y = \frac{1}{2}(\sqrt{a^2 + 2ah} - \sqrt{a^2 - 2ah}). \end{cases} \qquad [5]$$

DISCUSSION. Pour que le problème soit possible, il faut et il suffit que les valeurs de x et de y soient réelles, c'est-à-dire que l'on ait :

$$a > 2h, \quad \text{ou} \quad h < \frac{a}{2}. \qquad [6]$$

292. REMARQUE. Ces inégalités [6] n'excluent pas les égalités limites,

$$a = 2h, \quad h = \frac{a}{2};$$

car les valeurs de x et de y restent réelles et positives, dans cette hypothèse. Elles fournissent donc les solutions des deux questions suivantes :

1° *Parmi tous les triangles rectangles, de hauteur donnée* h, *quel est celui dont l'hypoténuse est la plus petite possible?*

C'est le triangle dont l'hypoténuse est égale à $2h$. Il est isocèle ; car, dans ce cas,

$$x = y = h\sqrt{2}.$$

2° *Parmi tous les triangles rectangles, de même hypoténuse a, quel est celui dont la hauteur est la plus grande possible?*

C'est le triangle dont la hauteur est égale à $\frac{a}{2}$. Il est isocèle ; car, dans ce cas,

$$x = y = \frac{a\sqrt{2}}{2}.$$

293. PROBLÈME VII. *Déterminer les côtés d'un triangle rectangle, connaissant sa surface* m² *et son périmètre 2p.*

Soient x, y, z les côtés du triangle ; z étant l'hypoténuse, on a, d'après l'énoncé et en se servant de propositions très-connues :

$$z^2 = x^2 + y^2, \qquad [1]$$
$$x + y + z = 2p, \qquad [2]$$
$$2m^2 = xy. \qquad [3]$$

En multipliant par 2 les deux membres de la troisième équation, et l'ajoutant ensuite à la première, on a :

$$z^2 + 4m^2 = x^2 + y^2 + 2xy, \quad \text{ou} \quad z^2 + 4m^2 = (x+y)^2. \qquad [4]$$

La seconde donne d'ailleurs l'équation :

$$x + y = 2p - z; \quad \text{d'où} \quad (x+y)^2 = (2p-z)^2. \qquad [5]$$

En égalant les deux valeurs de $(x+y)^2$ fournies par les équations [4] et [5], on a :

$$(2p - z)^2 = z^2 + 4m^2;$$

ou, en effectuant l'élévation au carré indiquée dans le premier membre, puis en supprimant le terme z^2 qui est commun, et en divisant les deux membres par 4,

$$p^2 - pz = m^2;$$

d'où l'on déduit :

$$z = \frac{p^2 - m^2}{p}. \qquad [6]$$

Puis z étant connu, les équations [2] et [3] font connaître $(x+y)$ et
car elles donnent :

$$x+y=2p-z=\frac{p^2+m^2}{p}, \quad xy=2m^2;$$

x et y sont, par conséquent, racines de l'équation

$$u^2-\frac{p^2+m^2}{p}u+2m^2=0.$$

On a donc :
$$\genfrac{}{}{0pt}{}{x}{y}=\frac{p^2+m^2}{2p}\pm\sqrt{\frac{(p^2+m^2)^2}{4p^2}-2m^2}.$$

DISCUSSION. Comme la valeur [6] de z doit être positive, l'une des condi
de possibilité du problème est :

$$p > m.$$

Mais cette condition ne suffit pas ; il faut, en outre, que les valeurs de
de y soient réelles et positives.

Or on voit, à l'inspection de l'équation qui les fournit, qu'elles sont
tives, si elles sont réelles. Il suffit donc d'exprimer qu'elles sont réelles,
à-dire que l'on a :

$$\frac{(p^2+m^2)^2}{4p^2}-2m^2 > 0, \quad \text{ou} \quad (p^2+m^2)^2-8p^2m^2 > 0.$$

Or le premier membre peut être considéré comme la différence de deux
rés. Cette inégalité équivaut donc à la suivante :

$$\left(p^2+m^2+2pm\sqrt{2}\right)\left(p^2+m^2-2pm\sqrt{2}\right) > 0.$$

Mais le premier facteur est positif : il faut donc que l'on ait :

$$p^2+m^2-2pm\sqrt{2} > 0.$$

Telle est la condition à laquelle p et m doivent satisfaire. On peut en dé
les limites entre lesquelles peut varier p pour une valeur donnée de m,
pour une valeur donnée de p. Nous obtiendrons ces deux résultats à la foi
posant $\frac{p}{m}=r$. Si, en effet, l'on divise par m^2 les deux membres de l'inégalit
elle devient :

$$r^2-2r\sqrt{2}+1 > 0.$$

Or son premier terme est positif : on en conclut que, pour qu'elle soit satis
r doit être plus grand que la plus grande racine de l'équation $r^2-2r\sqrt{2}+1$
ou plus petit que la plus petite ; c'est-à-dire plus grand que $(\sqrt{2}+1)$ ou plus
que $(\sqrt{2}-1)$. Mais p étant, comme on l'a vu, plus grand que m, le rap
$\frac{p}{m}$ ne peut pas être moindre que $(\sqrt{2}-1)$; *il faut donc qu'il soit plus grand*
$(\sqrt{2}+1)$. D'ailleurs, cette condition entraîne la première ; elle est donc la
condition de possibilité du problème.

294. REMARQUE. Le triangle rectangle, dont le périmètre est 2p et la surface m^2, n'est possible que si l'on a :

$$\frac{p}{m} > \sqrt{2} + 1;$$

on en conclut : $m < \dfrac{p}{\sqrt{2}+1}$,   ou $m < p(\sqrt{2}-1)$,

et $p > m(\sqrt{2}+1)$.

Ces inégalités n'excluent pas les égalités limites,

$$m = p(\sqrt{2}-1), \quad p = m(\sqrt{2}+1);$$

car, dans cette hypothèse, les valeurs des inconnues restent réelles et positives. Elles fournissent donc la solution des questions suivantes :

1° *Parmi tous les triangles rectangles, de même périmètre* 2p, *quel est celui dont la surface est la plus grande possible ?*

C'est le triangle dont la surface est $m^2 = p^2(\sqrt{2}-1)^2$. Il est isocèle ; car les côtés de l'angle droit sont donnés par la formule : $x = y = p(2 - \sqrt{2})$. L'hypoténuse $z = 2p(\sqrt{2}-1)$.

2° *Parmi les triangles rectangles, de même surface* m², *quel est celui dont le périmètre est minimum ?*

C'est le triangle dont le périmètre est : $2p = 2m(\sqrt{2}+1)$. Il est isocèle ; car les côtés de l'angle droit sont donnés par la formule : $x = y = m\sqrt{2}$. L'hypoténuse $z = 2m$.

295. PROBLÈME VIII. *Inscrire dans une sphère, de rayon* R, *un cylindre dont la surface totale, y compris les deux bases, soit équivalente à un cercle, de rayon donné* m.

Si l'on nomme x le rayon de base et y la hauteur du cylindre, la géométrie fournit immédiatement les équations suivantes :

$$x^2 + \frac{y^2}{4} = R^2, \quad 2\pi x^2 + 2\pi xy = \pi m^2 ; \qquad [1]$$

et cette dernière devient, en supprimant le facteur π,

$$2x^2 + 2xy = m^2. \qquad [2]$$

On déduit de [2] : $y = \dfrac{m^2 - 2x^2}{2x};$

et, en substituant cette valeur dans la première équation [1], on a :

$$x^2 + \frac{(m^2 - 2x^2)^2}{16x^2} = R^2;$$

chassant les dénominateurs, et réduisant les termes semblables, on obtient l'équation bicarrée :

$$20x^4 - (4m^2 + 16R^2)x^2 + m^4 = 0; \qquad [3]$$

d'où l'on déduit :

$$x^2 = \frac{(m^2 + 4R^2) \pm \sqrt{(m^2 + 4R^2)^2 - 5m^4}}{10}; \qquad [4]$$

et par suite, $x = \sqrt{\dfrac{m^2 + 4R^2 \pm \sqrt{(m^2 + 4R^2)^2 - 5m^4}}{10}}.$ [5]

DISCUSSION. A la seule inspection de l'équation bicarrée [3], on s'aperçoit que
si les valeurs de x^2 sont réelles, elles sont toutes deux positives, et elles fournissent par conséquent chacune une valeur réelle et positive de x. Mais il n
suffit pas que x soit réel et positif, il faut aussi que y le soit; par suite, on do
avoir :

$$m^2 - 2x^2 > 0, \quad \text{ou} \quad x < \frac{m}{\sqrt{2}}.$$ [6]

Le problème aura donc autant de solutions qu'il y aura de valeurs de x fournies par la formule [5], et satisfaisant à cette condition [6].

Pour que le problème soit possible, il faut d'abord que les valeurs de x soient
réelles; il suffit, pour cela, comme nous l'avons dit, que celles de x^2 le soient
ce qui exige seulement l'inégalité :

$$(m^2 + 4R^2)^2 - 5m^4 > 0,$$

ou $\left(m^2 + 4R^2 - m^2 \sqrt{5}\right)\left(m^2 + 4R^2 + m^2 \sqrt{5}\right) > 0.$

Or le second facteur est positif; il faut donc que l'on ait :

$$m^2 + 4R^2 - m^2 \sqrt{5} > 0 ;$$

d'où $m^2 < \dfrac{4R^2}{\sqrt{5} - 1}, \quad \text{ou} \quad m^2 < R^2 \left(\sqrt{5} + 1\right).$ [7]

Cette condition étant remplie, la plus petite valeur de x convient toujours
la question; car elle satisfait, en outre, à l'inégalité [6], c'est-à-dire que l'on a

$$\frac{m^2 + 4R^2 - \sqrt{(m^2 + 4R^2)^2 - 5m^4}}{10} < \frac{m^2}{2};$$

ou, en chassant les dénominateurs, et transposant :

$$4\left(R^2 - m^2\right) < \sqrt{(4R^2 + m^2)^2 - 5m^4}.$$

Et, en effet, si m est plus grand que R, cette inégalité est évidente. Si, au contraire, m est plus petit que R, les deux membres étant positifs, il est permis d
les élever au carré (**204**), et l'inégalité devient :

$$16(R^4 - 2R^2m^2 + m^4) < 16R^4 + 8R^2m^2 + m^4 - 5m^4,$$

ou $20m^4 - 40R^2m^2 < 0; \quad \text{d'où} \quad m^2 < 2R^2;$

ce qui est vrai. *Le problème a donc toujours une solution, dès que la condition* [7] *est vérifiée.*

Pour que la plus grande valeur de x convienne aussi, il faut que l'on ait d
même :

$$\frac{m^2 + 4R^2 + \sqrt{(m^2 + 4R^2)^2 - 5m^4}}{10} < \frac{m^2}{2} ;$$

ou, en chassant les dénominateurs et réduisant :

$$\sqrt{(m^2 + 4R^2)^2 - 5m^4} < 4(m^2 - R^2).$$

Or si m est moindre que R, cette inégalité est impossible, et, par conséquent, la seconde solution n'existe pas. Si m est plus grand que R, les deux membres de l'inégalité étant positifs, on peut les élever au carré ; il vient ainsi :

$$(m^2 + 4R^2)^2 - 5m^4 < 16(m^2 - R^2)^2 ; \quad \text{d'où} \quad m^2 > 2R^2.$$

Il faut donc, pour qu'il y ait deux solutions, que m^2 *soit compris entre* $2R^2$ *et* $R^2 (\sqrt{5} + 1)$.

296. REMARQUE. On peut se rendre compte, de la manière suivante, des résultats que nous venons d'obtenir.

L'équation [2], lorsqu'on y remplace y par sa valeur positive tirée de [1], donne, pour expression de la surface totale du cylindre inscrit dans la sphère :

$$\pi m^2 = 2\pi x \left(x + 2\sqrt{R^2 - x^2} \right).$$

Si l'on examine les valeurs successives par lesquelles passe cette surface lorsque le rayon x de la base augmente depuis 0 jusqu'au rayon R de la sphère, on voit qu'elle est nulle pour $x = 0$; puis, qu'elle augmente avec x jusqu'à une limite que le calcul fait connaître, et qui, d'après ce qui précède, est $\pi R^2 (\sqrt{5} + 1)$; la valeur de x, qui fournit ce maximum, est, d'ailleurs :

$$x = \frac{R}{10} \sqrt{10(5 + \sqrt{5})}.$$

Puis, lorsque x augmente jusqu'à R, la surface diminue jusqu'à la valeur $2\pi R^2$, qui correspond au cas où, la hauteur étant nulle, le cylindre se réduit à ses deux bases qui sont deux grands cercles. Or, en augmentant depuis zéro jusqu'au maximum, pour diminuer depuis le maximum jusqu'à $2\pi R^2$, il est évident que la surface du cylindre passe deux fois par toutes les valeurs comprises entre le maximum et $2\pi R^2$, et une seule fois par celles qui sont moindres que $2\pi R^2$.

297. Quelques problèmes sont considérablement simplifiés par un choix habile de l'inconnue. En voici deux exemples :

PROBLÈME IX. *Trouver quatre nombres en proportion, connaissant la somme des moyens* $2s$, *la somme des extrêmes* $2s'$, *et la somme des carrés des quatre termes* $4q^2$.

Prenons pour inconnue le produit x des moyens ; leur somme étant $2s$, ils sont (**256**) racines de l'équation :

$$z^2 - 2sz + x = 0,$$

et égaux, par conséquent, à

$$s + \sqrt{s^2 - x}, \quad s - \sqrt{s^2 - x}.$$

Comme le produit des extrêmes est égal au produit des moyens, on verra, de la même manière, que les extrêmes sont :

$$s' + \sqrt{s'^2 - x}, \quad s' - \sqrt{s'^2 - x}.$$

En formant la somme des carrés de ces quatre expressions, on trouve :

$$4s^2 + 4s'^2 - 4x ;$$

l'équation du problème est donc :

$$4s^2 + 4s'^2 - 4x = 4q^2.$$

On déduira de là la valeur de x, et, par suite, les quatre termes de la propo tion, qui sont, tout calcul fait :

$$s' + \sqrt{q^2 - s^2}, \quad s + \sqrt{q^2 - s'^2}, \quad s - \sqrt{q^2 - s'^2}, \quad s' - \sqrt{q^2 - s^2}.$$

REMARQUE. Il est naturel de prendre pour inconnue le produit des moyens parce que ce produit, pour chaque proportion, n'admet qu'une seule valeur. l'on cherchait, par exemple, à déterminer un des moyens, on devrait l trouver tous les deux par le même calcul; car rien ne les distingue dan l'énoncé. L'équation serait donc au moins du second degré.

Pour que le problème soit possible, il faut qu'on ait :

$$s^2 < q^2, \quad s'^2 < q^2.$$

298. PROBLÈME X. *Trouver une proportion, connaissant la somme* 4s *ses termes, la somme* 4q² *de leurs carrés, et la somme* 4c³ *de leurs cubes.*

Prenons pour inconnues la différence $4x$ entre la somme des extrêmes et somme des moyens, et le produit y des extrêmes; désignons par a, b, c, d, l quatre termes de la proportion; nous aurons :

$$\begin{cases} a + d + c + b = 4s, \\ a + d - (c + b) = 4x. \end{cases} \quad [1]$$

On tire de là :

$$\begin{cases} a + d = 2s + 2x, \\ b + c = 2s - 2x. \end{cases} \quad [2]$$

Comme l'on a :

$$ad = y, \quad bc = y, \quad [3]$$

on en déduit (**256**) pour a, b, c, d, les valeurs :

$$\begin{cases} a = s + x + \sqrt{(s+x)^2 - y}, \\ d = s + x - \sqrt{(s+x)^2 - y}, \\ b = s - x + \sqrt{(s-x)^2 - y}, \\ c = s - x - \sqrt{(s-x)^2 - y}. \end{cases} \quad [4]$$

La somme des quatre carrés est, comme on le calcule facilement :

$$8(s^2 + x^2) - 4y;$$

et la somme des quatre cubes est :

$$16s(s^2 + 3x^2) - 12sy;$$

ce qui fournit les équations :

$$\begin{cases} 8(s^2 + x^2) - 4y = 4q^2, \\ 16s(s^2 + 3x^2) - 12sy = 4c^3; \end{cases}$$

ou, en divisant par 4 les deux membres de chacune d'elles, et en transposant :

$$\begin{cases} 2x^2 - y = q^2 - 2s^2, \\ 12sx^2 - 3sy = c^3 - 4s^3. \end{cases} \quad [5]$$

En résolvant ces deux équations, on trouve :

$$x^2 = \frac{c^3 - 3q^2 s + 2s^3}{6s}, \quad y = \frac{c^3 - 6q^2 s + 8s^3}{3s};$$

et, si l'on substitue les valeurs de x et de y dans les formules [4], on obtient les quatre termes de la proportion.

EXERCICES.

I. Un voyageur part d'un point B, pour aller vers un point C, en même temps qu'un autre voyageur part de C pour aller vers B. Chacun d'eux marche avec une vitesse constante. Ces deux vitesses ont un rapport tel, que le premier arrive en C quatre heures après qu'ils se sont rencontrés, et que le second arrive en B neuf heures après cette rencontre. On demande quel est le rapport des vitesses.

Si l'on désigne par x et par y les deux vitesses, par d la distance BC, et par z la distance du point B au point de rencontre, on trouve les équations :

$$\frac{z}{x} = \frac{d - z}{y}, \quad \frac{d - z}{x} = 4, \quad \frac{z}{y} = 9;$$

et l'on en tire :

$$\frac{x}{y} = \frac{3}{2}.$$

II. Trouver un nombre de deux chiffres, tel que, divisé par le produit de ces deux chiffres, il donne pour quotient $5\frac{1}{3}$; et que, si l'on en retranche 9, on obtienne le nombre renversé.

Le nombre est 32.

III. Trouver un nombre de trois chiffres, tel que le second chiffre soit moyen proportionnel entre les deux autres, que le nombre soit à la somme de ses chiffres comme 124 est à 7, et qu'en lui ajoutant 594, on obtienne le nombre renversé.

Le nombre est 248.

IV. Trouver cinq nombres, en progression par différence, connaissant leur somme $5a$ et leur produit p^5.

On trouve que le terme du milieu est égal à a, et que la raison y est donnée par l'équation :

$$4ay^4 - 5a^3 y^2 + a^5 - p^5 = 0.$$

V. Trouver quatre nombres, en progression par différence, connaissant leur somme $4a$ et celle de leurs inverses $\frac{1}{b}$.

En représentant les quatre termes par $x - 3y$, $x - y$, $x + y$, $x + 3y$, on trouve que $x = a$, et que y est donné par l'équation :

$$9y^4 + 10a(2b - a)y^2 + a^4 - 4a^3 b = 0.$$

VI. Mener d'un point A, à un cercle C, une sécante de longueur donnée l, et chercher les conditions de possibilité. On donne la distance a du point au centre, et le rayon R du cercle.

En désignant par y la perpendiculaire abaissée de l'extrémité de la sécante sur le diamètre qui passe par le point A, et par x la distance du pied de cette perpendiculaire au centre, on trouve :

$$x = \frac{R^2 + a^2 - l^2}{2a}, \quad y^2 = \frac{(a + R + l)(a + R - l)(l + R - a)(l + a - R)}{4a^2}.$$

Les conditions de possibilité sont : si le point A est extérieur au cercle,

$$l < a + R, \quad l > a - R;$$

et si le point est intérieur,

$$l < R + a, \quad l > R - a.$$

VII. On sait que, étant donnés un point A et un cercle, dont le centre est en O et dont le rayon est R, on nomme *polaire* du point A une perpendiculaire à OA, menée par un point X de cette droite, tel que $OX \times OA = R^2$. Cela posé, deux cercles, de rayon R et R', étant donnés, on demande si un point M de leur plan peut avoir même polaire dans l'un et dans l'autre.

Il faut, pour cela, que les deux cercles ne se coupent pas ; et, si cette condition est remplie, en désignant par d la distance des centres, on trouve, pour la distance du *pôle* au centre du cercle R,

$$x = \frac{d^2 + R^2 - R'^2 \pm \sqrt{(R + R' + d)(R + R' - d)(R - R' + d)(R - R' - d)}}{2d}.$$

VIII. Étant donnée une sphère, de rayon R, on propose de la couper par un plan tel, que le plus petit des deux segments sphériques ainsi obtenus soit au cône de même base, qui aurait pour sommet le centre de la sphère, dans un rapport donné m.

On trouve que la hauteur du segment est donnée par les formules :

$$x = 0, \quad x = R \frac{3(m + 1) - \sqrt{(m + 1)(m + 9)}}{2(m + 1)}.$$

IX. Même problème, en supposant que le cône ait pour sommet l'extrémité du diamètre perpendiculaire à la base commune, située dans le plus grand segment.

On trouve : $\quad x = 0, \quad x = R \frac{4m + 3 - \sqrt{8m + 9}}{2(m + 1)}.$

X. Étant donnée une sphère, de rayon R, la couper par un plan tel, que la plus petite des deux zones ainsi déterminées soit à la surface latérale du cône de même base, qui aurait pour sommet le centre de la sphère, dans un rapport donné m.

On trouve, pour la hauteur de la zone

$$x = 0, \quad x = \frac{2m^2 R}{m^2 + 4}.$$

XI. Même problème, en supposant que le cône ait pour sommet l'extrémité du diamètre perpendiculaire à la base commune, située dans le plus grand segment.

On trouve : $\qquad x = 0, \quad x = R\dfrac{2m^2 + 1 - \sqrt{4m^2 + 1}}{m^2}.$

XII. Partager un trapèze, dont les bases sont a et b, en trois parties proportionnelles à m, n, p, par des parallèles aux bases.

En désignant par x et par y les longueurs des deux parallèles, on trouve :

$$x^2 = \frac{(n+p)\,a^2 + mb^2}{m+n+p}, \quad y^2 = \frac{pa^2 + (m+n)\,b^2}{m+n+p}.$$

XIII. Inscrire dans un cercle de rayon R, un triangle isocèle, connaissant la somme a de la base et de la hauteur.

En désignant par x la moitié de la base, et par y la hauteur, on trouve :

$$x = \frac{2\,(a - R) \pm \sqrt{4R^2 + 2aR - a^2}}{5}, \quad y = \frac{a + 4R \mp 2\,\sqrt{4R^2 + 2aR - a^2}}{5}.$$

Discuter et construire ces solutions; dire quelles sont les conditions de possibilité, et dans quel cas il y a une ou deux solutions.

XIV. Un quadrilatère ABCD étant donné, on propose de construire un second quadrilatère A′B′C′D′, dont les côtés soient respectivement parallèles aux côtés du premier, également distants de ceux-ci, de telle sorte que l'aire comprise entre les périmètres des deux polygones soit équivalente à un carré m^2.

On suppose que le quadrilatère A′B′C′D′ enveloppe ABCD; si l'on désigne par $2p$ le périmètre du quadrilatère donné, par s la somme des cotangentes des demi-angles de ce quadrilatère, et par x la distance des côtés parallèles, on trouve l'équation :

$$sx^2 + 2px - m^2 = 0.$$

Discuter cette solution. Examiner si la racine négative peut s'interpréter, en supposant que le quadrilatère A′B′C′D′ est intérieur au quadrilatère ABCD.

XV. Étant donnés un cercle, de rayon R, et un autre cercle, de rayon $\dfrac{R}{m}$, tangent intérieurement au premier, on propose de tracer un troisième cercle, tangent, à la fois, aux deux autres et au diamètre qui joint leurs centres.

En désignant par x le rayon du cercle cherché, et par y la distance du centre du premier cercle au point de contact du diamètre et du cercle inconnu, on trouve :

$1°$ $\qquad\qquad x = \dfrac{4\,(m-1)}{(m+1)^2} R \quad y = \dfrac{3-m}{m+1} R;$

$2°$ $\qquad\qquad x = 0, \qquad y = \quad R.$

Discuter et construire les solutions.

XVI. Calculer les trois côtés x, y, z d'un triangle, sachant que les volumes décrits par le triangle, en tournant autour de chacun d'eux, sont équivalents aux volumes de trois sphères, de rayons α, β, γ.

On trouve les relations : $\qquad \alpha^3 x = \beta^3 y = \gamma^3 z;$

et, par suite,

$$x^3 = \frac{16\alpha^3}{\left(\dfrac{\alpha^3}{\alpha^3} + \dfrac{\alpha^3}{\beta^3} + \dfrac{\alpha^3}{\gamma^3}\right) \left(\dfrac{\alpha^3}{\alpha^3} + \dfrac{\alpha^3}{\beta^3} - \dfrac{\alpha^3}{\gamma^3}\right) \left(\dfrac{\alpha^3}{\alpha^3} + \dfrac{\alpha^3}{\gamma^3} - \dfrac{\alpha^3}{\beta^3}\right) \left(\dfrac{\alpha^3}{\beta^3} + \dfrac{\alpha^3}{\gamma^3} - \dfrac{\alpha^3}{\alpha^3}\right)},$$

et deux autres formules analogues pour y^3 et z^3.

XVII. Inscrire dans une sphère, de rayon R, un cylindre dont le volume soit équivalent à la somme des segments sphériques qui ont même base que lui.

En désignant par x le rayon de base du cylindre, et par y la hauteur de l'un des segments, on trouve :

1° $\qquad\qquad x^2 = \dfrac{R^2 \sqrt{3}}{2}, \qquad y = \dfrac{R(3 - \sqrt{3})}{2};$

2° $\qquad\qquad x = 0, \qquad\qquad y = 0.$

Construire la solution.

XVIII. Étant donné un cercle, de rayon R, on mène, par un point C de son plan, une tangente à ce cercle, et l'on fait tourner à la fois, autour du diamètre qui passe par le point C, la tangente et la demi-circonférence. On demande de déterminer le point C, de telle sorte que la surface conique, et la zone de même base qu'elle enveloppe, soient dans un rapport donné p.

Si l'on désigne par x la distance du point C au centre, et par y la distance du centre à la base commune, on trouve :

1° $\qquad\qquad x = (2p - 1)\,R, \quad y = \dfrac{R}{2p - 1};$

2° $\qquad\qquad x = R, \qquad\qquad y = R.$

Discuter ces solutions.

CHAPITRE V.

QUELQUES QUESTIONS DE MAXIMUM ET DE MINIMUM.

299. Définitions. Une quantité x est *variable indépendante* lorsqu'on peut lui donner arbitrairement des valeurs quelconques. Une expression algébrique y est dite *fonction* de la variable x, lorsqu'elle en dépend de telle sorte, que, pour chaque valeur de x, elle prend une valeur unique et déterminée.

300. Variations, maximum et minimum d'une fonction. Lorsqu'on fait croître la valeur attribuée à x, par degrés insensibles, la valeur de la fonction *varie :* mais elle peut être tantôt croissante et tantôt décroissante. Lorsque la fonction cesse de croître pour commencer à décroître, on dit qu'elle passe par un *maximum :* lorsqu'elle cesse de décroître pour commencer à croître, on dit qu'elle passe par un *minimum.*

Nous n'avons pas à exposer ici les méthodes générales qu'on emploie pour déterminer les maximums et les minimums des fonctions; ces méthodes trouveront leur place dans la seconde partie. Notre but est seulement de montrer comment la discussion de certains problèmes du second degré fait connaître des limites que les fonctions ne peuvent pas franchir. Lorsqu'on cherche, en effet, à rendre une fonction égale à une quantité donnée, le problème n'est ordinairement possible que sous certaines conditions. Il faut, dans la plupart des cas, que la quantité donnée soit comprise entre certaines limites que la discussion détermine, et qui indiquent la plus grande et la plus petite valeur que puisse prendre la fonction. Nous avons déjà rencontré quelques-uns de ces problèmes dans le chapitre précédent (**291, 293, 295**). Nous en donnerons ici quelques autres exemples.

§ 1. Maximum ou minimum d'une fonction d'une seule variable indépendante.

301. PROBLÈME I. *Partager un nombre donné* 2a *en deux parties dont le produit soit maximum.*

Chacune des parties étant plus petite que $2a$, le produit ne peut atteindre le carré de $2a$; il y a donc un maximum.

Désignons par x l'une des parties; l'autre sera $(2a - x)$, et le produit sera $x(2a - x)$. Cherchons à rendre ce produit égal à une quantité donnée m, en posant;

$$x(2a - x) = m,$$

ou
$$x^2 - 2ax + m = 0. \qquad [1]$$

Il faudra, pour cela, que l'on prenne :

$$x = a \pm \sqrt{a^2 - m}. \qquad [2]$$

Or, pour que le problème soit possible, il faudra que les valeurs de x soient réelles, c'est-à-dire que m ne soit pas supérieur à a^2. Si donc on peut prendre a^2 pour valeur de m, ce se le maximum du produit. Or, si l'on suppose $m = a^2$, la fo mule [2] donne, $x = a$; et par suite, $2a - x = a$. Ces solution sont acceptables; donc, *pour partager un nombre en deux parti dont le produit soit maximum, il faut le partager en deux parti égales.*

Il n'y a pas de minimum; car on peut donner à m une vale quelconque inférieure à a^2; il y aura toujours une solution.

On peut démontrer directement ce théorème. Représentor l'une des parties par $(a - z)$, l'autre est $(a + z)$; et leur produ $(a - z)(a + z)$, ou $(a^2 - z^2)$, toujours inférieur à a^2, est d'auta plus grand que z^2 est plus petit. Le maximum correspond do au minimum de z^2, c'est-à-dire au cas où $z = 0$, c'est-à-dire o chaque partie est égale à a.

On voit d'ailleurs aisément que le produit est nul, quand premier facteur est nul; qu'il augmente avec ce facteur ju qu'au maximum, et qu'il diminue ensuite et redevient nu quand ce facteur devient égal à $2a$.

302. Ce problème fournit la solution des questions suivantes :

1° *Parmi tous les rectangles de même périmètre* 2p, *quel est celui dont surface est maximum?*

La somme de la base et de la hauteur est constante et égale à p; donc l'air qui se mesure par leur produit, sera maximum lorsque les deux longueurs sero égales. Le rectangle maximum est donc le carré dont le côté est $\frac{1}{2}p$.

2° *Parmi les triangles de même périmètre* 2p, *et de même base* a, *quel e celui dont la surface est maximum?*

L'aire du triangle, dont les trois côtés sont a, b, c, est :

$$S = \sqrt{p(p - a)(p - b)(p - c)};$$

elle atteint son maximum en même temps que S^2. Or les facteurs p et $(p - $ étant constants, on peut les supprimer, et se borner à déterminer le maximu du produit $(p - b)(p - c)$; car ce dernier produit augmente et diminue avec premier. Or la somme des deux facteurs $(p - b)$ et $(p - c)$ est constante égale à a; donc le produit sera maximum si les deux facteurs sont égaux, c si $b = c$, c'est-à-dire si le triangle est isocèle.

303. PROBLÈME II. *Décomposer un nombre* p² *en deux facteur positifs dont la somme soit minimum.*

Je dis que la somme sera minimum, quand les deux nombre seront égaux à p. Car on vient de démontrer (**301**) que si l somme de deux nombres est égale à $2p$, leur produit ne peut surpasser p^2, c'est-à-dire le carré de la demi-somme. Donc, si cette somme est moindre que $2p$, le produit ne peut atteindre p^2. Par conséquent, pour que le produit soit égal à p^2, il faut que la somme soit au moins égale à $2p$. Donc $2p$ est le minimum de la somme de deux nombres dont le produit est p^2. De là ce théorème : *Pour décomposer un nombre en deux facteurs dont la somme soit minimum, il faut le décomposer en deux facteurs égaux.*

On peut appliquer à la résolution de ce problème la méthode du n° **501**. Désignons, en effet, l'un des facteurs par x; l'autre sera $\dfrac{p^2}{x}$, et leur somme sera $\left(x + \dfrac{p^2}{x}\right)$. Cherchons à rendre cette somme égale à une quantité donnée m, en posant :

$$x + \frac{p^2}{x} = m, \quad \text{ou} \quad x^2 - mx + p^2 = 0. \qquad [1]$$

Il faudra, pour cela, que l'on prenne :

$$x = \frac{m \pm \sqrt{m^2 - 4p^2}}{2}. \qquad [2]$$

Or, pour que le problème soit possible, il faudra que les valeurs de x soient réelles, c'est-à-dire que m^2 soit au moins égal à $4p^2$. Si donc on peut prendre $m^2 = 4p^2$, ou $m = 2p$ (car il s'agit de nombres positifs), $2p$ sera le minimum de la somme. Or, si l'on pose $m = 2p$, la formule [2] donne $x = \dfrac{m}{2}$, ou $x = p$. Cette solution acceptable conduit au théorème énoncé plus haut.

Il n'y a pas de maximum : car quelque grande que soit la valeur attribuée à m, dès qu'elle surpasse $2p$, le problème est toujours possible.

Ainsi la somme des deux facteurs, d'abord très-grande quand x est très-petit, diminue quand x augmente, jusqu'au minimum $2p$; puis elle augmente indéfiniment, quand x croît indéfiniment.

304. Ce problème fournit la solution de la question suivante :
Parmi tous les rectangles de même surface s², quel est celui dont le périmètre est minimum? On trouvera aisément que c'est le carré dont le côté est s.

305. PROBLÈME III. *Inscrire dans un triangle, dont la base est* b *et la hauteur* h, *un rectangle dont la surface soit maximum.*

Pour inscrire un rectangle dans un triangle, on mène une parallèle qu⟨el⟩conque à la base, et par les points où elle coupe les deux autres côtés, abaisse des perpendiculaires sur la base. Or on comprend que, si la parall⟨èle⟩ est menée dans le voisinage du sommet, la surface du rectangle est très-peti⟨te⟩ que cette aire augmente jusqu'à une certaine limite, à mesure que la par⟨al⟩lèle s'éloigne du sommet; mais qu'elle diminue ensuite jusqu'à zéro, lorsq⟨ue⟩ la parallèle se rapproche indéfiniment de la base. La surface a donc ⟨un⟩ maximum.

Désignons par x la hauteur et par y la base du rectangle (parallèles respec⟨ti⟩vement à la hauteur et à la base du triangle); et cherchons à rendre la surf⟨ace⟩ égale à une quantité donnée m, en posant :

$$xy = m. \qquad\qquad [1]$$

La géométrie fournit aisément, entre les deux variables x et y, la relation

$$\frac{y}{b} = \frac{h-x}{h}, \qquad\qquad [2]$$

qui permet d'éliminer y de l'équation [1]. On a ainsi :

$$\frac{bx\,(h-x)}{h} = m. \qquad\qquad [3]$$

Au lieu de résoudre cette équation, et de discuter les conditions que d⟨oit⟩ remplir m, pour que x soit réel, on peut remarquer que le maximum de l'⟨ex⟩pression [3] a lieu en même temps que celui du produit $x\,(h-x)$, qui n⟨e⟩ diffère que par le facteur constant $\frac{b}{h}$. Or les deux facteurs x et $(h-x)$ ont u⟨ne⟩ somme constante h : donc, s'il est possible de les rendre égaux, on obtien⟨t⟩ ainsi le maximum cherché. Or, pour rendre ces facteurs égaux, il faut po⟨ser⟩ $x = \frac{h}{2}$, et par suite, $y = \frac{b}{2}$. Ces valeurs sont acceptables. Donc, *pour inscr⟨ire⟩ dans le triangle un rectangle maximum, il faut mener la parallèle à la b⟨ase⟩ par le milieu de la hauteur.* D'ailleurs la surface de ce rectangle es⟨t⟩ $xy = \frac{bh}{4}$. Elle est la moitié de celle du triangle.

306. Problème IV. *Circonscrire à une sphère donnée, de rayon R, un cô⟨ne⟩ dont le volume soit minimum.*

Pour circonscrire un cône quelconque à une sphère, on considère un gra⟨nd⟩ cercle; on trace un de ses diamètres, puis la tangente à l'une des extrémi⟨tés⟩ de ce diamètre, et une tangente quelconque que l'on prolonge jusqu'à la pr⟨e⟩mière d'une part, et jusqu'au diamètre, de l'autre. Puis on fait tourner auto⟨ur⟩ du diamètre la demi-circonférence et le triangle formé par ces trois droite⟨s⟩ ce triangle engendre le cône.

Or on voit aisément que, lorsque la seconde tangente est à péu près par⟨al⟩lèle à l'axe, le volume du cône, dont la hauteur est très-grande, est lui-mê⟨me⟩ extrêmement grand; qu'à mesure que la tangente s'incline, le volume dimin⟨ue⟩ jusqu'à une certaine limite; et qu'il croît ensuite indéfiniment, lorsque la ta⟨n⟩gente mobile tend à devenir parallèle à la tangente fixe, parce qu'alors la ba⟨se⟩ croît indéfiniment. Le volume a donc un minimum.

Pour le déterminer, désignons par x la hauteur du cône, et par y le rayon de sa base; et cherchons à rendre son volume égal à une quantité donnée m, en posant :

$$\frac{1}{3}\pi y^2 x = m. \tag{1}$$

La géométrie fournit aisément, entre les variables x et y, la relation :

$$\frac{y}{R} = \frac{x}{\sqrt{x(x-2R)}}, \quad \text{ou} \quad y^2 = \frac{R^2 x}{x - 2R}, \tag{2}$$

qui permet d'éliminer y de l'équation [1]. On a ainsi :

$$\frac{1}{3}\pi R^2 \frac{x^2}{x-2R} = m. \tag{3}$$

On pourrait résoudre cette équation, et discuter les conditions de possibilité du problème : on en déduirait le minimum de m. Mais il est plus simple de remarquer que, le facteur $\frac{1}{3}\pi R^2$ étant constant, on peut le supprimer, et que le minimum de l'expression [3] a lieu en même temps que celui de l'expression $\frac{x^2}{x-2R}$. Or le minimum de cette dernière correspond au maximum de l'expression renversée $\frac{x-2R}{x^2}$.

D'ailleurs, on a identiquement :

$$\frac{x-2R}{x^2} = \frac{1}{x}\left(1 - \frac{2R}{x}\right) = \frac{1}{2R} \cdot \frac{2R}{x} \cdot \left(1 - \frac{2R}{x}\right);$$

et l'on voit, qu'abstraction faite du facteur constant $\frac{1}{2R}$, le produit $\frac{2R}{x}\left(1 - \frac{2R}{x}\right)$ se compose de deux facteurs dont la somme est constante et égale à 1. Il sera donc maximum quand les deux facteurs seront égaux à $\frac{1}{2}$, c'est-à-dire quand on aura $x = 4R$. Cette valeur de x est acceptable : car x peut varier depuis $2R$ jusqu'à l'infini.

Ainsi *le cône minimum, circonscrit à une sphère, a une hauteur double du diamètre de la sphère.* Son volume, déduit de l'expression [3], est égal à $\frac{8}{3}\pi R^3$; *il est double de celui de la sphère. Sa base* πy^2, tirée de l'équation [2], *est égale à* $2\pi R^2$; *elle est double de l'aire d'un grand cercle.* Enfin, *sa surface totale* $\pi y \sqrt{x^2 + y^2} + \pi y^2$, *est égale à* $8\pi R^2$; *elle est double de la surface de la sphère.*

507. Problème V. *Trouver entre quelles limites peut varier le trinome* $ax^2 + bx + c$.

Cherchons d'abord à rendre ce trinome égal à m, en posant :

$$ax^2 + bx + c = m. \tag{1}$$

En résolvant cette équation, on trouve :

$$x = \frac{-b \pm \sqrt{b^2 - 4ac + 4am}}{2a}.$$ [2]

Pour que le problème soit possible, il faut que l'on ait :

$$b^2 - 4ac + 4am > 0, \quad \text{ou} \quad 4am > 4ac - b^2.$$ [3]

Mais, pour tirer de cette inégalité la limite que m ne doit pa
dépasser, il faut distinguer deux cas.

1° *Si* a *est positif*, on peut diviser les deux membres par 4
(**210**) ; et il vient :

$$m > \frac{4ac - b^2}{4a}.$$ [4]

Ainsi, dans ce cas, *le trinome peut recevoir toute valeur pl*
grande que $\dfrac{4ac - b^2}{4a}$; *il peut même atteindre cette limite qui est s*
valeur minimum.

2° *Si* a *est négatif*, en divisant l'inégalité [3] par 4a, on chang
son sens (**210**) ; et il vient :

$$m < \frac{4ac - b^2}{4a}.$$ [5]

Ainsi, dans ce cas, *le trinome peut recevoir toute valeur inf*
rieure à $\dfrac{4ac - b^2}{4a}$; *il peut même atteindre cette limite, qui est sa va*
leur maximum.

Dans chaque cas, la valeur minimum ou maximum de m an
nule le radical : et la valeur correspondante de x est $-\dfrac{b}{2a}$.

On peut maintenant étudier facilement les variations du tr
nome. On a vu, en effet (**255**), que le trinome peut toujours êt
mis sous la forme :

$$a\left[\left(x + \frac{b}{2a}\right)^2 + \frac{4ac - b^2}{4a^2}\right].$$

Or, lorsque x passe, par degrés continus, de $-\infty$ à $+\infty$,
terme $\left(x + \dfrac{b}{2a}\right)^2$, toujours positif, part de $+\infty$, diminue, pu
s'annule pour $x = -\dfrac{b}{2a}$, puis croît jusqu'à $+\infty$: son minimu

est zéro. La quantité entre crochets, ne différant du terme considéré que par une quantité constante $\dfrac{4ac - b^2}{4a^2}$, part aussi de $+\infty$, diminue, atteint son minimum $\dfrac{4ac - b^2}{4a^2}$, quand $x = -\dfrac{b}{2a}$; puis croît indéfiniment avec x. Et, lorsqu'on la multiplie par a pour former le trinome, le produit subit des variations qui sont dans le même sens, si $a > 0$, et en sens contraire, si $a < 0$.

Donc, *si a est positif, le trinome part de* $+\infty$, *diminue jusqu'à un certain minimum* $\dfrac{4ac - b^2}{4a}$, *puis croît jusqu'à* $+\infty$. *Si a est né-gatif, il part de* $-\infty$, *croît jusqu'à un certain maximum* $\dfrac{4ac - b^2}{4a}$, *puis décroît jusqu'à* $-\infty$.

508. PROBLÈME VI. — *Trouver entre quelles limites peut varier la fraction*

$$\frac{ax^2 + bx + c}{a'x^2 + b'x + c'}.$$

Cherchons d'abord à rendre cette expression égale à m, et posons en conséquence :

$$\frac{ax^2 + bx + c}{a'x^2 + b'x + c'} = m \qquad [1]$$

On en déduit :

$$(a - a'm)\, x^2 + (b - b'm)\, x + (c - c'm) = 0;$$

d'où :

$$x = \frac{-(b - b'm) \pm \sqrt{(b - b'm)^2 - 4\,(a - a'm)\,(c - c'm)}}{2\,(a - a'm)}$$

ou, en ordonnant par rapport à m sous le radical : $\qquad [2]$

$$x = \frac{-(b - b'm) \pm \sqrt{(b'^2 - 4a'c')m^2 - 2(bb' - 2ac' - 2ca')m + (b^2 - 4ac)}}{2\,(a - a'm)}.$$

Pour que le problème soit possible, il faut choisir la valeur attribuée à m, de manière que la quantité placée sous le radical ne soit pas négative, c'est-à-dire que l'on ait :

$$(b'^2 - 4a'c')m^2 - 2(bb' - 2ac' - 2ca')m + (b^2 - 4ac) \geqq 0 \qquad [3]$$

Distinguons trois cas.

1° $(b'^2 - 4a'c')$ est positif. Dans ce cas, si les racines du trinome, qui forme le premier membre de l'inégalité [3], sont réelles et inégales, le trinome sera positif (266), c'est-à-dire de même signe que son premier terme, pour toutes les valeurs de m plus petites que la plus petite ou plus grandes que la plus grande : il sera négatif pour toutes les valeurs de m comprises entre ces racines. On ne pourra donc donner à m que deux séries de valeurs, l'une comprenant tous les nombres depuis $-\infty$ jusqu'à la plus petite racine *qui sera un maximum*, l'autre comprenant tous les nombres depuis la plus grande racine *qui sera un minimum* jusqu'à $+\infty$.

Si, au contraire, les racines du trinome sont réelles et égales, ou imaginaires, le trinome conserve (**267, 268**), pour toute valeur de m, le signe de son premier terme : il est donc toujours positif, et m peut recevoir toutes les valeurs sans exception. Il n'y a, dans ce cas, ni maximum ni minimum.

2° $(b'^2 - 4a'c')$ est négatif. Dans ce cas, les racines du trinome ne sont jamais imaginaires : car, si elles pouvaient l'être, le trinome serait négatif pour toute valeur attribuée à m. Par suite les valeurs correspondantes de m et de x ne seraient jamais réelles à la fois. Or cette conclusion est inadmissible ; car, d'après la forme de l'équation [1], toute valeur réelle, attribuée à x, fournit pour m une valeur réelle correspondante. Les racines sont donc réelles. Mais elles ne peuvent pas être égales ; car, si elles l'étaient, le trinome serait négatif pour toute valeur de m, à l'exception d'une seule (267), qui l'annulerait : les valeurs correspondantes de m et de x ne seraient donc à la fois réelles que dans un seul cas ; conclusion également inadmissible, d'après la forme de l'équation [1], toutes les fois que, comme on le suppose ici, la fraction [1] n'est pas indépendante de x. Les racines du trinome sont donc réelles et inégales. Le trinome est donc positif, c'est-à-dire de signe contraire à son premier terme, pour toute valeur de m comprise entre les racines : il est négatif pour toute autre valeur. On ne peut donc attribuer à m, que des valeurs comprises entre la plus petite racine *qui est un minimum*, et la plus grande *qui est un maximum*.

3° $(b'^2 - 4a'c')$ est nul. Dans ce cas, la quantité placée sous le radical est du premier degré en m : on résout alors l'inégalité [3] comme il a été dit (**210**). On sait qu'il y a un maximum ou un minimum, selon que le coefficient de m est négatif ou positif.

Ainsi, *pour que l'expression* [1] *ait un maximum et un minimum, il faut et il suffit que les racines du trinome, qui forme le premier membre de l'inégalité* [3], *soient réelles et inégales : ces racines sont elles-mêmes le maximum et le minimum, et les valeurs correspondantes de* x *sont fournies par la formule,*

$$x = \frac{-(b-b'm)}{2(a-a'm)},$$

dans laquelle on remplace m *par ces racines.*

309. Variations de l'expression $\dfrac{ax^2 + bx + c}{a'x^2 + b'x + c'}$. Si l'on veut déterminer les variations que subit une fraction du second degré, quand x croît de $-\infty$ à $+\infty$, on commence par calculer, d'après la méthode précédente, le maximum et le minimum dont elle est susceptible, et les valeurs correspondantes de x. Puis on égale successivement à zéro le numérateur et le dénominateur de l'expression, pour trouver les valeurs de x qui la rendent nulle ou infinie. Enfin on détermine les valeurs particulières de la fraction, correspondantes à $x = \pm\infty$, et à $x = 0$. On fait un tableau des valeurs de la variable ainsi obtenues, en les rangeant par ordre de grandeur, et l'on place en regard les valeurs correspondantes de la fonction. Il est facile d'en déduire les variations que l'on cherche. Prenons un exemple.

Soit la fraction : $\quad y = \dfrac{x^2 - 3x + 2}{x^2 - 2x - 8}.$

Comme $(b'^2 - 4a'c')$ est positif, on tombe dans le premier cas; en égalant la fraction à m, on trouve que les racines du trinome sont :

$$m' = \frac{3 - 2\sqrt{2}}{6}, \quad m'' = \frac{3 + 2\sqrt{2}}{6};$$

m' est un maximum, m'' est un minimum. Les valeurs correspondantes de x sont :

$$x' = 10 - 6\sqrt{2}, \quad x'' = 10 + 6\sqrt{2}.$$

Les valeurs de x, qui annulent la fraction, sont les racines de l'équation :

$$x^2 - 3x + 2 = 0;$$

elles sont 1 et 2. Les valeurs, qui la rendent infinie, sont les racines de l'équation :

$$x^2 - 2x - 8 = 0;$$

elles sont -2 et 4. Enfin, pour $x = \pm\infty$, la fraction prend la valeur 1; pour $x = 0$, elle est égale à $-\dfrac{1}{4}$.

Ainsi la fraction proposée peut s'écrire :

$$y = \frac{(x-1)(x-2)}{(x+2)(x-4)}.$$

On forme donc le tableau suivant :

$$x = -\infty, \quad -2, \quad 0, \quad 1, \quad 10-6\sqrt{2}, \quad 2, \quad 4, \quad 10+6\sqrt{2}, \quad +\infty :$$
$$y = +1, \quad \pm\infty, \quad -\frac{1}{4}, \quad 0, \quad \frac{3-2\sqrt{2}}{6}, \quad 0, \mp\infty, \quad \frac{3+2\sqrt{2}}{6}, \quad +1.$$

Quand x croît de $-\infty$ à -2, y, qui est positif, puisque ses quatre facte sont négatifs, croît depuis $+1$ jusqu'à $+\infty$. Elle change alors de signe, ca facteur $(x+2)$ devient positif; elle passe brusquement de $+\infty$ à $-\infty$: p x continuant à croître depuis -2 jusqu'à 0, de 0 à 1, et de 1 jus $10-6\sqrt{2}$, l'expression croît depuis $-\infty$ jusqu'à $-\dfrac{1}{4}$, de $-\dfrac{1}{4}$ à 0, et d jusqu'au maximum $\dfrac{3-2\sqrt{2}}{6}$. A partir de là, quand x augmente jusqu'à 2 depuis 2 jusqu'à 4, elle diminue du maximum à 0, et de 0 à $-\infty$: puis passe brusquement de $-\infty$ à $+\infty$; car ses quatre facteurs sont alors posit elle diminue ensuite jusqu'au minimum $\dfrac{3+2\sqrt{2}}{6}$, quand x croît de 4 à $10+6$ et, quand enfin x croît de $10+6\sqrt{2}$ jusqu'à $+\infty$, elle augmente depuis le nimum jusqu'à $+1$.

510. PROBLÈME VII. *Deux variables* x *et* y *étant liées ensem par une équation du second degré :*

$$ay^2 + bxy + cx^2 + dy + ex + f = 0, \qquad [1]$$

trouver les valeurs extrêmes que puisse prendre l'une d'elles, x *exemple.*

Si l'on résout l'équation par rapport à y, on aura :

$$y = \frac{-bx - d \pm \sqrt{(b^2 - 4ac)x^2 + 2(bd - 2ae)x + d^2 - 4af}}{2a}; \qquad [2]$$

ou, en posant :

$$b^2 - 4ac = m, \quad bd - 2ae = n, \quad d^2 - 4af = p,$$

$$y = \frac{-bx - d \pm \sqrt{mx^2 + 2nx + p}}{2a}. \qquad [3]$$

Pour que y soit réel, il faut que x soit choisi de manière q l'on ait :

$$mx^2 + 2nx + p > 0; \qquad [4]$$

et l'on a vu (**270**) comment on peut, dans les différents cas, déduire de l'inégalité [4] les limites entre lesquelles la valeur de x doit être ou ne pas être comprise.

511. RÈGLE GÉNÉRALE. Les exemples, que nous venons de résoudre, suffisent pour montrer comment on procède, en algèbre élémentaire, à la recherche des maximums et des minimums de certaines fonctions du second degré, qui ne dépendent que d'une seule variable indépendante. *On étudie d'abord, autant que possible, la marche de la fonction, pour reconnaître l'existence du maximum ou du minimum. On choisit ensuite certaines variables fournies par la question, et l'on exprime la fonction au moyen de ces variables. Puis on égale l'expression à m, et l'on écrit les équations, que fournit l'énoncé, entre les diverses variables. Ces équations permettent de déterminer la variable indépendante en fonction de* m ; *et la discussion des conditions de possibilité du problème fait connaître les limites qui fournissent, s'il y a lieu, le maximum et le minimum de l'expression.*

512. REMARQUE. Cette méthode est, il faut l'avouer, fort restreinte ; car elle ne s'applique qu'aux fonctions du second degré. D'un autre côté, elle ne semble pas naturelle ; car, au lieu de conduire à la découverte du maximum et du minimum d'une fonction par des raisonnements basés sur la définition générale (**500**), elle donne, en quelque sorte, accidentellement les résultats, puisqu'elle les déduit des conditions de possibilité d'un problème, qui n'est pas le problème proposé.

Dès lors, il n'est peut-être pas sans intérêt de montrer, que les résultats qu'elle fournit satisfont à la définition générale. Reprenons, dans ce but, le problème VI (**508**) ; et considérons, pour fixer les idées, le cas où $(b'^2 - 4a'c')$ est positif. On sait qu'alors, si les racines du trinome du second degré en m sont réelles et inégales, la fraction ne peut recevoir aucune valeur comprise entre elles : la plus petite m' est un maximum, et la plus grande m'' est un minimum de la fraction. Désignons d'ailleurs par x' et par x'' les valeurs correspondantes de x.

Ce qui caractérise (**500**) le maximum M d'une fonction, c'est que, si l'on appelle a la valeur de x qui correspond à ce maximum, la substitution de $(a - h)$ et de $(a + h)$ à x fournit des valeurs de la fonction inférieures à M, pourvu que h soit suffisamment petit. De plus, ces valeurs diffèrent de M, *à cause de la continuité*, de quantités aussi petites que l'on veut. Or x' et m' remplissent ces conditions. En effet, quand x varie par degrés insensibles, la fraction m varie aussi d'une manière continue. De plus, pour $x = x'$, m prend la valeur m'. Enfin, quand on pose : $x = x' - h$, et $x = x' + h$, h étant suffisamment petit, les valeurs de m ne peuvent être qu'inférieures à m'; car elles doivent en différer très-peu, et elles ne pourraient lui être supérieures sans être au moins égales à m'', puisque m ne peut recevoir aucune valeur comprise entre m' et m''.

On montrerait, par des raisonnements analogues, que x'' et m'' satisfont aux conditions imposées par la définition au minimum d'une fonction; et que, dans les autres cas où la fraction du second degré est susceptible d'un maximum et d'un minimum, la méthode élémentaire fournit des résultats qui vérifient aussi la définition générale.

§ II. Maximum ou minimum de quelques fonctions d'un degré supérieur au second.

515. PROBLÈME VIII. *Partager un nombre donné* a *en* n *parties dont le produit soit le plus grand possible.*

Chacune des parties étant moindre que a, leur produit ne peut pas atteindre a^n : il est donc susceptible d'un maximum. Décomposons le nombre a en n parties positives quelconques, $x, y, z, \ldots u, t$, de telle sorte que l'on ait :

$$x + y + z + \ldots + u + t = a. \qquad [1]$$

Leur produit est : $\qquad xyz \ldots ut. \qquad [2]$

Or, supposons que deux facteurs x et y ne soient pas égaux, et remplaçons-les, l'un et l'autre, dans le produit, par leur demi-somme $\dfrac{x + y}{2}$, nous aurons le nouveau produit :

$$\frac{x + y}{2} \cdot \frac{x + y}{2} z \ldots ut.$$

Comme la somme des deux premiers facteurs n'a pas été altérée, ce produit satisfait encore à la condition [1]. Mais, comme ces facteurs sont devenus égaux, on a (**301**) :

$$xy < \frac{x+y}{2} \cdot \frac{x+y}{2},$$

et, par suite,

$$xyz \ldots ut < \frac{x+y}{2} \cdot \frac{x+y}{2} \cdot z \ldots ut. \qquad [3]$$

Le produit [2] n'est donc pas maximum. Ainsi, un produit de facteurs positifs variables dont la somme est constante, ne peut pas être maximum, quand ces facteurs ne sont pas égaux. Comme le maximum existe, on doit en conclure que *le produit est maximum, quand tous les facteurs sont égaux à* $\frac{a}{n}$.

314. REMARQUES. Nous supposons, dans le raisonnement précédent, que tous les facteurs soient positifs. S'il n'en était pas ainsi, le produit n'aurait pas de maximum ; car la somme des facteurs restant la même, leur valeur absolue pourrait augmenter indéfiniment ; et, si le nombre des facteurs négatifs était pair, le produit serait positif et aussi grand qu'on le voudrait.

Notre raisonnement suppose, en outre, qu'il est possible de rendre égaux tous les facteurs. On doit toujours vérifier cette condition, lorsqu'on veut appliquer le théorème.

315. PROBLÈME IX. *Partager un nombre* a *en deux parties* x, y, *telles que le produit* x^{p}y^q *soit maximum,* p *et* q *étant des nombres entiers donnés.*

Les conditions du maximum ne sont pas changées, si l'on substitue au produit $x^p y^q$ la fraction $\frac{x^p y^q}{p^p q^q}$, qui n'est autre que ce produit divisé par un nombre constant $p^p q^q$. Or cette fraction peut s'écrire :

$$P = \frac{x}{p} \times \frac{x}{p} \times \ldots \times \frac{x}{p} \times \frac{y}{q} \times \frac{y}{q} \times \ldots \times \frac{y}{q};$$

elle est donc un produit de $(p+q)$ facteurs, dont la somme $(x+y)$ est constante et égale à a. Si ces facteurs étaient indépendants entre eux, et n'étaient assujettis qu'à la condition d'avoir une somme constante, si l'on considérait, par exemple, le produit $P_1 = x_1 x_2 \ldots x_p y_1 y_2 \ldots y_q$, on obtiendrait (315) le maximum de P_1 en posant :

$$x_1 = x_2 = \ldots = x_p = y_1 = y_2 = \ldots = y_q = \frac{a}{p+q} ;$$

et ce maximum serait : $\left(\frac{a}{p+q} \right)^{p+q}$. Mais certains facteurs de P devant rester égaux, le raisonnement du n° 315 n'est plus applicable. Toutefois, les valeurs de P sont évidemment toutes comprises parmi les valeurs de P_1; le maximum de P ne peut donc surpasser celui de P_1. D'ailleurs il lui est égal, si l'on pose $\frac{x}{p} = \frac{y}{q} = \frac{a}{p+q}$. Donc le produit $x^p y^q$ est maximum lorsque les deux parties x et y de a sont proportionnelles aux exposants p et q.

On prouvera de même que, pour partager a en n parties x, y, z, ... u, t, telles que le produit $x^\alpha y^\beta z^\gamma \ldots u^\varphi t^\psi$ soit maximum, il faut satisfaire aux conditions,

$$\frac{x}{\alpha} = \frac{y}{\beta} = \frac{z}{\gamma} = \ldots \frac{u}{\varphi} = \frac{t}{\psi}.$$

316. Problème X. *Décomposer un nombre* p *en* n *facteurs positifs, dont la somme soit la plus petite possible.*

Je dis que la somme sera minimum, quand tous les nombres seront égaux à $\sqrt[n]{p}$; car on vient de démontrer (315) que, si la somme de n nombres est égale à $n\sqrt[n]{p}$, leur produit ne peut surpasser $\left(\sqrt[n]{p} \right)^n$ ou p, c'est-à-dire la puissance n^{me} de la n^{me} partie de la somme. Donc, si cette somme est moindre que $n\sqrt[n]{p}$, le produit ne pourra pas atteindre p. Par conséquent, pour que le produit puisse être égal à p, il faut que la somme soit au moins égale à $n\sqrt[n]{p}$. Donc $n\sqrt[n]{p}$ est le minimum de la somme; et, dans ce cas, toutes les parties sont égales à $\sqrt[n]{p}$.

317. Problème XI. *On donne le produit* $x^p y^q = P$. *Trouver le minimum de la somme* $x + y$.

Je dis que ce minimum correspondra au cas où $\frac{x}{p} = \frac{y}{q}$.

En effet, désignons par α et β deux nombres satisfaisant au deux conditions :

$$\alpha^p \beta^q = P, \qquad \frac{\alpha}{p} = \frac{\beta}{q}.$$

On vient de démontrer (315) que, parmi tous les nombres x et y qui ont pour somme $(\alpha + \beta)$, les nombres α et β sont ceux qui donnent au produit $x^p y^q$ sa plus grande valeur. Si donc deux nombres x et y ont une somme moindre que $(\alpha + \beta)$, le produit $x^p y^q$ sera, à fortiori, moindre que $\alpha^p \beta^q$, c'est-à-dire que P. Par suite, pour que le produit $x^p y^q$ soit égal à P, il faut que $(x + y)$ soit au moins égal à $(\alpha + \beta)$, qui est, par conséquent, sa valeur minimum.

318. Remarque. Les trois problèmes (303), (316), (317), sont, en quelque sorte, réciproques de ceux que nous avons résolus nᵒˢ **301, 313, 315.** Cette réciprocité, entre certains problèmes de maximum et de minimum, peut être formulée, comme il suit, d'une manière générale.

Si une quantité Y étant donnée, une autre quantité X est maximum dans certaines circonstances; X étant donnée à son tour, Y sera minimum dans les mêmes circonstances, pourvu que le maximum de X diminue, quand la valeur donnée de Y diminue elle-même.

En effet, soient B la valeur donnée de Y, et A la plus grande valeur de X qui puisse se concilier avec B. Si l'on donne à Y une valeur b moindre que B, la valeur maximum correspondante de X sera, par hypothèse, moindre que A. Donc, pour que la valeur de X puisse être égale à A, il faut que celle de Y soit au moins égale à B. Par suite, B est la moindre valeur de Y qui puisse correspondre à la valeur X = A, c'est-à-dire la valeur minimum de Y correspondant à la valeur A de X.

EXEMPLE. On démontre, en géométrie, que la circonférence de cercle est la courbe qui, sous une longueur donnée, renferme la plus grande surface. Il en résulte qu'elle est la courbe qui, avec une aire donnée, a le plus petit périmètre.

319. PROBLÈME XII. *Inscrire, dans une sphère de rayon donné* R, *un cylindre dont le volume soit maximum.*

Lorsque le rayon de base du cylindre est très-petit, le volume a une très-petite valeur. Cette valeur augmente à mesure que le rayon croît. Mais cet accroissement a une limite; car, lorsque le rayon devient à peu près égal à R, la hauteur devient très-petite, et par suite le volume est presque nul.

Désignons par x le rayon de base, et par $2y$ la hauteur d'un des cylindres inscrits; son volume V aura pour expression $2\pi x^2 y$. D'ailleurs la géométrie donne, entre x et y, la relation :

$$x^2 + y^2 = R^2. \tag{1}$$

On en conclut, en éliminant x,

$$V = 2\pi y (R^2 - y^2).\qquad [2]$$

Or le maximum de cette expression correspond à la même valeur de y, que celui de $y(R^2 - y^2)$. Mais ce produit n'est pas du second degré; et il n'est pas possible d'appliquer la méthode ordinaire (**311**) à la recherche de son maximum. On ne peut pas non plus décomposer l'expression en facteurs, et l'écrire : $y(R + y)(R - y)$; ou en la doublant, $y(R + y)(2R - 2y)$; car, bien que les trois facteurs aient alors une somme constante et égale à $3R$, il n'est pas possible de les rendre égaux entre eux. Mais, si l'on élève le produit au carré, ce qui donne $y^2(R^2 - y^2)^2$, on remarque que l'on peut considérer y^2 comme la variable, et que la somme des deux facteurs y^2 et $(R^2 - y^2)$ est constante et égale à R^2. Par suite, en vertu du théorème (**315**), si l'on peut choisir pour y une valeur satisfaisant à la proportion :

$$\frac{y^2}{1} = \frac{R^2 - y^2}{2},\qquad [3]$$

cette valeur correspondra au maximum cherché. Or de l'équation [3] on tire :

$$y^2 = \frac{R^2}{3};$$

et, par suite,

$$x^2 = \frac{2R^2}{3}.$$

Ces valeurs de x et de y sont admissibles; car elles sont réelles et inférieures au rayon R. Le volume maximum du cylindre a donc pour valeur : $V = \dfrac{4\pi R^3}{3\sqrt{3}}$.

520. Il a quelquefois avantage à ramener la recherche du minimum d'une fonction à la recherche du maximum de la fonction inverse.

PROBLÈME XIII. *Circonscrire à une sphère, de rayon* R, *un cône dont la base repose sur un plan diamétral, et dont le volume soit minimum.*

Désignons par x et par y le rayon de base et la hauteur d'un des cônes circonscrits. Son volume V est égal à $\frac{1}{3}\pi x^2 y$. D'ailleurs la géométrie donne aisément la relation :

$$x^2 = \frac{R^2 y^2}{y^2 - R^2}.\qquad [1]$$

L'expression du volume est donc :

$$V = \frac{1}{3}\pi R^2 \frac{y^3}{y^2 - R^2}.\qquad [2]$$

Comme le facteur $\frac{1}{3}\pi R^2$ est constant, il suffit de déterminer le minimum de la fraction $\dfrac{y^3}{y^2 - R^2}$. Or ce minimum correspond évidemment au maximum de la fraction renversée $\frac{y^2-R^2}{y^3}$, ou au maximum de son carré $\frac{(y^2-R^2)^2}{y^6}$. Et, comme on a identiquement :

$$\frac{(y^2-R^2)^2}{y^6}=\frac{1}{y^2}\left(\frac{y^2-R^2}{y^2}\right)^2=\frac{1}{y^2}\left(1-\frac{R^2}{y^2}\right)^2=\frac{1}{R^2}\cdot\frac{R^2}{y^2}\left(1-\frac{R^2}{y^2}\right)^2,$$

on voit que, abstraction faite du facteur constant $\frac{1}{R^2}$, la somme des deux facteurs $\frac{R^2}{y^2}$ et $\left(1-\frac{R^2}{y^2}\right)$ est constante; si donc on peut choisir pour y la valeur fournie par la relation (**315**) :

$$\frac{R^2}{y^2}=\frac{1}{2}\left(1-\frac{R^2}{y^2}\right), \qquad\qquad [3]$$

cette valeur correspondra au maximum de $\frac{y^2-R^2}{y^3}$, c'est-à-dire au minimum de $\frac{y^3}{y^2-R^2}$. Or on tire de l'équation [3], $y^2=3R^2$: et, par suite l'équation [1] donne : $x^2=\frac{3R^2}{2}$. Ces valeurs de x et de y, étant plus grandes que R, sont admissibles; et, par conséquent, le volume minimum du cône circonscrit a pour valeur :

$$V=\frac{\pi R^3\sqrt{3}}{2}.$$

521. EXTENSION DE LA MÉTHODE FOURNIE PAR LE THÉORÈME (**513**). Pour rendre maximum un produit de facteurs variables, on cherche à rendre constante la somme de ces facteurs, puis à les égaler entre eux. On peut, si cela est nécessaire, multiplier d'abord ces facteurs par certains nombres constants, convenablement choisis; car cette multiplication n'altère pas les conditions du maximum. Mais il n'est pas toujours facile de découvrir, *a priori*, les nombres que l'on doit employer. On désigne alors ces nombres par des lettres; et, les considérant comme des inconnues, on cherche à les déterminer, de manière à satisfaire aux deux conditions du maximum (**513**).

522. PROBLÈME XIV. *On donne, dans un trapèze isocèle, la petite base* a, *et la longueur commune* c *des deux côtés non parallèles. On demande le maximum de l'aire du trapèze.*

Désignons par x la demi-différence des deux bases du trapèze; la grande base sera $(a+2x)$; la hauteur sera $\sqrt{c^2-x^2}$; par suite, l'aire du trapèze aura pour expression :

$$S=(a+x)\sqrt{c^2-x^2};$$

et le maximum de cette aire aura lieu pour la même valeur de x que le maximum du carré,

$$S^2 = (a+x)^2 (c^2 - x^2),$$

expression que l'on peut écrire :

$$S^2 = (a+x)(a+x)(c+x)(c-x). \qquad [1]$$

Il serait facile de rendre constante la somme des quatre facteurs ; il suffirait de multiplier le dernier par 3 : mais on ne pourrait pas rendre ensuite ces facteurs égaux. Multiplions donc tous les facteurs *distincts*, à l'exception d'un, par des nombres indéterminés α, β ; et écrivons :

$$αβS^2 = (a+x)(a+x)(αc+αx)(βc-βx).$$

Nous pourrons exiger d'abord, que la somme des facteurs soit constante, en égalant à zéro le coefficient de x ; ce qui donnera :

$$2 + α - β = 0. \qquad [2]$$

Puis nous pourrons égaler les divers facteurs ; ce qui donnera :

$$a + x = αc + αx, \qquad [3]$$
$$a + x = βc - βx. \qquad [4]$$

Ces trois équations [2], [3], [4], suffiront pour déterminer les coefficients α et β, et la valeur cherchée de x. Mais il n'est pas nécessaire de connaître α et β ; il suffit de les éliminer, à l'aide des trois équations, pour obtenir x. On a ainsi, d'après les équations [3] et [4] :

$$α = \frac{a+x}{c+x}, \quad β = \frac{a+x}{c-x};$$

et, substituant ces valeurs dans l'équation [2], on a :

$$2 + \frac{a+x}{c+x} - \frac{a+x}{c-x} = 0,$$

ou, en simplifiant :

$$2x^2 + ax - c^2 = 0. \qquad [5]$$

La racine positive, qui seule convient ici, est :

$$x = \frac{-a + \sqrt{a^2 + 8c^2}}{4}. \qquad [6]$$

C'est la valeur de x, qui correspond au maximum.

On peut remarquer que l'équation [5], mise sous la forme

$$x(2x+a)=c^2,$$

prouve que le côté c est moyenne proportionnelle entre x et la grande base; et que, par conséquent, la grande base est l'hypoténuse d'un triangle rectangle, qui aurait pour côtés de l'angle droit le côté c et la diagonale du trapèze.

Si l'on a : $c = a$, on en conclut : $x = \dfrac{a}{2}$; et la grande base est égale à $2a$. Le trapèze maximum devient un demi-hexagone régulier.

323. Il faut remarquer que, si l'expression renferme n facteurs distincts, on emploie $(n-1)$ indéterminées, qui, avec x, forment n inconnues. Or, en exigeant que la somme des facteurs soit constante, on obtient une première équation : et en égalant les n facteurs, on forme $(n-1)$ équations. La méthode fournit donc autant d'équations que d'inconnues : elle est générale.

§ III. Maximum ou minimum de quelques fonctions de plusieurs variables.

324. Problème XV. *Trouver entre quelles limites peut varier le polynome :*

$$Ay^2 + Bxy + Cx^2 + Dy + Ex + F, \qquad [1]$$

lorsque les variables x *et* y *prennent toutes les valeurs possibles.*

Cherchons à rendre ce polynome égal à une quantité donnée m, en posant :

$$Ay^2 + Bxy + Cx^2 + Dy + Ex + F = m.$$

Si l'on considère y comme inconnue, on tire de cette équation :

$$y = \frac{-(Bx+D) \pm \sqrt{(B^2-4AC)x^2 + 2(BD-2AE)x + (D^2-4AF)+4Am}}{2A}. \quad [2]$$

Or, pour qu'une valeur, assignée à m, soit compatible avec des valeurs réelles de x et de y, il faut que, pour cette valeur de m, on puisse avoir, en choisissant x convenablement :

$$(B^2-4AC)x^2 + 2(BD-2AE)x + D^2-4AF+4Am > 0. \quad [3]$$

Distinguons trois cas :

1° (B^2-4AC) est positif. Dans ce cas, quel que soit m, l'iné-

galité [3] est toujours possible; car on peut toujours choisi
pour x une infinité de valeurs telles, que le trinome, qui form
le premier membre de l'inégalité, prenne le signe de son pre
mier terme (**269**).

2° $(B^2 — 4 AC)$ est négatif. Dans ce cas, l'inégalité [3] est pos
sible, si les racines du trinome sont réelles; car en donnant à
des valeurs comprises entre ces racines, on rendra le trinom
de signe contraire à son premier terme. Mais elle n'est possibl
qu'à cette condition : car, si les racines étaient imaginaires, l
trinome conserverait, pour toute valeur attribuée à x, le sign
de son premier terme; il serait constamment négatif (**268**
Ainsi on doit, dans ce cas, choisir m de telle manière que le
racines du trinome soient réelles. Or, cette condition est expri
mée (**246**) par l'inégalité

$$(BD — 2 AE)^2 — (B^2 — 4 AC)(D^2 — 4 AF + 4 Am) > 0. \quad [4]$$

Comme cette inégalité est du premier degré en m, on en dé
duira (**210**) la limite de cette quantité : il y aura, par suite, u
maximum ou un minimum, si cette limite est admissible.

Or, cette valeur limite de m annule le premier membre d
l'inégalité [4]; elle rend donc égales les racines du trinome [3
Ce trinome peut, en conséquence, s'écrire : $(B^2 — 4 AC)(x — x')$
en désignant par x' la valeur de la racine double. Il en résult
que la valeur [2] de y devient, dans cette hypothèse,

$$y = \frac{— (Bx + D) \pm (x — x') \sqrt{B^2 — 4 AC}}{2 A};$$

et, comme $(B^2 — 4 AC)$ est négatif, y n'est réel que pour $x = x$
Il faut donc donner à x cette valeur; ce qui exige que y reçoiv
la valeur correspondante

$$y' = — \frac{Bx' + D}{2 A}.$$

Ces valeurs de x et de y sont admissibles : ce sont donc celle
qui fournissent le maximum ou le minimum de m.

3° $(B^2 — 4 AC) = 0$. Dans ce cas, l'inégalité [3] est du premie
degré en x: quelle que soit la valeur attribuée à m, il est tou
jours possible de vérifier cette inégalité, en choisissant x convo
nablement. Il n'y a, par suite, ni maximum ni minimum.

Si, cependant, (BD — 2AE) était nul en même temps que (B² — 4AC), l'inégalité [3] se réduirait à

$$D^2 - 4AF + 4Am > 0;$$

et l'on en déduirait une limite de m, savoir :

$$m > \frac{4AF - D^2}{4A}, \quad \text{ou} \quad m < \frac{4AF - D^2}{4A},$$

selon que A serait positif ou négatif. Le polynome aurait donc un minimum dans le premier cas, un maximum dans le second.

On étendrait aisément cette théorie au cas de plus de deux variables indépendantes.

Appliquons-la à l'exemple suivant.

325. PROBLÈME XVI. *Trouver le minimum de l'expression* $x^2 + y^2 + z^2$, *sachant que* x, y, z, *sont liés par la relation,*

$$ax + by + cz = d. \qquad [1]$$

Posons : $\qquad x^2 + y^2 + z^2 = m.$

Nous pouvons éliminer une des variables, z, par exemple. Car on tire de l'équation [1],

$$z = \frac{d - ax - by}{c};$$

et par suite, $\qquad x^2 + y^2 + \left(\frac{d - ax - by}{c}\right)^2 = m;$

ou $\quad (a^2 + c^2)x^2 + 2abxy + (b^2 + c^2)y^2 - 2adx - 2bdy + d^2 - c^2m = 0. \quad [2]$

En résolvant l'équation [2] par rapport à y, on trouve, après quelques réductions :

$$y = \frac{b(d - ax) \pm c\sqrt{-(a^2 + b^2 + c^2)x^2 + 2adx - d^2 + (b^2 + c^2)m}}{b^2 + c^2}. \qquad [3]$$

Comme le coefficient de x^2, dans le trinome placé sous le radical, est négatif, il faut choisir la valeur de m, de telle sorte que les racines de ce trinome soient réelles ; ce qui exige que l'on ait ;

$$a^2d^2 + (a^2 + b^2 + c^2)(-d^2 + \{b^2 + c^2\}m) > 0,$$

ou $\qquad -(b^2 + c^2)d^2 + (a^2 + b^2 + c^2)(b^2 + c^2)m > 0,$

ou, en divisant par $(b^2 + c^2)$, et transposant :

$$m > \frac{d^2}{a^2 + b^2 + c^2}.$$

Si donc on peut donner à m la valeur

$$m = \frac{d^2}{a^2 + b^2 + c^2},$$

ce sera le minimum cherché. Or, pour cette valeur de m, le trinome, p.
sous le radical, devient :

$$- (a^2 + b^2 + c^2) \left(x - \frac{ad}{a^2 + b^2 + c^2} \right)^2.$$

Par suite, la valeur [3] de y s'écrit :

$$y = \frac{b\,(d - ax) \pm \left(x - \dfrac{ad}{a^2 + b^2 + c^2} \right) \sqrt{-(a^2 + b^2 + c^2)}}{b^2 + c^2}$$

Elle n'est réelle que si l'on pose :

$$x = \frac{ad}{a^2 + b^2 + c^2};$$

et elle devient alors

$$y = \frac{bd}{a^2 + b^2 + c^2}.$$

Par suite :

$$z = \frac{cd}{a^2 + b^2 + c^2}$$

Ces valeurs sont admissibles; et, par conséquent, ce sont celles qui rendent
nimum l'expression $x^2 + y^2 + z^2$.

EXERCICES.

I. Parmi tous les carrés que l'on peut inscrire dans un carré donné, de r
nière que chaque côté contienne un sommet, quel est le plus petit ?

On trouve le carré qui a pour sommets les milieux des côtés du carré don

II. Inscrire dans un cercle, de rayon R, le triangle maximum.

On voit aisément que l'on n'a à comparer entre eux que les triangles isocè
et, en appliquant le théorème (**315**), on trouve, comme maximum, le trian
équilatéral.

III. On suppose qu'un triangle isocèle, inscrit dans un cercle, de rayon
tourne autour de sa base : on demande le maximum du volume décrit.

On trouve, en appliquant le théorème (**315**), que la hauteur du triangle to
nant doit être égale à $\dfrac{5R}{3}$. Le volume maximum est $\dfrac{50\pi R^3 \sqrt{5}}{81}$.

IV. Parmi tous les cônes droits de même volume $\dfrac{1}{3}\pi a^3$, quel est celui don
surface latérale est minimum?

On applique le théorème (**317**); et l'on trouve pour la hauteur, $y = a\sqrt[3]{2}$,
pour le rayon de base, $x^2 = \dfrac{a^2}{\sqrt[3]{2}}$.

V. Parmi tous les cônes droits de même surface latérale πa^2, quel est ce
dont le volume est maximum?

On applique le théorème (**315**); et l'on trouve que le rayon de base $x =$
et que la hauteur $y = a \sqrt{\dfrac{2}{\sqrt{3}}}$.

VI. Parmi les parallélipipèdes rectangles de même surface, quel est celui qui a le plus grand volume; et parmi ceux de même volume, quel est celui dont la surface est minimum?

Le cube (application des théorèmes **313** et **316**).

VII. Quelle est la zone sphérique, à une base, qui contient le plus grand volume parmi celles qui ont même surface πa^2; et quelle est la zone de plus petite surface, parmi celles qui contiennent le même volume πa^3?

On applique le théorème (**315**); et l'on trouve que la hauteur et le rayon de base de la zone de volume maximum, sont, l'un et l'autre, égaux à $\dfrac{a}{\sqrt{2}}$: le segment maximum est donc un hémisphère.

On trouve aussi un hémisphère pour le minimum (**317**).

VIII. Parmi tous les cylindres de même volume V, quel est celui qui est inscrit dans la plus petite sphère?

En s'appuyant sur les formules du nᵒ **319**, et sur la remarque (**318**), on trouve que le rayon de la sphère minimum est égal à $\sqrt[3]{\dfrac{3\,\mathrm{V}\sqrt{3}}{4\pi}}$. On en conclut, pour le rayon de base du cylindre, $r = \sqrt[3]{\dfrac{\mathrm{V}}{\pi\sqrt{2}}}$, et, pour la hauteur, $h = \sqrt[3]{\dfrac{2\,\mathrm{V}}{\pi}}$.

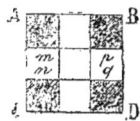

IX. On donne une feuille de carton carrée ABCD dont le côté est a, aux quatre coins de laquelle on supprime les carrés égaux qui sont ombrés dans la figure ci-jointe. Déterminer le côté de ces carrés, par la condition que la boîte, qui aurait pour fond $mnpq$ et pour faces latérales les rectangles restants qui ont tous même hauteur, ait un volume maximum.

On trouve que le côté du carré ombré est $\dfrac{a}{6}$, et le volume maximum $\dfrac{2\,a^3}{27}$.

X. On marque sur une droite des points équidistants, que l'on numérote 1, 2, 3,...n. Trouver, sur la droite, un point tel, que la somme des carrés de ses distances aux points donnés, multipliés par le numéro correspondant, soit un minimum.

Pour résoudre la question, il faut savoir que la somme des n premiers nombres est égale à $\dfrac{n(n+1)}{2}$, la somme de leurs carrés à $\dfrac{n(n+1)(2n+1)}{6}$, et la somme de leurs cubes à $\dfrac{n^2(n+1)^2}{4}$. En désignant par a la distance de deux points consécutifs, et par x la distance du point cherché au premier point, on exprime en x la somme indiquée, on applique la méthode (**311**), et l'on trouve $x = \dfrac{2}{3}(n-1)a$.

XI. Même question, en supposant que les points soient numérotés 1, 3, 6, 10,... $\dfrac{n(n+1)}{2}$.

La même méthode conduit à $x = \dfrac{3}{4}(n-1)a$.

XII. Trouver le maximum de l'aire d'un triangle rectangle, sachant que la somme de l'hypoténuse et de la hauteur correspondante est égale à a.

On trouve l'aire maximum égale à $\dfrac{a^2}{9}$. L'hypoténuse est $\dfrac{2a}{3}$, et la hauteur est $\dfrac{a}{3}$. Les deux côtés de l'angle droit sont égaux à $\dfrac{a\sqrt{2}}{3}$.

XIII. Parmi tous les triangles rectangles de même périmètre $2p$, quel est celui dans lequel la somme des deux côtés de l'angle droit et de la hauteur abaissée sur l'hypoténuse est maximum?

On trouve, en appliquant la méthode générale, que le triangle est isocèle, que son hypoténuse est égale à $2p\left(\sqrt{2}-1\right)$, sa hauteur à $p\left(\sqrt{2}-1\right)$, et chaque côté de l'angle droit à $p\left(2-\sqrt{2}\right)$.

XIV. Inscrire, dans un cercle, de rayon r, un trapèze dont les côtés non parallèles soient égaux à a, et dont la surface soit maximum.

On trouve que le trapèze maximum est un rectangle, dont les bases sont égales à $\sqrt{4r^2-a^2}$.

XV. Inscrire, dans une sphère, de rayon R, un cône dont la surface totale soit maximum.

On applique la méthode (**321**); et l'on trouve que la hauteur du cône est égale à $\dfrac{\mathrm{R}\left(23-\sqrt{17}\right)}{16}$.

XVI. On circonscrit à une sphère, de rayon R, un tronc de pyramide régulière, dont les bases sont des octogones réguliers. On demande le minimum du volume du tronc, lorsqu'on fait varier l'inclinaison α des faces latérales sur la grande base.

On trouve, pour expression du volume,

$$\mathrm{V}=\frac{16\left(\sqrt{2}-1\right)\mathrm{R}^3}{3}\left(\frac{4}{\sin^2\alpha}-1\right);$$

dans le cas du minimum, $\alpha=\dfrac{\pi}{2}$, $\mathrm{V}=16\left(\sqrt{2}-1\right)\mathrm{R}^3$.

XVII. Une petite surface blanche est posée horizontalement sur une table, et éclairée par une lampe, dont la distance à cette surface, estimée par sa projection horizontale, est constante et égale à d. A quelle hauteur x doit se trouver la flamme, pour que la surface soit éclairée le plus possible?

On sait que l'intensité de la lumière, que reçoit la surface, est proportionnelle au sinus de l'inclinaison des rayons, et inversement proportionnelle au carré de la distance qui sépare le point lumineux de la surface. Si l'on désigne par α l'inclinaison, on trouve, pour le cas du maximum, en appliquant la méthode (**315**) :

$$\tan\alpha=\frac{1}{\sqrt{2}}; \quad\text{d'où}\quad x=\frac{d}{\sqrt{2}}.$$

On construira la solution.

XVIII. Trouver la valeur minimum de $\dfrac{\tan 3a}{\tan^3 a}$, quand a varie de 0° à 30°.

En posant : $\tan a = x$, et en remplaçant $\tan 3a$ par sa valeur en x, on trouve, en appliquant la méthode ordinaire (**311**), un maximum $(17 - 12\sqrt{2})$, qui ne convient pas, car il correspond à $x = \sqrt{2} + 1$; puis un minimum $(17 + 12\sqrt{2})$ qui convient, et qui correspond à $x = \sqrt{2} - 1$, c'est-à-dire à $a = \dfrac{\pi}{8}$.

XIX. Deux corps, de masses m et m', animés, dans le même sens, de vitesses v et v', viennent à se choquer. Trouver la vitesse commune x qu'ils prendront après le choc, sachant que la somme des produits obtenus en multip'iant chaque masse par le carré du changement de vitesse est la moindre possible.

La quantité à rendre minimum est un trinome du second degré en x; et, en appliquant la règle (**307**), on trouve :

$$x = \frac{mv + m'v'}{m + m'}.$$

XX. Si l'on donne $x + y = a$, la règle (**315**), qui fournit le maximum de $x^p y^q$, s'étend au cas où p et q sont fractionnaires.

Comme on peut toujours poser : $p = \dfrac{p'}{d}$, $\quad q = \dfrac{q'}{d}$, il suffit de remarquer qu'alors $x^p y^q = \sqrt[d]{x^{p'} y^{q'}}$.

XXI. Trouver le minimum de $x^p + \dfrac{1}{x^q}$, p et q étant entiers ou fractionnaires, et x étant positif.

En posant $x^p = y$, $\dfrac{1}{x^q} = z$, on trouve (**317** et XX), $\dfrac{y}{z} = \dfrac{q}{p}$; d'où $x = \sqrt[p+q]{\dfrac{q}{p}}$.

XXII. On donne l'équation :

$$Ax^2 + A'y^2 + A''z^2 + 2Byz + 2B'xz + 2B''xy + 2Cx + 2C'y + 2C''z + D = 0;$$

on demande de trouver les limites extrêmes des valeurs que peut prendre l'une des trois variables, x par exemple.

On suivra une marche analogue à celle du n° **310**.

XXIII. Trouver le minimum de $x^2 + y^2 + z^2 + u^2$, sachant que l'on a :

$$ax + by + cz + du = k.$$

Marche analogue à celle du n° **325**.

XXIV. Trouver le maximum de l'expression $\dfrac{(x + a)(x - b)}{x^2}$.

On trouve (**308**) : $x = \dfrac{2ab}{a - b}$, et $\dfrac{(x + a)(x - b)}{x^2} = \dfrac{(a + b)^2}{4ab}$.

XXV. L'expression $a + x + \dfrac{(a + x)^2}{a - x}$ peut passer par tous les états de grandeur.

XXVI. Trouver le minimum de $\dfrac{a + x}{a - x} + \dfrac{a - x}{a + x}$.

On trouve $x = 0$; et le minimum est 2.

XXVII. Deux nombres positifs variables x, y, sont tels, que leur différence est un nombre positif a. On demande si l'expression $\dfrac{x^m}{y^n}$ est susceptible d'un maximum ou d'un minimum, m et n étant des nombres positifs donnés.

ALG. B. Ire PARTIE.

Si l'on a : $x < y$, $m < n$, on trouve (315) un maximum, quand $\dfrac{x}{y} = \dfrac{m}{n}$.

Si l'on a : $x > y$, $m > n$, on trouve un minimum, quand $\dfrac{x}{y} = \dfrac{m}{n}$.

Mais si l'on a : $x < y$, $m > n$; ou $x > y$, $m < n$, il n'y a ni maximum ni minimum.

LIVRE IV.

DES PROGRESSIONS ET DES LOGARITHMES.

CHAPITRE I.

DES PROGRESSIONS.

§ 1. Des progressions par différence.

326. Définitions. Une *progression arithmétique* ou *par différence* est une suite de nombres tels que chacun d'eux surpasse celui qui le précède ou en est surpassé d'une quantité constante, qu'on appelle la *raison* de la progression.

Lorsque les termes vont en augmentant, la progression est dite *croissante*; elle est *décroissante* quand ils vont en diminuant.

Pour indiquer que des nombres font partie d'une progression, on les écrit les uns à la suite des autres, en les séparant par un point, et en les faisant précéder du signe ÷; ainsi les suites

$$\div 3.7.11.15.19.23.27....,$$
$$\div 48.45.42.39.36.33.30....,$$

sont deux progressions par différence, l'une croissante, l'autre décroissante : les raisons sont respectivement 4 et 3.

On supprime la distinction que nous venons d'indiquer entre les progressions croissante et décroissante, en *convenant* que *la raison est l'excès d'un terme sur le terme précédent*. Si la progression est décroissante, cet excès est négatif. Par exemple, la seconde des deux progressions indiquées a pour raison — 3.

En général, nous désignerons les termes d'une progression par différence par les lettres a, b, c,... i, k, l, ..., la raison positive ou négative par r, et le nombre qui exprime le rang du terme l par n. Nous aurons :

$$\div a.b.c.d....i.k.l.... \qquad [1]$$

327. Valeur du terme de rang n. D'après la définition, un terme, dans une progression croissante, se forme en ajoutant la raison au terme précédent. Le second est donc égal à $a + r$, le troisième à $a + 2r$, le quatrième à $a + 3r$, ..., le n^{me} à $a + (n-1)r$. Donc *un terme de rang quelconque se forme en ajoutant au premier autant de fois la raison qu'il y a de termes avant celui que l'on considère.* C'est ce que l'on exprime par la formule :

$$l = a + (n-1)r. \qquad [2]$$

Cette formule s'applique au cas où la progression est décroissante, pourvu que la lettre r représente un nombre négatif (**326**).

328. Corollaire. La formule [2], étant une relation entre les quatre nombres, a, l, r, n, permet de déterminer l'un d'eux, quand les trois autres sont donnés : il suffit de résoudre l'équation par rapport à la quantité inconnue. Elle fournit donc la solution de quatre problèmes faciles à énoncer, et dont les formules sont :

$$\left. \begin{array}{ll} l = a + (n-1)r, & a = l - (n-1)r, \\[2mm] r = \dfrac{l-a}{n-1}, & n = 1 + \dfrac{l-a}{r}. \end{array} \right\} \qquad [3]$$

329. Insertion de moyens arithmétiques. Insérer m moyens arithmétiques entre deux nombres donnés a et b, c'est former une progression, dont a et b soient les termes extrêmes, et dont ces m moyens soient les termes intermédiaires.

Il suffit évidemment, pour résoudre cette question, de trouver la raison de la progression ; car, en l'ajoutant au premier terme, on aura le second ; en l'ajoutant au second, on aura le troisième ; et ainsi de suite. Or on connaît, dans la progression cherchée, le premier terme a, le dernier b, et le nombre des termes $(m+2)$. On appliquera donc la formule [2], qui donnera :

$$r = \frac{b-a}{m+1}. \qquad [4]$$

Exemple. Insérer 10 moyens entre 5 et 38. La raison est : $r = \dfrac{38-5}{11}$ ou 3 ;

et la progression cherchée est :

$$\div 5.8.11.14.17.20.23.26.29.32.35.38.$$

330. PROBLÈME. *Déterminer la condition pour que trois nombres donnés,* a, b, c, *fassent partie d'une même progression.*

Supposons ces nombres rangés par ordre de grandeur : ils seront séparés, dans la progression inconnue, par des termes intermédiaires, qui pourront être considérés comme des moyens insérés entre a et b, et entre b et c. Par suite, si l'on désigne ces nombres de moyens par $(m-1)$ et par $(n-1)$, la raison devra être égale (**329**) à $\dfrac{b-a}{m}$ et à $\dfrac{c-b}{n}$; on devra donc avoir :

$$\frac{b-a}{m} = \frac{c-b}{n}. \qquad [5]$$

C'est la condition cherchée ; *il faudra qu'il existe deux nombres entiers,* m *et* n, *proportionnels aux différences* (b—a) *et* (c—b).

Cette condition est toujours remplie, quand les nombres a, b, c, sont commensurables : car, si les nombres $(b-a)$ et $(c-b)$ sont fractionnaires, il suffira de les réduire au même dénominateur, et de prendre m et n égaux aux numérateurs. En multipliant les deux résultats par un même nombre entier quelconque, on aura d'autres valeurs pour m et n ; de sorte que le problème a, dans ce cas, une infinité de solutions.

331. THÉORÈME. *Si l'on insère, entre les termes consécutifs d'une progression* [1], *pris deux à deux, un même nombre* m *de moyens arithmétiques, on obtient une progression unique, dont la raison est le quotient de la division de la raison primitive par* (m + 1).

En effet, les raisons des diverses progressions partielles sont (**329**) :

$$\frac{b-a}{m+1}, \quad \frac{c-b}{m+1}, \quad \frac{d-c}{m+1}, \dots ;$$

elles sont donc toutes égales à $\dfrac{r}{m+1}$ (**326**). D'ailleurs le dernier terme de chacune est le premier de la suivante. On peut donc les considérer comme n'en faisant qu'une seule.

332. THÉORÈME. *Dans toute progression limitée, la somme de deux termes également distants des extrêmes est constante et égale à la somme des extrêmes.*

Soit, en effet, la progression :

$$\div a.b.c.d\dots i.k.l;$$

le second terme b est égal à $a + r$, et l'avant-dernier k est égal à $l - r$; donc leur somme $b + k = a + l$.

En général, le terme x, qui en a p avant lui, est égal (**327**) à $a + pr$, et le terme y, qui en a p après lui, est égal à $l - pr$; donc leur somme $x + y$ est égale à $a + l$.

555. SOMME DES TERMES D'UNE PROGRESSION. Désignons par S la somme des termes de la progression qui commence par a, qui finit par l, et dont n est le nombre des termes. On a :

$$S = a + b + c + d \ldots + i + k + l.$$

On n'altère pas cette somme en renversant les termes; si on les écrit de manière que les termes à égale distance des extrêmes se correspondent verticalement dans les deux lignes, on a :

$$S = l + k + i + \ldots + d + c + b + a.$$

Qu'on ajoute maintenant les termes de ces deux suites par colonnes verticales, et l'on aura :

$$2S = (a + l) + (b + k) + (c + i) \ldots + (i + c) + (k + b) + (l + a).$$

Mais toutes les sommes, renfermées entre parenthèses, sont égales (**552**) à $(a + l)$; d'ailleurs leur nombre est celui des termes de la progression. On a donc :

$$2S = (a + l)n;$$

d'où l'on déduit : $$S = \frac{(a + l)n}{2}. \qquad [6]$$

La somme des termes d'une progression par différence est la moitié du produit de la somme des extrêmes par le nombre des termes.

EXEMPLE. La somme des 12 termes de la progression (**329**) est $\frac{(5 + 38) \times 12}{2}$ ou 258.

REMARQUE. Si l'on ne connaissait que le premier terme a, la raison r, et le nombre n des termes, il faudrait, pour appliquer la formule précédente, commencer par calculer le dernier terme l, à l'aide de la formule [2]. En substituant sa valeur dans la formule [6], on a :

$$S = \frac{\{2a + (n - 1)r\}n}{2}. \qquad [7]$$

334. APPLICATIONS. 1° Trouver la somme des n premiers nombres entiers,

$$1+2+3+\ldots+n.$$

Comme ils forment une progression dont la raison est 1, leur somme est :

$$S = \frac{(1+n)n}{2}, \quad \text{ou} \quad S = \frac{n(n+1)}{2}. \qquad [8]$$

Donc, *pour avoir la somme des* n *premiers nombres entiers, on multiplie le dernier par celui qui le suivrait immédiatement, et l'on divise le produit par* 2.

2° Trouver la somme des n premiers nombres impairs,

$$1+3+5+7\ldots$$

Ils forment une progression dont la raison est 2; en appliquant la formule [7] on a :

$$S = \frac{\{2+2(n-1)\}n}{2}, \quad \text{ou} \quad S = n^2. \qquad [9]$$

Ainsi *la somme des* n *premiers nombres impairs est égale au carré de* n.

335. PROBLÈMES. Les formules [2] et [6] fournissent deux relations entre les quantités a, l, r, n, S, relations qui permettent de déterminer deux de ces quantités, quand les trois autres sont données. De là dix problèmes à résoudre :

1°	Étant donnés	a, l, r,	déterminer	n, S ;
2°	»	a, l, n,	»	r, S;
3°	»	a, l, S,	»	r, n;
4°	»	a, r, n,	»	l, S;
5°	»	a, r, S,	»	l, n;
6°	»	a, n, S,	»	l, r;
7°	»	l, r, n,	»	a, S;
8°	»	l, r, S,	»	a, n;
9°	»	l, n, S,	»	a, r;
10°	»	r, n, S,	»	a, l.

Parmi ces problèmes, le cinquième et le huitième sont du second degré ; les huit autres sont du premier degré.

§ II. Des progressions par quotient.

336. DÉFINITIONS. Une progression *géométrique* ou *par quotient* est une suite de nombres, dont chacun est égal au précédent multiplié par un nombre constant que l'on nomme la *raison* de la progression.

Lorsque la raison est plus grande que l'unité, les termes vont en croissant, la progression est *croissante;* lorsque la raison est moindre que l'unité, les termes vont en diminuant, et la progression est *décroissante.*

Pour indiquer que des nombres font partie d'une progression par quotient, on les écrit à la suite les uns des autres, en les séparant par deux points, et en les faisant précéder du signe ∺.

EXEMPLES. Les suites :

$$∺\ 4 : 12 : 36 : 108 : 324 : 972 : ....,$$

$$∺\ 528 : 264 : 132 : 66 : 33 : 16\tfrac{1}{2} : ....,$$

sont deux progressions par quotient, l'une croissante et l'autre décroissante ; les raisons sont 3 et $\tfrac{1}{2}$.

En général, nous désignerons les termes d'une progression par quotient par a, b, c, d, ..., i, k, l, ..., la raison par q, et le rang du terme l par n. Nous aurons :

$$∺\ a : b : c : d : .... : i : k : l : ....   \qquad [1]$$

557. VALEUR DU TERME DE RANG n. D'après la définition, un terme d'une progression par quotient se forme en multipliant le précédent par la raison. Le second est donc égal à aq, le troisième à aq^2, le quatrième à aq^3, ..., le n^{me} à aq^{n-1}. Donc *un terme de rang quelconque est égal au premier multiplié par une puissance de la raison, dont l'exposant est égal au nombre des termes qui précède celui que l'on considère.* C'est ce qu'exprime la formule :

$$l = aq^{n-1}.   \qquad [2]$$

558. COROLLAIRE. La formule [2], étant une relation entre les quatre nombres, a, l, q, n, permet de déterminer l'un d'eux, quand les trois autres sont donnés. On trouve aisément, en résolvant l'équation [2] par rapport à chacune des quatre quantités successivement :

$$\left.\begin{array}{ll} l = aq^{n-1}, & a = \dfrac{l}{q^{n-1}}, \\[2ex] q = \sqrt[n-1]{\dfrac{l}{a}}, & n = 1 + \dfrac{\log l - \log a}{\log q}. \end{array}\right\} \qquad [3]$$

La dernière formule suppose connues les propriétés fondamentales des logarithmes (565 et suiv.).

559. THÉORÈME. *Si une progression est croissante, on peut la prolonger assez, pour que ses termes dépassent toute limite donnée.*

En effet, si l'on considère les trois termes consécutifs i, k, l de la progression [1], on a, par définition,

$$k = iq, \qquad l = kq;$$

et, par soustraction, $\quad l - k = (k - i)q.$

Or la raison q est supérieure à l'unité; donc la différence $(l - k)$ est plus grande que la différence $(k - i)$. L'excès d'un terme sur le précédent va donc en croissant. Or, si cet excès restait constant, comme dans la progression par différence, on pourrait, en l'ajoutant au premier terme a, un nombre suffisant de fois, obtenir un résultat aussi grand qu'on le voudrait. Il en sera donc de même, a fortiori, si, comme nous l'avons reconnu, cet excès va en augmentant.

340. Théorème. *Si une progression est décroissante, on peut la prolonger assez, pour que ses termes décroissent au-dessous de toute limite.*

En effet, si la progression [1] a une raison q inférieure à l'unité, les termes $\dfrac{1}{a}, \dfrac{1}{b}, \dfrac{1}{c}, \cdots \dfrac{1}{i}, \dfrac{1}{k}, \dfrac{1}{l}, \ldots$ forment une autre progression par quotient, dont la raison $\dfrac{1}{q}$ est supérieure à l'unité, puisque, des égalités

$$b = a \times q, \quad c = b \times q, \quad d = c \times q, \ldots$$

on déduit $\quad \dfrac{1}{b} = \dfrac{1}{a} \times \dfrac{1}{q}, \quad \dfrac{1}{c} = \dfrac{1}{b} \times \dfrac{1}{q}, \quad \dfrac{1}{d} = \dfrac{1}{c} \times \dfrac{1}{q}, \ldots$

Il résulte donc, du théorème précédent, que les fractions $\dfrac{1}{i}, \dfrac{1}{k}, \dfrac{1}{l}$, peuvent devenir aussi grandes que l'on voudra, et par suite, leurs dénominateurs i, k, l, peuvent devenir aussi petits que l'on voudra. C'est ce qu'il fallait démontrer.

341. Insertion de moyens géométriques. Insérer m moyens géométriques entre deux nombres donnés a et b, c'est former une progression par quotient, dont a et b soient les termes extrêmes, et dont ces m moyens soient les termes intermédiaires.

Il suffit évidemment, pour résoudre cette question, de trouver la raison de la progression : car, en multipliant le premier terme

par la raison, on aura le second ; en multipliant le second par
raison, on aura le troisième, et ainsi de suite. Or, on connaî
dans cette progression, le premier terme a, le dernier b, et
nombre des termes $(m+2)$. On appliquera donc la formule [2
qui donnera :

$$q = \sqrt[m+1]{\frac{b}{a}}. \qquad\qquad [4]$$

EXEMPLE. Insérer 3 moyens entre 7 et 112. La raison est :

$$q = \sqrt[4]{\frac{112}{7}} \text{ ou } 2;$$

et la progression cherchée est :

$$\div 7 : 14 : 28 : 56 : 112.$$

342. THÉORÈME. *Si l'on insère, entre les termes consécutifs d'u
progression par quotient, pris deux à deux, un même nombre m
moyens par quotient, on obtient une progression unique, dont la r
son est la racine, d'indice* (m + 1), *de la raison primitive.*

En effet, les raisons des diverses progressions partielles sor

$$\sqrt[m+1]{\frac{b}{a}}, \qquad \sqrt[m+1]{\frac{c}{b}}, \qquad \sqrt[m+1]{\frac{d}{c}}, \ldots;$$

elles sont donc toutes égales à $\sqrt[m+1]{q}$. D'ailleurs le dernier teri
de chacune est le premier de la suivante. On peut donc les co
sidérer comme n'en faisant qu'une seule.

343. PROBLÈME. *Déterminer la condition, pour que trois no
bres,* a, b, c, *fassent partie d'une même progression.*

Si, en considérant a comme étant le premier terme,
désigne par $(m+1)$ et par $(n+1)$ les rangs inconnus de b
de c, on a (337) :

$$b = aq^m, \qquad c = aq^n,$$

q étant la raison inconnue. Si l'on élève la première équation
la puissance n, et la seconde à la puissance m, on aura :

$$b^n = a^n q^{mn}, \qquad c^m = a^m q^{mn};$$

d'où, en éliminant q :

$$\frac{b^n}{a^n} = \frac{c^m}{a^m}, \quad \text{ou} \quad \left(\frac{b}{a}\right)^n = \left(\frac{c}{a}\right)^m. \qquad [5]$$

C'est la condition cherchée. Cette condition se simplifie, si l' suppose que a, b, c soient commensurables; car alors, en réduisant les rapports $\frac{b}{a}$ et $\frac{c}{a}$ à leur plus simple expression, et en désignant par $\frac{g}{h}$ et $\frac{k}{l}$ les fractions irréductibles équivalentes, on a :

$$\left(\frac{g}{h}\right)^n = \left(\frac{k}{l}\right)^m, \quad \text{ou} \quad \frac{g^n}{h^n} = \frac{k^m}{l^m}.$$

Or, ces fractions, étant aussi irréductibles, ne peuvent être égales, que si l'on a :

$$g^n = k^m, \quad h^n = l^m;$$

ce qui exige, d'une part, que g et k soient composés des mêmes facteurs premiers, ainsi que h et l; et, d'autre part, que les exposants d'un même facteur, dans g et k, et dans h et l, soient dans un rapport constant $\frac{m}{n}$. Si ces conditions sont remplies, elles déterminent le rapport $\frac{m}{n}$. Mais elles laissent m et n indéterminés; de sorte que a, b, c peuvent faire partie d'une infinité de progressions.

344. APPLICATION. *Quels sont les nombres commensurables qui peuvent faire partie d'une progression par quotient, ayant pour termes 1 et 10?*

Désignons par $\frac{p}{q}$ l'un des nombres cherchés; on doit avoir, d'après ce qui précède :

$$\left(\frac{p}{q}\right)^m = (10)^n, \quad \text{ou} \quad \frac{p^m}{q^m} = 10^n;$$

m et n étant des nombres entiers. Or le second membre étant entier, le premier doit l'être aussi; et comme $\frac{p^m}{q^m}$ est irréductible, par hypothèse, il faut que l'on ait : $q = 1$, et, par suite, $p^m = 10^n$. Mais pour que cette dernière égalité ait lieu, il faut que p ne contienne que les facteurs premiers 2 et 5 de 10, c'est-à-dire que l'on ait : $p = 2^\alpha \times 5^\beta$: il faut donc que $2^{\alpha m} \times 5^{\beta m} = 2^n \times 5^n$, et que, par conséquent, $\alpha m = \beta m = n$. Il faut donc que $\alpha = \beta = \frac{n}{m}$. Ainsi les exposants de 2 et de 5, dans p, doivent être égaux; ou, en d'autres termes, p doit être une puissance de 10.

Les puissances de 10 sont donc les seuls nombres commensurables qui puissent figurer dans une progression par quotient, dont 1 et 10 font partie.

345. THÉORÈME. *Dans toute progression par quotient, le produit* *de deux termes également distants des extrêmes est constant et éga au produit des extrêmes.*

Soit, en effet, la progression limitée :

$$\div a : b : c : d : \ldots\ldots : i : k : l;$$

le second terme b est égal à aq, et l'avant-dernier k est égal à $\dfrac{l}{q}$ donc leur produit $bk = al$. En général, le terme x, qui en a p avant lui, est égal à aq^p; et le terme y, qui en a p après lui, es égal à $\dfrac{l}{q^p}$; donc le produit $xy = al$.

346. Produit des termes d'une progression. Désignon par P le produit des termes d'une progression, qui commence par a, qui finit par l, et dont n est le nombre des termes. Nou avons :

$$P = abcd \ldots\ldots ikl.$$

On n'altère pas ce produit en renversant l'ordre des facteurs et en écrivant :

$$P = lki. \ldots\ldots dcba.$$

Si l'on multiplie ces deux produits égaux l'un par l'autre, er groupant deux par deux les facteurs de même rang, il vient :

$$P^2 = (al)\,(bk)\,(ci) \ldots\ldots (ic)\,(kb)\,(la).$$

Or tous les produits renfermés entre parenthèses sont égaux (345) à al. D'ailleurs leur nombre est celui des termes de la progression; donc :

$$P^2 = (al)^n;$$

d'où l'on tire :

$$P = \sqrt{(al)^n}. \qquad\qquad [6]$$

Ainsi, *le produit des termes d'une progression est égal à la racine carrée d'une puissance du produit des extrêmes, dont l'exposant est le nombre des termes.*

347. Somme des termes d'une progression par quotient. Désignons par S la somme des termes de la progression précédente; de sorte que l'on a :

$$S = a + b + c + d + \ldots\ldots + i + k + l.$$

Si l'on multiplie les deux membres de cette égalité par q, on obtient :

$$Sq = aq + bq + cq + dq + \ldots + iq + kq + lq.$$

Mais, par hypothèse, $aq = b$, $bq = c$, $cq = d$, ..., $iq = k$, $kq = l$; donc l'égalité précédente devient :

$$Sq = b + c + d + \ldots + k + l + lq.$$

Si l'on suppose $q > 1$, et qu'on retranche S de Sq, on a évidemment, en supprimant les termes qui se détruisent :

$$Sq - S = lq - a, \quad \text{ou} \quad S(q-1) = lq - a;$$

d'où
$$S = \frac{lq - a}{q - 1}. \tag{7}$$

Ainsi, *la somme des termes d'une progression croissante par quotient se forme, en multipliant le dernier terme par la raison, en retranchant du produit le premier terme, et en divisant la différence par l'excès de la raison sur l'unité.*

Si l'on suppose $q < 1$, on ne peut plus retrancher S de Sq; on retranche alors Sq de S, et l'on a :

$$S - Sq = a - lq, \quad \text{ou} \quad S(1-q) = a - lq;$$

d'où
$$S = \frac{a - lq}{1 - q}. \tag{8}$$

Ainsi, *la somme des termes d'une progression décroissante se forme, en retranchant du premier terme le produit du dernier par la raison, et en divisant la différence par l'excès de l'unité sur la raison.*

Mais les conventions faites sur les nombres négatifs rendent cette seconde forme équivalente à la première.

REMARQUE. Si l'on ne connaissait que le premier terme a, la raison q, et le nombre n des termes, il faudrait, pour faire usage des formules précédentes, commencer par calculer le dernier terme l à l'aide de la formule [2]. En substituant sa valeur dans les formules [7] et [8], on a :

$$[9] \qquad S = \frac{aq^n - a}{q - 1}, \quad \text{et} \quad S = \frac{a - aq^n}{1 - q}. \qquad [10].$$

348. LIMITE DE LA SOMME DES TERMES D'UNE PROGRESSION

DÉCROISSANTE. La formule [8], qui donne la somme des termes
d'une progression décroissante, peut s'écrire :

$$S = \frac{a}{1-q} - \frac{lq}{1-q}.$$

Or, si le nombre des termes va en augmentant indéfiniment,
l'expression $\frac{a}{1-q}$, qui ne dépend que du premier terme et de
la raison, conserve constamment la même valeur; mais le pro-
duit $l\,\frac{q}{1-q}$, composé d'un facteur l qui décroît sans limite (**340**),
et d'un facteur $\frac{q}{1-q}$ qui reste constant, peut devenir aussi petit
que l'on voudra. Par conséquent la somme des termes, tonjours
inférieure à $\frac{a}{1-q}$, peut différer de $\frac{a}{1-q}$ aussi peu quel'on voudra, si le nombre des termes est suffisamment grand : en d'au-
tres termes, $\frac{a}{1-q}$ est la limite vers laquelle tend la somme,
lorsque le nombre des termes croît indéfiniment. En désignant
cette limite par s, on a :

$$s = \frac{a}{1-q}. \qquad\qquad [11].$$

349. APPLICATION. Une fraction décimale périodique peut être considérée
comme une progression décroissante; et la formule [11] lui est applicable.

Soit, par exemple, la fraction périodique

$$0,3535353535\ldots\ldots\ldots$$

Si on la sépare en tranches de deux chiffres, à partir de la virgule, on peut la
regarder comme la limite de la somme des termes d'une progression décroissante à l'infini :

$$\div \frac{35}{100} : \frac{35}{10000} : \frac{35}{1000000} : \frac{35}{100000000} : \ldots,$$

dont la raison est $\frac{1}{100}$. D'après la formule [11], cette limite est égale

$$\frac{\dfrac{35}{100}}{1-\dfrac{1}{100}}, \qquad \text{ou à} \quad \frac{35}{99};$$

ce qui est précisément le résultat qu'on obtient, en arithmétique, dans la théorie
des fractions périodiques.

EXERCICES.

I. Quelles sont les progressions par différence dans lesquelles la somme de deux termes quelconques fait partie de la progression ?

Ce sont celles dont le premier terme est un multiple de la raison.

II. Quelles sont les progressions par quotient, dans lesquelles le produit de deux termes fait partie de la progression ?

Ce sont celles dont le premier terme est une puissance de la raison.

III. Si, dans une suite de nombres, chacun est la demi-somme de ceux qui le comprennent, ces nombres forment une progression par différence. Si chacun est moyen proportionnel entre les deux qui le comprennent, ils forment une progression par quotient.

On ramène immédiatement cet énoncé aux définitions (**326** et **336**).

IV. Dans quelles progressions par différence existe-t-il un rapport, indépendant de n, entre la somme des n premiers termes et la somme des n suivants?

Ce sont celles où la raison est double du premier terme (liv. II, chap. VII, exerc. 1).

V. $\sqrt{2}$, $\sqrt{5}$ et $\sqrt{7}$ peuvent-ils faire partie d'une même progression par différence ou par quotient ?

Non. On s'appuiera sur les nos **330** et **343**.

VI. Si l'on prend la suite des nombres impairs 1, 3, 5, 7..., et qu'on la sépare en groupes, dont le premier ait un terme, le deuxième deux termes, le troisième trois termes, etc., la somme des termes d'un même groupe est un cube.

On formera le premier et le dernier terme de n^{me} groupe, et on appliquera la formule [6] du n° **333** : on trouvera n^3 pour somme.

VII. Si l'on considère la suite 1, 2, 4, 6, 8, 10..., la somme des n premiers termes est impaire; et, quand on ajoute au nombre ainsi obtenu les $(n-1)$ nombres impairs qui le suivent, on obtient un cube.

On trouve pour résultat n^3, en suivant la même marche.

VIII. Dans une progression géométrique de six termes, la différence des termes extrêmes est plus grande que cinq fois la différence des termes du milieu.

On exprime le rapport des deux différences en fonction de la raison, et l'on trouve que le minimum du rapport est 5.

IX. On forme une suite de termes tels, que chacun soit la demi-somme des deux précédents; connaissant les deux premiers termes a, b de cette suite, trouver de quelle limite on s'approche, lorsqu'on en forme un nombre de plus en plus grand.

La limite est $\dfrac{a+2b}{3}$.

X. Soit AB une ligne quelconque ; on marque son milieu C, puis le milieu D de CB, puis le milieu E de DC, puis le milieu F de ED, le milieu G de FE, et ainsi de suite indéfiniment; trouver de quelle limite les points C, D, E, F, ◖

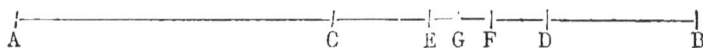

s'approchent de plus en plus, lorsqu'on en marque un nombre de plus en pl◖
grand.

Le point limite est au tiers de AB, à partir du point B.

XI. Trouver la limite de la somme des fractions

$$\frac{1}{2} + \frac{2}{4} + \frac{3}{8} + \frac{4}{16} + \frac{5}{32} + \ldots,$$

dont les numérateurs forment une progression par différence, et les dénom◖
nateurs une progression par quotient.

On décompose cette série en plusieurs progressions géométriques décroi◖
santes, et l'on trouve que la limite est 2.

XII. On forme la suite des nombres

$$1, \quad 3, \quad 6, \quad 10, \quad 15, \quad 21, \quad \text{etc.,}$$

tels que la différence de deux termes consécutifs va sans cesse en augmenta◖
d'une unité; trouver la somme des n premiers termes de cette suite.

On trouve que le n^{me} terme est égal à $\dfrac{n(n+1)}{2}$, et que la somme est égale
$\dfrac{n(n+1)(n+2)}{6}$.

XIII. Dans une progression par quotient, dont le nombre des termes est i◖
pair, la somme des carrés des termes est égale à la somme des termes, m◖
tipliée par l'excès de la somme des termes de rang impair sur la somme d◖
termes de rang pair.

On forme les différentes sommes indiquées, et on vérifie aisément l'égalité.

XIV. Dans une progression par différence, dont les termes sont entiers, si◖
est un nombre premier avec la raison, et que l'on divise p termes consécut◖
par p, on obtiendra pour restes tous les nombres 0, 1; 2, 3,... $(p-1)$.

On prouve que deux restes ne peuvent pas être égaux.

XV. Un triangle étant donné, on forme un second triangle qui ait pour cô◖
les médianes du premier, un troisième triangle avec les médianes du secon◖
et ainsi indéfiniment. On demande la limite de la somme des aires de tous c◖
triangles.

Cette limite est quatre fois l'aire du triangle donné.

CHAPITRE II.

THÉORIE ÉLÉMENTAIRE DES LOGARITHMES.

§ I. Définition des logarithmes.

350. DÉFINITION. — Lorsque l'on considère deux progressions, l'une par quotient et commençant par l'unité, l'autre par différence et commençant par zéro, les termes de la seconde sont appelés les *logarithmes* des termes qui ont le même rang dans la première. Ainsi, soient les deux progressions :

$$[1] \quad \begin{cases} \div 1 : q : q^2 : q^3 : q^4 : \ldots : q^m : \ldots : q^n : \ldots : q^p : \ldots , \\ \div 0 . \ r . \ 2r . \ 3r . 4r \ldots \ldots mr \ldots \ldots nr \ldots \ldots , pr \ldots ; \end{cases}$$

mr est le logàrithme de q^m.

REMARQUE. — Le logarithme d'un nombre considéré isolément est tout à fait arbitraire. Si l'on demande quel est le logarithme de 3, cette question n'a aucun sens, tant qu'on n'a pas choisi les progressions qui définissent le *système* des logarithmes dont on veut parler.

Dans tous les systèmes le logarithme de 1 est 0.

351. EXTENSION DE LA DÉFINITION. — D'après la définition précédente, lorsque l'on a choisi les deux progressions qui définissent un système de logarithmes, il semble que les nombres qui ne font pas partie de la progression par quotient, n'ont pas de logarithmes ; nous allons voir comment, en étendant cette définition, on est conduit à regarder chaque nombre plus grand que l'unité comme ayant un logarithme.

Concevons que l'on insère entre deux termes consécutifs de chacune des progressions [1] un même nombre de moyens ; nous obtiendrons (**331, 342**) deux nouvelles progressions, commençant encore l'une par 1, l'autre par 0, et dans lesquelles les termes correspondants des progressions primitives se correspondront encore. Nous dirons donc que les termes nouvellement introduits, dans la progression par différence, sont les logarithmes des termes de même rang, introduits dans la progression par quotient.

552. Théorème. — Pour que cette extension de la définition soit admissible, il faut prouver que, si, en insérant des nombres différents de moyens, on amène un même nombre, de deux manières différentes, à faire partie de la progression par quotient, on lui trouvera, des deux manières, le même logarithme.

Supposons que l'on insère d'abord $(p - 1)$ moyens entre les termes consécutifs des progressions [1], la raison de la progression par quotient sera (**541**), $\sqrt[p]{q}$; et la raison de la progression par différence sera (**529**) $\dfrac{r}{p}$. En sorte que le terme, de rang $(k + 1)$, dans la première, sera $(\sqrt[p]{q})^{k}$; et le terme correspondant, dans la seconde, sera $k\dfrac{r}{p}$.

Supposons maintenant que l'on insère, entre les termes consécutifs des progressions [1], un autre nombre $(p' - 1)$ de moyens; un terme, de rang $(k' + 1)$, dans la première, sera $(\sqrt[p']{q})^{k'}$, et le terme correspondant, dans la seconde, sera $k'\dfrac{r}{p'}$.

Nous voulons prouver que, si l'on a :

$$\left(\sqrt[p]{q}\right)^{k} = \left(\sqrt[p']{q}\right)^{k'}, \qquad\qquad [2]$$

on aura aussi : $\qquad k\dfrac{r}{p} = k'\dfrac{r}{p'}, \quad$ ou $\quad \dfrac{k}{p} = \dfrac{k'}{p'}.$

Si, en effet, nous élevons les deux membres de l'égalité [2] à la puissance pp', nous aurons :

$$\left(\sqrt[p]{q}\right)^{kpp'} = \left(\sqrt[p']{q}\right)^{k'pp'}, \quad \text{ou} \quad q^{kp'} = q^{k'p};$$

et cette dernière égalité entraîne évidemment :

$$kp' = k'p, \quad \text{ou} \quad \dfrac{k}{p} = \dfrac{k'}{p'}.$$

Donc, *si l'on peut introduire un même nombre, de deux manières différentes, dans la progression par quotient, on lui trouvera, des deux manières, le même logarithme.*

553. Théorème. — *Si l'on calcule des logarithmes en insérant un certain nombre de moyens entre les termes consécutifs des deux progressions, puis que l'on en calcule d'autres en insérant un autre* *nombre de moyens, ces divers logarithmes peuvent être considérés comme faisant partie d'un seul et même système.*

Pour le prouver, remarquons que si, entre les termes consécutifs de la progression par quotient, on insère d'abord $(p-1)$ moyens, puis $(p'-1)$ moyens, tous les termes obtenus, dans l'un et l'autre cas, font partie d'une seule et même progression, que l'on obtiendrait en insérant $(pp'-1)$ moyens. En effet, si l'on insère $(pp'-1)$ moyens entre deux termes consécutifs a et b d'une progression, le terme b aura, après cette insertion, le $(pp'+1)^{me}$ rang. Si donc, dans la progression ainsi formée, on compte les termes de p' en p', à partir du second, c'est-à-dire le $(p'+1)^{me}$, le $(2p'+1)^{me}$, le $(3p'+1)^{me}\ldots\ldots$, b se trouvera le p^{me} de cette suite. Or, q étant la raison de la progression nouvelle, les termes ainsi désignés sont respectivement égaux à $aq^{p'}$, $aq^{2p'}$, $aq^{3p'}\ldots\ldots$; ils sont donc en progression; et l'on peut les considérer comme formant $(p-1)$ moyens entre a et b. De même, si l'on compte les termes de p en p, à partir du second, b se trouvera le p'^{me} de cette autre suite; et ces termes pourront être considérés comme formant $(p'-1)$ moyens entre a et b.

La même remarque s'applique à la progression par différence : on voit donc que les deux systèmes obtenus, en insérant séparément $(p-1)$ moyens et $(p'-1)$ moyens, sont compris dans le système unique, qui correspond à $(pp'-1)$ moyens.

Par exemple, si a et b désignent deux termes consécutifs quelconques d'une progression par quotient ou par différence, et que l'on insère entre a et b, d'abord trois moyens, puis ensuite cinq moyens, de manière à former les progressions

$$a, \quad A_1, \quad A_2, \quad A_3, \quad b,$$
$$a, \quad B_1, \quad B_2, \quad B_3, \quad B_4, \quad B_5, \quad b;$$

si l'on insère ensuite $(4 \times 6 - 1)$ ou 23 moyens, on formera une progression nouvelle, dans laquelle A_1, A_2, A_3 figureront aux rangs 7, 13, 19, et B_1, B_2, B_3, B_4, B_5, aux rangs 5, 9, 13, 17, 21.

554. Théorème. — *On peut insérer, entre les termes consécutifs de la progression par quotient, un assez grand nombre de moyens, pour que deux termes consécutifs quelconques de la progression nouvelle diffèrent aussi peu qu'on voudra.*

En effet, soit q la raison, et soient A et Aq deux termes consécutifs quelconques de la progression donnée. Si l'on insère

$(m-1)$ moyens entre ces deux termes, la raison de la progression nouvelle sera $\sqrt[m]{q}$; par suite, deux termes consécutifs de cette progression, compris entre A et Aq, seront $A\left(\sqrt[m]{q}\right)^k$ et $A\left(\sqrt[m]{q}\right)^{k+1}$, et leur différence sera :

$$A\left(\sqrt[m]{q}\right)^{k+1} - A\left(\sqrt[m]{q}\right)^k, \quad \text{ou} \quad A\left(\sqrt[m]{q}\right)^k\left(\sqrt[m]{q}-1\right).$$

Comme k est inférieur à m, $\left(\sqrt[m]{q}\right)^k$ est inférieur à q; la différence est donc plus petite que

$$Aq\left(\sqrt[m]{q}-1\right).$$

Or, quand m croît indéfiniment, $\left(\sqrt[m]{q}-1\right)$ tend vers zéro. Car, pour vérifier que l'on a, pour une valeur suffisamment grande de m,

$$\sqrt[m]{q}-1 < \varepsilon,$$

quelque petit que soit ε, il suffit de prouver que l'on a, dans les mêmes circonstances :

$$\sqrt[m]{q} < 1+\varepsilon, \quad \text{ou} \quad q < (1+\varepsilon)^m;$$

et cette dernière inégalité est évidente, puisque l'on sait (**359**) que les puissances d'un nombre plus grand que 1 croissent, sans limites, avec leur exposant.

Ainsi le facteur $\left(\sqrt[m]{q}-1\right)$ tend vers zéro; d'ailleurs le facteur Aq est fixe : donc le produit $Aq\left(\sqrt[m]{q}-1\right)$ peut devenir aussi petit que l'on voudra, si l'on donne à m une valeur suffisamment grande; et il en est de même, *a fortiori*, de la différence considérée.

555. REMARQUE. — Il résulte du théorème (**554**), que les nombres dont les logarithmes sont définis dans les paragraphes précédents, croissent par degrés aussi rapprochés que l'on veut. Si l'on se bornait cependant à cette définition, il y aurait une infinité de nombres qui devraient être regardés comme n'ayant pas de logarithmes. On sait, par exemple (**344**), que, quel que soit le nombre des moyens insérés entre les termes de la progression par quotient,

$$\div 1 : 10 : 100 : 1000. \ldots,$$

aucun de ces moyens n'est commensurable. Tous les nombres

commensurables peuvent, au contraire, s'introduire comme moyens, dans la progression par différence,

$$\div 1 \cdot 2 \cdot 3 \cdot 4 \cdot 5 \ldots$$

Par conséquent, dans le système de logarithmes que définissent ces deux progressions, *les nombres commensurables qui ne sont pas entiers, sont tous des logarithmes de nombres incommensurables, et les nombres commensurables qui ne sont pas des puissances de 10, ne pouvant pas faire partie de la progression par quotient, devraient être regardés comme n'ayant pas de logarithmes.*

356. DÉFINITION DES LOGARITHMES DES NOMBRES QUI NE PEUVENT PAS FAIRE PARTIE DE LA PROGRESSION PAR QUOTIENT. — Quand un nombre ne peut pas être introduit dans la progression par quotient, son logarithme, qui ne peut être commensurable (**355**), se définit de la manière suivante :

Le logarithme d'un nombre N, qui ne peut pas faire partie de la progression par quotient, est plus grand que les nombres commensurables qui sont les logarithmes de nombres inférieurs à N, et plus petit que les nombres commensurables qui sont les logarithmes de nombres supérieurs à N.

Par exemple, dans le système défini par les progressions du n° 355, le nombre 37 ne peut pas faire partie de la progression par quotient. Pour définir son logarithme, concevons que l'on insère entre 10 et 100 un nombre considérable de moyens par quotient, et entre 1 et 2 le même nombre de moyens par différence ; on trouvera, dans la progression par quotient, deux termes consécutifs qui comprendront 37, et dont les logarithmes commensurables, très-peu différents l'un de l'autre, comprendront, par définition, le logarithme de 37. La valeur de ce logarithme sera, d'ailleurs, parfaitement déterminée : car elle sera la limite commune, vers laquelle convergeront les logarithmes des deux nombres qui comprennent 37, lorsque le nombre des moyens insérés croîtra indéfiniment.

357. THÉORÈME. — Il résulte de tout ce qui précède, que *tout nombre, plus grand que 1, a un logarithme.*

358. Définition générale des nombres incommensurables. — Nous venons (**356**) de définir le logarithme d'un nombre, en disant quels sont les nombres commensurables qui sont plus grands que lui, et quels sont ceux qui sont plus petits que lui. Cette manière est le moyen ordinaire de définition pour les nombres incommensurables. Quelques explications sur ce sujet ne seront pas inutiles.

Il existe des grandeurs qui n'ont pas de commune mesure. On sait, par exemple, que la diagonale d'un carré n'a pas de commune mesure avec son côté; il en est de même de la diagonale d'un cube et de son arête. Dans ce cas, le rapport des deux grandeurs ne peut être représenté par aucun nombre, entier ou fractionnaire : on dit qu'il est incommensurable.

Pour définir un nombre incommensurable, on ne peut qu'indiquer comment la grandeur qu'il exprime peut se former au moyen de l'unité. Veut-on, par exemple, définir $\sqrt{2}$, nombre incommensurable qui représente une *grandeur bien déterminée*, savoir la longueur de la diagonale du carré construit sur un côté égal à l'unité? On dira qu'un nombre est plus grand ou plus petit que $\sqrt{2}$, selon que son carré est plus grand ou plus petit que 2. Et, cela posé, après avoir adopté une certaine unité de longueur, on regardera tous les nombres comme exprimant des longueurs portées sur une même ligne droite, dans le même sens, à partir d'une même origine. Une portion de cette ligne recevra les extrémités des longueurs mesurées par des nombres moindres que $\sqrt{2}$; et une autre portion recevra celles des longueurs mesurées par des nombres plus grands que $\sqrt{2}$. Entre ces deux régions, il ne pourra exister aucun intervalle d'étendue finie; car les nombres de l'une des séries diffèrent, aussi peu qu'on veut, des nombres de l'autre. Il n'y aura donc entre elles qu'un *point de démarcation;* et la distance à laquelle ce point se trouve de l'origine, est, par définition, mesurée par $\sqrt{2}$.

Nous nous sommes bornés à définir la grandeur dont $\sqrt{2}$ est la mesure. Et, en effet, il ne paraît pas possible de définir directement un nombre abstrait. Si l'on réfléchit aux définitions données, même dans les cas simples des nombres entiers et fractionnaires, on verra qu'elles ne sont que l'indication de l'opération à l'aide de laquelle la grandeur, dont ils sont la mesure, dérive de l'unité.

559. Addition et soustraction. Ajouter ou soustraire des nombres incommensurables, c'est trouver un nombre exprimant la somme ou la différence des grandeurs que mesurent les nombres proposés.

560. Multiplication. Si le multiplicateur est commensurable, il n'y a aucun changement à apporter à la définition. Ainsi, multiplier $\sqrt{2}$ par 7, c'est trouver un nombre exprimant une grandeur 7 fois plus grande que celle qu'exprime $\sqrt{2}$. Multiplier $\sqrt{2}$ par $\frac{3}{4}$, c'est trouver un nombre exprimant une grandeur égale aux $\frac{3}{4}$ de celle que mesure $\sqrt{2}$.

Mais si le multiplicateur est incommensurable, il faut une définition nouvelle. Nous appellerons produit d'un nombre A par un nombre incommensurable B, un nombre moindre que le produit de A par un nombre commensurable quelconque supérieur à B, et plus grand que le produit de A par un nombre commensurable quelconque moindre que B.

561. Division. Diviser un nombre A par un nombre B, c'est trouver un troisième nombre qui, multiplié par le diviseur B, reproduise le dividende A. Cette définition s'applique, quels que soient les nombres A et B, commensurables ou incommensurables.

562. Racines. La racine m^{me} d'un nombre incommensurable est un nombre qui, pris m fois comme facteur, donne un produit égal au nombre proposé.

On voit que la seule opération qui exige une définition véritablement nouvelle, est celle de la multiplication; toutes les autres se rattachent à celle-là.

563. Théorème. *On peut toujours trouver deux nombres commensurables, ayant une différence aussi petite qu'on le voudra, et qui comprennent entre eux un nombre incommensurable donné.*

En effet, soit n un nombre entier quelconque; si l'on considère la suite :

$$0, \quad \frac{1}{n}, \quad \frac{2}{n}, \quad \frac{3}{n}, \quad \frac{4}{n}, \quad \frac{5}{n}, \ldots,$$

on voit que ses termes augmentent sans limite; comme ils commencent à zéro, le nombre incommensurable donné, quel qu'il soit, est nécessairement compris entre deux d'entre eux, $\frac{x}{n}$ et $\frac{x+1}{n}$. Et l'on peut prendre n assez grand pour que leur différence, qui est $\frac{1}{n}$, soit aussi petite que l'on voudra.

564. EXTENSION DES THÉORÈMES DÉMONTRÉS POUR LES NOMBRES COMMENSURABLES, AU CAS DES NOMBRES INCOMMENSURABLES. Le théorème précédent permet évidemment d'étendre aux nombres incommensurables les théorèmes suivants, qui ont été démontrés pour les nombres commensurables.

1° *Dans un produit de plusieurs facteurs, on peut intervertir l'ordre des facteurs.*

2° *Pour multiplier un nombre par le produit de plusieurs facteurs, on peut le multiplier successivement par ces divers facteurs.*

3° *Pour multiplier un produit par un nombre, il suffit de multiplier un de ses facteurs par ce nombre.*

4° *Pour multiplier un produit par un autre, il suffit de former un produit unique avec les facteurs du multiplicande et ceux du multiplicateur.*

5° *Pour multiplier deux puissances d'un même nombre, il suffit d'ajouter les exposants.*

§ III. Propriétés des logarithmes.

565. THÉORÈME I. *Le logarithme d'un produit de deux facteurs est la somme des logarithmes des facteurs.*

Soient les deux progressions :

$$\left.\begin{array}{l} \div\ 1 : q : q^2 : q^3 : \ldots : q^m \ldots : q^n \ldots, \\ \div\ 0 \ .\ r \ .\ 2r \ .\ 3r \ldots \ldots \ mr \ldots : nr \ldots, \end{array}\right\} \quad [1]$$

qui définissent un système de logarithmes. Les termes de la première sont les puissances successives de la raison q; ceux de la seconde sont les multiples consécutifs de la raison r.

Si l'on multiplie l'un par l'autre deux termes de la progression par quotient, q^m et q^n, on aura un produit q^{m+n} qui, évidemment, est le $(m+n+1)^{me}$ terme de la même progression; si l'on ajoute les logarithmes de q^m et q^n, qui sont mr et nr, on aura une somme $(m+n)r$, qui est évidemment le $(m+n+1)^{me}$ terme de la progression par différence, et, par conséquent, le logarithme de q^{m+n}; la proposition est donc démontrée.

366. Généralisation. La démonstration précédente suppose que les nombres considérés font partie de la même progression par quotient. Elle est en défaut pour les logarithmes incommensurables définis (**356**). Pour démontrer que, dans ce cas, la proposition est encore exacte, remarquons que, si l'on donne deux nombres quelconques N et N', on peut toujours insérer dans les progressions assez de moyens, pour que les termes croissent par degrés insensibles, et que, par conséquent, il s'y trouve deux termes N_1 et N'_1, qui diffèrent, aussi peu qu'on le voudra, de N et de N'. Or on aura (**365**):

$$\log (N_1 \times N'_1) = \log N_1 + \log N'_1.$$

Le premier membre diffère, aussi peu que l'on veut, de $\log (N \times N')$, et le second, aussi peu que l'on veut, de $\log N + \log N'$; il est donc impossible, que $\log (N \times N')$ et $\log N + \log N'$ aient une différence déterminée quelconque; par conséquent, ces deux quantités sont égales. C'est ce qu'il fallait démontrer.

367. Extension au cas de plus de deux facteurs. *Le théorème précédent s'étend à un nombre quelconque de facteurs.* Soit, par exemple, un produit de quatre facteurs $abcd$; on a évidemment :

[1] $\log (abcd) = \log (abc \times d) = \log (abc) + \log d$
$= \log (ab) + \log c + \log d = \log a + \log b + \log c + \log d.$

368. Théorème II. *Le logarithme d'une puissance entière et positive d'un nombre est le produit du logarithme du nombre par l'exposant de la puissance.*

Ce théorème est une conséquence du précédent. Soit, en effet, a^4 la puissance considérée; on a :

$$\log a^4 = \log (a \times a \times a \times a)$$
$$= \log a + \log a + \log a + \log a = 4 \log a.$$

La démonstration s'applique évidemment, quel que soit l'exposant entier et positif.

Ainsi, $\log a^m = m \log a.$ [2].

569. THÉORÈME III. *Le logarithme d'un quotient est égal au logarithme du dividende, moins celui du diviseur.*

Soient un quotient $\dfrac{a}{b}$, que je désignerai par q; on aura :

$$a = b \times q;$$

donc : $\log a = \log b + \log q;$

d'où : $\log q = \log a - \log b$,   ou $\log \dfrac{a}{b} = \log a - \log b.$ [3]

REMARQUE. On suppose, dans le théorème précédent, que le quotient $\dfrac{a}{b}$ est plus grand que 1; car les logarithmes des nombres plus grands que 1 ont seuls été définis jusqu'à présent.

570. THÉORÈME IV. *Le logarithme d'une racine d'un nombre est égal au logarithme du nombre divisé par l'indice de la racine.*

Soit la racine $\sqrt[m]{a}$, que je désigne par r; on a, par définition :

$$a = r^m,$$

d'où l'on conclut (**568**) :

$$\log a = m \log r;$$

et, par suite,

$$\log r = \frac{\log a}{m}, \quad \text{ou} \quad \log \sqrt[m]{a} = \frac{\log a}{m}. \qquad [4]$$

571. REMARQUE. Les quatre théorèmes précédents montrent, qu'une *multiplication* de plusieurs facteurs peut être remplacée par l'*addition* de leurs logarithmes; une *division*, par la *soustraction* de deux logarithmes; une *formation de puissance*, par la *multiplication* du logarithme du nombre par l'exposant; et enfin, une *extraction de racine*, par la *division* du logarithme du nombre par l'indice de la racine.

Mais il faut, pour profiter de ces simplifications, avoir une table de logarithmes, et savoir y trouver le logarithme d'un

nombre donné, et le nombre correspondant à un logarithme
donné.

§ IV. Construction et disposition des tables de logarithmes.

572. LOGARITHMES VULGAIRES. Dans les calculs numériques,
on emploie exclusivement le système de logarithmes défini par
les deux progressions :

$$\div\ 1 : 10 : 100 : 1000 : 10000 : 100000 : \dots$$
$$\div\ 0\ .\ 1\ .\ 2\ .\ 3\ .\ 4\ .\ 5\ \dots$$

Dans ce système, *une puissance de* 10 *a pour logarithme son exposant.* Car, le logarithme de 10 étant 1, on a :

$$\log 10^m = m \log 10 = m.$$

*Les logarithmes de tous les autres nombres, entiers ou fraction-
naires, sont incommensurables* (**555**).

573. CARACTÉRISTIQUE. On nomme *caractéristique* du logarithme d'un nombre la partie entière de ce logarithme. Les
nombres compris entre 1 et 10, c'est-à-dire ayant une partie
entière composée d'un seul chiffre, ont pour logarithmes des
nombres compris entre 0 et 1; la caractéristique est zéro. Les
nombres compris entre 10 et 100, c'est-à-dire ayant une partie
entière composée de deux chiffres, ont des logarithmes compris
entre 1 et 2 ; la caractéristique est 1. En général, les nombres
compris entre 10^{n-1} et 10^n ont une partie entière composée de
n chiffres; et leurs logarithmes, étant compris entre $(n-1)$ et n,
ont pour caractéristique $(n-1)$.

Donc *la caractéristique du logarithme d'un nombre contient autant d'unités qu'il y a de chiffres dans la partie entière du nombre,
moins un.*

574. THÉORÈME. *Lorsqu'on multiplie ou qu'on divise un nombre
par une puissance de* 10, *la partie décimale de son logarithme n'est
pas altérée; mais la caractéristique est augmentée ou diminuée d'autant d'unités qu'il y en a dans l'exposant de la puissance.*
En effet, on a (**565** et **568**) :

$$\log (a \times 10^n) = \log a + \log 10^n = \log a + n;$$

et (**569**) : $\log \dfrac{a}{10^n} = \log a - \log 10^n = \log a - n.$

375. CONSTRUCTION DES TABLES. On ne calcule et on n'inscr
dans les tables que les logarithmes des nombres entiers. Comm
tous ces logarithmes sont incommensurables (**555**), on ne peu
les calculer qu'avec une certaine approximation; on se con
tente, en général, des sept ou huit premières décimales.

La définition, que nous avons donnée (**356**), conduit à la valeu
approchée du logarithme d'un nombre. Car, si l'on insère dan
les progressions un nombre considérable de moyens, il y aur
deux termes consécutifs de la progression par quotient, qui con
prendront le nombre donné, et dont les logarithmes seront de
valeurs approchées de son logarithme.

Mais ce procédé serait fort long et très-pénible; et nous allon
montrer, par un exemple, combien il exigerait d'opérations. O
donne, d'ailleurs, dans la seconde partie de l'algèbre, pour l
calcul des logarithmes, des méthodes beaucoup plus rapides.

EXEMPLE. *On demande le logarithme de* 1855.

Comme 1855 est compris entre 1000 et 10000, son logarithme est compr
entre 3 et 4. Si l'on insère un moyen entre 1000 et 10000 dans la progressio
par quotient, et un moyen entre 3 et 4 dans la progression par différence, c
trouve

$$a = \sqrt{1000 \times 10000} = 3162,27766$$

pour valeur du premier, et 3,5 pour valeur du second. Ainsi ·

$$3,5 = \log a = \log 3162,27766.$$

Comme 1855 est compris entre 1000 et a, son logarithme est compris entr
3 et 3,5. Si l'on insère un moyen entre 1000 et a dans la progression par quo
tient, et un moyen entre 3 et 3,5 dans la progression par différence, on trouv
pour le premier,

$$b = \sqrt{1000\,a} = 1778,2794,$$

et pour le second, $$\frac{3 + 3,5}{2} \quad \text{ou} \quad 3,25$$

Ainsi : $$3,25 = \lg b = \log 1778,2794.$$

Comme 1855 est compris entre a et b, son logarithme est compris entr
3,25 et 3,5. Si l'on insère deux nouveaux moyens, on trouve, en désignant l
premier par c :

$$3,375 = \log \sqrt{ab} = \log 2371,3737 = \log c.$$

De même, comme 1855 est compris entre b et c, son logarithme est compri
entre 3,25 et 3,375. Une nouvelle opération donne :

$$3,3125 = \log \sqrt{bc} = \log 2053,5250 = \log d.$$

En continuant ainsi les calculs, on forme le tableau suivant :

$$3,5 = \log a \qquad\qquad = \log 3162, 27766$$
$$3,25 = \log \sqrt{1000\,a} = \log b = \log 1778, 2794$$
$$3,375 = \log \sqrt{ab} \qquad = \log c = \log 2371, 3737$$
$$3,3125 = \log \sqrt{bc} \qquad = \log d = \log 2053, 5250$$
$$3,28125 = \log \sqrt{bd} \qquad = \log e = \log 1910, 95294$$
$$3,265625 = \log \sqrt{be} \qquad = \log f = \log 1843, 42296$$
$$3,2734375 = \log \sqrt{ef} \qquad = \log g = \log 1876, 8843$$
$$3,26953125 = \log \sqrt{fg} \qquad = \log h = \log 1860, 0784$$
$$3,26757812 = \log \sqrt{fh} \qquad = \log i = \log 1851, 7321$$
$$3,26855469 = \log \sqrt{hi} \qquad = \log k = \log 1855, 9005$$
$$3,26806641 = \log \sqrt{ik} \qquad = \log l = \log 1853, 8151$$
$$3,26831055 = \log \sqrt{kl} \qquad = \log m = \log 1854, 8575$$
$$3,26843262 = \log \sqrt{km} \qquad = \log n = \log 1855, 3789.$$

En comparant d'une part n et m, et de l'autre k et m, on a ·

$$n = 1855,3789 \qquad\qquad k = 1855,9005$$
$$m = 1854,8575 \qquad\qquad m = 1854,8575$$

d'où : $\qquad n - m = \quad 0,5214, \qquad k - m = \quad 1,0430;$

et l'on voit que $(n - m)$ est à peu près la moitié de $(k - m)$.

En comparant, en même temps, d'une part, $\log n$ et $\log m$, de l'autre, $\log k$ et $\log m$, on a :

$$\log n = 3,26843262 \qquad\qquad \log k = 3,26855469$$
$$\log m = 3,26831055 \qquad\qquad \log m = 3,26831055$$

d'où $\qquad \log n - \log m = 0,00012207, \qquad \log k - \log m = 0,00024414;$

et l'on voit que $(\log n - \log m)$ est la moitié de $(\log k - \log m)$. Ainsi, les différences entre les nombres sont entre elles comme les différences entre leurs logarithmes. Si l'on admet que, pour des nombres aussi rapprochés, cette proportion soit exacte, on en conclura immédiatement le logarithme de 1855. On dira, en effet : si pour une différence entre n et m, égale à 0,5214, il y a, entre leurs logarithmes, une différence égale à 12207 unités du huitième ordre, quelle sera, pour une différence de 0,1425 entre 1855 et 1854, 8575, la différence x des logarithmes? et l'on trouvera :

$$x = \frac{12207 \times 1425}{5214} = 3336 \text{ unités du } 8^e \text{ ordre.}$$

En ajoutant ce nombre au logarithme de m, on a :

$$\log 1855 = 3,26834391.$$

576. DISPOSITION DES TABLES DE LOGARITHMES DE CALLET. La première table est toute simple ; elle contient les nombres entiers depuis 1 jusqu'à 1200, disposés suivant leur ordre, en plusieurs colonnes, au haut desquelles on voit la lettre N, initiale du mot *nombre*; à côté et à droite de ces colonnes, on en remarque d'autres, au haut desquelles est écrit Log., initiales du mot *logarithme*; de manière que chaque colonne de nombres est immédiatement suivie d'une colonne de logarithmes, et que chaque logarithme est placé à droite et dans l'alignement du nombre auquel il appartient. On n'a pas mis de caractéristique aux logarithmes, parce qu'on la connaît aisément à la seule inspection du nombre (375). Chaque logarithme est donné avec huit décimales.

Cette table est nommée *Chiliade* I, parce qu'en effet elle contient les logarithmes du premier mille. (*Chiliade* est un mot grec francisé, qui signifie assemblage de mille unités.)

Les tables suivantes sont un peu plus composées : elles s'étendent depuis 1020 jusqu'à 108000. La première colonne, qu'on y remarque vers la gauche, et qui est intitulée N, contient les nombres entiers depuis 1020 jusqu'à 10800. La colonne suivante, marquée 0, offre les parties décimales des logarithmes qui appartiennent à ces nombres; en sorte que l'assemblage de ces deux colonnes forme la suite de la table première et donne sur-le-champ les logarithmes des nombres depuis 1020 jusqu'à 10800. Chacun de ces logarithmes n'a que sept décimales.

Si l'on observe la colonne intitulée N, on remarque que les nombres qui la composent ne sont pas tous écrits en totalité ; les deux derniers chiffres à droite de chacun d'eux sont seuls inscrits à leur rang ; quant aux autres, on ne les voit indiqués qu'une fois sur cinq. Mais il est facile de les rétablir, à la lecture.

Si l'on observe la colonne marquée 0, on voit, vers la gauche de cette colonne, certains nombres isolés, de trois chiffres chacun, qui vont toujours en augmentant d'une unité, et qui ne sont pas à des distances tout à fait égales les uns des autres. Vers la droite de la même colonne sont des nombres, de quatre chiffres chacun, qui ne laissent point d'intervalle entre eux; en sorte qu'on pourrait croire que certains logarithmes n'ont que quatre chiffres, tandis que d'autres en ont sept.

Mais qu'on ne s'y trompe pas ; chaque nombre isolé est cens écrit au-dessous de lui-même, et vis-à-vis chacun des nombres de quatre chiffres qui sont dans la même colonne, autant de fois qu'il est nécessaire pour que chaque ligne soit remplie : lors donc qu'on ne trouve, vis-à-vis un certain nombre, que quatre chiffres dans la colonne marquée 0, il faut écrire, vers la gauche de ces quatre chiffres, le nombre isolé de trois chiffres le plus prochain en montant. Au delà de 10000, les nombres isolés ont quatre figures, et les logarithmes ont huit décimales.

Lorsque deux nombres sont décuples l'un de l'autre, leurs logarithmes ont pour différence le logarithme de 10 qui est 1, et, par conséquent, leur partie décimale est la même (374). Ainsi l'assemblage des deux premières colonnes, dont nous venons de parler, donne aussi, de dix en dix, les logarithmes des nombres compris entre 10200 et 108000. Pour trouver les logarithmes des nombres intermédiaires, il faut avoir recours aux colonnes marquées 1, 2, 3, 4, etc. Ces colonnes contiennent les quatre dernières décimales des logarithmes des nombres terminés par les chiffres qui sont en tête de ces colonnes. Ainsi la colonne marquée 0 contient les quatre dernières décimales des logarithmes des nombres, compris entre 10200 et 108000, qui sont terminées par un zéro, et en outre les nombres isolés dont nous avons parlé, et qui sont aussi censés placés à la gauche des chiffres que contiennent les autres colonnes. La colonne marquée 1 contient les quatre derniers chiffres des logarithmes de tous les nombres terminés par 1 ; la colonne marquée 2, ceux des logarithmes de tous les nombres terminés par 2 ; la colonne marquée 3, ceux des logarithmes de tous les nombres terminés par 3 ; et ainsi de suite jusqu'à 9. On a, par ce moyen, une table à double entrée, dans laquelle on consulte d'abord la première colonne, marquée N ; et, lorsqu'on y a trouvé les quatre premiers chiffres du nombre dont on veut avoir le logarithme, on suit de l'œil la ligne sur laquelle ils se trouvent, jusqu'à ce qu'on soit arrivé à la colonne au haut de laquelle se trouve le cinquième chiffre du nombre donné ; alors on a sous les yeux les quatre derniers chiffres décimaux du logarithme cherché. Quant aux trois premiers, ils sont exprimés par le nombre isolé qui se trouve, dans la seconde colonne, le plus prochain en montant.

La dernière colonne contient les différences des logarithmes de deux nombres consécutifs de cinq chiffres et les parties de ces différences, c'est-à-dire les produits de ces mêmes différences multipliées par $\frac{1}{10}$, $\frac{2}{10}$, $\frac{3}{10}$, etc., jusqu'à $\frac{9}{10}$. Ces produits for-

ment autant de petites tables qu'il y a de différences. Chacune
de ces petites tables se trouve placée immédiatement au-dessous
de la différence dont elle indique les parties. Elle est divisée en
deux colonnes par une ligne verticale : à gauche sont les nombres de dixièmes depuis 1 jusqu'à 9 ; à droite et en regard sont
les parties correspondantes. On verra plus loin quel est l'usage
de ces tables.

Mais comme, vers le commencement des tables, ces différences
se trouvent trop nombreuses, et, par conséquent, trop près les
unes des autres, elles n'auraient pas permis, si elles n'eussent
occupé qu'une colonne, de placer les petites tables des parties
proportionnelles dans l'intervalle qui se serait trouvé entre elles.
C'est pourquoi on les a disposées d'abord sur deux colonnes :
la première de ces différences occupe la première colonne ; les
deux suivantes, sans sortir de la ligne horizontale où elles doivent être placées, sont repoussées à droite, et occupent la seconde colonne ; les deux différences qui suivent se trouvent sur
la première colonne, et les deux suivantes sur la seconde ; ainsi
de suite. Dans les quatre premières pages on n'a placé les tables
des parties de ces différences que de deux en deux.

Pour rendre ces explications plus claires, nous reproduisons
ici l'une des pages de la table de Callet.

N.	0	1	2	3	4	5	6	7	8	9	DIFF.
7680	885.3612	3669	3725	3782	3838	3895	3951	4008	4065	4121	57
81	4178	4234	4291	4347	4404	4460	4517	4573	4630	4686	1 6
82	4743	4800	4856	4913	4969	5026	5082	5139	5195	5252	2 11
83	5308	5365	5421	5478	5534	5591	5647	5704	5761	5817	3 17
84	5874	5930	5987	6043	6100	6156	6213	6269	6326	6382	4 23
7685	6439	6495	6552	6608	6665	6721	6778	6834	6891	6947	5 29
86	7004	7060	7117	7173	7230	7286	7343	7399	7456	7512	6 34
87	7569	7625	7682	7738	7795	7851	7908	7964	8021	8077	7 40
88	8134	8190	8247	8303	8360	8416	8473	8529	8586	8642	8 46
89	8699	8755	8812	8868	8925	8981	9037	9094	9150	9207	9 51
7690	9263	9320	9376	9433	9489	9546	9602	9659	9715	9772	
91	9828	9885	9941	9998	0054	0110	0167	0223	0280	0336	
	886.										
92	0393	0449	0506	0562	0619	0675	0732	0788	0844	0901	
93	0957	1014	1070	1127	1183	1240	1296	1352	1409	1465	
94	1522	1578	1635	1691	1748	1804	1860	1917	1973	2030	
7695	2086	2143	2199	2256	2312	2368	2425	2481	2538	2594	
96	2651	2707	2763	2820	2876	2933	2989	3046	3102	3158	
97	3215	3271	3328	3384	3441	3497	3553	3610	3666	3723	
98	3779	3835	3892	3948	4005	4061	4118	4174	4230	4287	
99	4343	4400	4456	4512	4569	4625	4682	4738	4794	4851	
7700	4907	4964	5020	5076	5133	5189	5246	5302	5358	5415	
01	5471	5528	5584	5640	5697	5753	5810	5866	5922	5979	
02	6035	6092	6148	6204	6261	6317	6373	6430	6486	6543	
03	6599	6655	6712	6768	6824	6881	6937	6994	7050	7106	
04	7163	7219	7275	7332	7388	7445	7501	7557	7614	7670	
7705	7726	7783	7839	7896	7952	8008	8065	8121	8177	8234	
06	8290	8346	8403	8459	8515	8572	8628	8685	8741	8797	
07	8854	8910	8966	9023	9079	9135	9192	9248	9304	9361	
08	9417	9473	9530	9586	9642	9699	9755	9811	9868	9924	
09	9980										
	887.	0037	0093	0149	0206	0262	0318	0375	0431	0487	
7710	0544	0600	0656	0713	0769	0825	0882	0938	0994	1051	
11	1107	1163	1220	1276	1332	1389	1445	1501	1558	1614	
12	1670	1727	1783	1839	1895	1952	2008	2064	2121	2177	
13	2233	2290	2346	2402	2459	2515	2571	2627	2684	2740	
14	2796	2853	2909	2965	3022	3078	3134	3190	3247	3303	
7715	3359	3416	3472	3528	3584	3641	3697	3753	3810	3866	
16	3922	3978	4035	4091	4147	4204	4260	4316	4372	4429	
17	4485	4541	4598	4654	4710	4766	4823	4879	4935	4991	
18	5048	5104	5160	5217	5273	5329	5385	5442	5498	5554	
19	5610	5667	5723	5779	5835	5892	5948	6004	6060	6117	
7720	6173	6229	6286	6342	6398	6454	6511	6567	6623	6679	
21	6736	6792	6848	6904	6961	7017	7073	7129	7185	7242	
22	7298	7354	7410	7467	7523	7579	7635	7692	7748	7804	
23	7860	7917	7973	8029	8085	8142	8198	8254	8310	8366	
24	8423	8479	8535	8591	8648	8704	8760	8816	8872	8929	
7725	8985	9041	9097	9154	9210	9266	9322	9378	9435	9491	
26	9547	9603	9659	9716	9772	9828	9884	9941	9997	0053	
	888.										
27	0109	0165	0222	0278	0334	0390	0446	0503	0559	0615	
28	0671	0727	0784	0840	0896	0952	1008	1064	1121	1177	
29	1233	1289	1345	1402	1458	1514	1570	1626	1683	1739	
N.	0	1	2	3	4	5	6	7	8	9	

On voit dans la table, à gauche de la colonne N, deux autres colonnes, que nous n'avons pas reproduites, parce qu'elles n'ont aucun rapport avec la théorie des logarithmes.

§ V. Usage des tables de logarithmes.

577. PROBLÈME I. *Un nombre quelconque étant donné, trouver son logarithme, par le moyen des tables.*

Le nombre donné peut être entier et plus petit que 108000; ou bien, il peut être décimal, ses chiffres formant, abstraction faite de la virgule, un nombre moindre que 108000. On ramène ce second cas au premier; et l'on considère d'abord le nombre comme s'il était entier, sauf à donner ensuite à son logarithme une caractéristique convenable.

1er CAS. Si le nombre donné est moindre que 1200, on le trouvera dans la première chiliade, parmi les nombres naturels qui sont dans les colonnes marquées N. Le nombre qu'on trouvera à sa droite, sur la même ligne, et dans la colonne suivante, intitulée Log., sera la partie décimale de son logarithme; quant à la caractéristique qui convient à ce logarithme, elle est toujours égale à 0, 1, 2 ou 3, selon que le premier chiffre significatif du nombre exprime des unités simples, des dizaines, des centaines ou des mille.

2e CAS. Si le nombre donné est compris entre 1020 et 10800, on le cherchera dans la table qui vient après la chiliade I; et l'ayant trouvé dans la colonne intitulée N, on consultera la colonne suivante, marquée 0. Si l'on y voit sept chiffres de front dans l'alignement du nombre naturel, on aura tout d'un coup la partie décimale du logarithme cherché. Mais, si l'on n'y trouve que quatre figures, elles donneront les quatre derniers chiffres de la même partie décimale; ensuite on remarquera qu'il règne, à leur gauche, une marge ou espace blanc; on suivra cette marge en montant; et le premier nombre de trois chiffres qu'on y rencontrera, exprimera les trois premières figures de la partie décimale du logarithme cherché. Écrivant donc ce nombre vers la gauche des quatre chiffres qu'on a déjà trouvés, on aura un nombre de sept chiffres comme ci-dessus: enfin on y joindra une caractéristique convenable. Par exemple, à côté de

7680, je trouve 8853612 sur la même ligne et dans la colonne marquée 0; j'ai donc, tout d'un coup, la partie décimale du logarithme que je cherche; il ne me reste plus qu'à y joindre la caractéristique 3. Si le nombre était 7,680, la caractéristique serait zéro; elle serait 1, si le nombre était 76,80; 2, s'il était 768,0. A côté de 7695, dans la colonne marquée 0, je ne trouve que 2086; mais, en suivant la marge, le premier nombre que je rencontre, en montant, est 886; mon logarithme est donc 3,8862086. Si le nombre avait cinq figures, et qu'il fût moindre que 108000, on trouverait de même son logarithme.

3ᵉ Cas. Si le nombre est compris entre 10800 et 108000, il a le plus ordinairement cinq chiffres significatifs; on fera, pour un instant, abstraction du dernier, et l'on cherchera, comme ci-dessus, le nombre qu'expriment les quatre premiers. On suivra de l'œil la ligne sur laquelle on l'aura trouvé, en la parcourant de gauche à droite, jusqu'à ce qu'on soit dans la colonne, en haut de laquelle est écrit le cinquième chiffre dont on a fait abstraction. Les quatre figures qui sont, tout à la fois, dans l'alignement des quatre premiers chiffres du nombre donné, et dans la colonne qui répond au cinquième, exprimeront les quatre dernières décimales du logarithme de ce nombre. Quant aux trois premières, on les trouvera, comme ci-dessus, en remontant le long de la marge de la colonne intitulée 0. Soit, par exemple, 772,37 dont on veut le logarithme; je cherche 7723 dans la colonne N, je ne vois rien dans son alignement à la marge de la colonne 0; mais un peu plus haut, je rencontre 887 dans cette marge, je parcours la ligne du nombre 7723, et je m'arrête à la colonne marquée 7, sur laquelle (dans l'alignement de 7723) je trouve 8254. La partie décimale de mon logarithme est donc 0,8878254; et ce logarithme est 2,8878254. Si le nombre était compris entre 100000 et 108000 on trouverait de même son logarithme.

578. Cas où le nombre donné n'est pas dans la table. Les explications très-détaillées, qui précèdent, donnent le moyen de trouver le logarithme d'un nombre entier moindre que 108000, et celui d'un nombre décimal, dont les chiffres, abstraction faite de la virgule, expriment un nombre inférieur à cette limite. Pour trouver les logarithmes des nombres plus grands, on remarque qu'en divisant ces nombres par une puissance convenable de 10, on pourra toujours les réduire à être compris dans les limites de la table. Or, une pareille division diminue un logarithme d'un nombre entier d'unités (**574**), et ne change pas, par conséquent, sa partie décimale. Le problème se réduit donc à trouver le logarithme d'un nombre qui n'est pas entier et qui est inférieur à 108000.

Pour cela, *on admet que, dans des limites peu éloignées, l'accroissement des logarithmes est proportionnel à celui des nombres.*

Soit, par exemple, un nombre 76807,753 ; on dira :

le logaritme de 76807 est 4,8854008 ;

celui de 76808 est 4,8854065 ;

leur différence, indiquée dans la table, est 57 (unités décimales du septième ordre) ; par conséquent, lorsque le nombre augmente d'une unité, son logarithme augmente de 57 ; si donc le nombre augmente seulement de 0,753, son logarithme augmentera d'une quantité x, déterminée par la proportion

$$\frac{1}{0,753} = \frac{57}{x} ;$$

d'où $\qquad\qquad\qquad x = 57 \times 0,753.$

Ainsi, *pour avoir* x, *on multiplie la différence tabulaire par la partie décimale du nombre donné.*

Dans la multiplication de 57 par 0,753, il ne faudra prendre que la partie entière du produit ; car la partie décimale exprimerait au plus des dixièmes d'unités du septième ordre, c'est-à-dire des unités du huitième ordre, que l'on néglige dans la valeur des logarithmes.

Pour multiplier 57 par 0,753, on le multipliera successivement par 7, 5 et 3 ; ces produits se trouvent tout calculés dans le tableau placé au-dessous de 57, dernière colonne à droite de la table. Ils sont réduits aux chiffres que l'on doit conserver, en supposant que le multiplicateur exprime des dixièmes. Ainsi, vis-à-vis de 7, on trouve 40, au lieu de 39,9 qui serait le produit exact ; vis-à-vis de 5, on trouve 29 au lieu de 28,5 ; vis-à-vis de 3, on trouve 17 au lieu de 17,1. Dans le cas actuel, 5 exprimant des centièmes, le produit correspondant sera 2,9, auquel on substituera 3 : 3 exprimant des millièmes, le produit correspondant devra être divisé par 100; il exprimera alors 0,17, et on le négligera.

La valeur de x sera, d'après cela, 43; et, pour avoir le logarithme demandé, il faudra ajouter au logarithme de 76807, 43 unités du septième ordre; ce qui fera 4,8854051.

Si l'on voulait le logarithme de 76807753, il serait évidemment 7,8854051. En général, pourvu que l'on conserve les mêmes chiffres, dans le même ordre, à quelque place que l'on mette la virgule, la partie décimale du logarithme reste la même.

REMARQUE. On dispose les calculs de la manière suivante:

Nombre.	Logarithme.	
76807.........	8854008	
7........	40	
5.......	2	9
3......		17

Log 76807,753 = 4,8854051

Dans l'addition, on n'écrit pas les sommes partielles provenant des chiffres situés à droite de la ligne verticale; on ne conserve que les retenues qu'elles peuvent donner pour le septième ordre.

579. PROBLÈME II. *Un logarithme étant donné, trouver, par le moyen des tables, le nombre auquel il appartient.*

1er CAS. Si le logarithme, abstraction faite de la caractéristique, se trouve parmi ceux de la première chiliade, on aura sur-le-champ le nombre qui lui correspond; ce nombre sera dans la colonne marquée N, qui précède immédiatement celle qui contient le logarithme donné, et dans l'alignement de ce logarithme. Après l'avoir écrit, on placera la virgule, de manière que le nombre ait un chiffre entier de plus qu'il n'y a d'unités à la caractéristique (**573**).

EXEMPLES :   2,17026172 = log 148 ;

0,06781451 = log 1,169.

2e CAS. Si le logarithme ne se trouve pas dans la première table, on cherchera les trois premières décimales de ce logarithme parmi les nombres isolés que l'on voit dans la colonne, marquée 0, de la seconde table; et les ayant trouvées, on cherchera les quatre dernières figures du logarithme parmi les nombres de quatre chiffres, qui sont dans cette même colonne, en descendant. Si l'on trouve ces quatre dernières figures, on verra le nombre cherché dans la colonne marquée N, et sur leur alignement. On écrira ce nombre, et l'on donnera à la virgule la place que lui assigne la caractéristique du logarithme.

EXEMPLES : $4,8872796 = \log 77140$,
                  $2,8863779 = \log 769,8$.

3e CAS. Si l'on ne trouve pas, dans la colonne marquée 0, les quatre dernières figures du logarithme donné, on s'arrêtera à celles qui en approchent le plus *en moins*; on suivra la ligne sur laquelle on se sera arrêté, en la parcourant de gauche à droite ; et, si l'on trouve dans cette ligne les quatre dernières figures du logarithme donné, on suivra, en montant ou en descendant, la colonne dans laquelle on les aura trouvées ; le chiffre qu'on verra à la tête et au pied de cette colonne, sera la cinquième figure du nombre cherché, dont les quatre premières se trouveront, comme ci-dessus, dans la colonne marquée N.

Veut-on savoir, par exemple, à quel nombre appartient le logarithme qui a, pour partie décimale, 8871276? je cherche 887 parmi les nombres isolés de la colonne marquée 0; je parcours, en descendant, la même colonne, et je trouve que 1107 approche le plus *en moins* de 1276; je suis la ligne qui commence par 1107, et je trouve 1276 sur cette ligne; je monte dans la colonne qui contient 1276, je trouve le chiffre 3 à la tête de cette colonne; je viens à 1276, et je vois que la ligne, où il se trouve, répond au nombre 7711; j'écris ce nombre, et à sa droite le chiffre 3 que j'ai déjà trouvé : ce qui me donne 77113. C'est le nombre qu'il fallait trouver. Je place ensuite convenablement la virgule, d'après la valeur de la caractéristique.

EXEMPLES : $4,8871276 = \log 77113$;
                  $2,8871276 = \log 771,13$.

4e CAS. Si le logarithme donné ne se trouve dans aucun des cas précédents, pour avoir le nombre auquel il appartient, on cherchera, comme ci-dessus (3e Cas), le logarithme qui en approche le plus *en moins*. On cherchera le nombre entier correspondant; ce nombre et le suivant comprendront le nombre demandé, et l'on cherchera la différence avec un de ces nombres entiers, à l'aide de la proportion admise (**378**).

EXEMPLE. Soit à chercher le nombre dont le logarithme a, pour partie décimale, 8870282. On trouvera, comme il a été dit, que ce logarithme est compris entre 8870262 et 8870318, qui correspondent aux nombres 77095 et 77096 ; la différence de ces deux logarithmes, indiquée dans la table, est 57 unités du dernier ordre ; et le logarithme donné surpasse le plus petit des deux de 20 unités du même ordre. On dira donc : à une différence 57 entre les logarithmes correspond une différence 1 entre les nombres ; donc, à une différence 20 entre les logarithmes doit correspondre, entre les nombres, une différence x déterminée par la proportion

$$\frac{57}{20} = \frac{1}{x} ;$$

d'où l'on conclut, $x = \frac{20}{57}$; et, par suite, le nombre cherché est

$77095 + \frac{20}{57}$, ou, en réduisant en décimales, 77095,35.

Ainsi, *pour avoir* x, *il faut diviser la différence entre le logarithme donné et le plus petit de ceux qui le comprennent par la différence tabulaire.*

REMARQUE I. Si l'on retranche l'un de l'autre les deux logarithmes consécutifs 8870262 et 8870318, on trouve pour différence 56 et non 57. On peut adopter néanmoins la différence 57 donnée par Callet, qui, à cause des chiffres décimaux non écrits dans la table, est peut-être aussi près de la véritable que 56.

REMARQUE II. On peut, à l'aide de la petite table des parties proportionnelles, effectuer la réduction de x en décimales. On y cherche, dans la colonne de droite, le nombre qui approche le plus de 20 *en moins* ; on trouve 17, qui correspond à 3 ; 3 est le chiffre des dixièmes du nombre cherché. Comme il reste encore (de 17 à 20) 3 unités du septième ordre, on les convertit en 30 unités du huitième ordre ; on cherche de nouveau, dans la colonne de droite, le nombre qui approche le plus de 30, et le chiffre 5, qui est à gauche de 29, est le chiffre des centièmes.

REMARQUE III. On dispose le calcul de la manière suivante :

Logarithme.   Nombre.
8870282
8870262.......... 77095
      ——
      20.   35

4,8870282 = log 77095,35.

Si l'on voulait le nombre qui a pour logarithme 5,8870282, il serait évidemment 770953,5. En général, après avoir trouvé, comme ci-dessus, les sept chiffres consécutifs du nombre demandé, en faisant abstraction de la caractéristique du logarithme, on place la virgule, de manière à séparer, sur la gauche, un nombre de chiffres supérieur d'une unité à cette caractéristique.

580. REMARQUE IV. Nous ne pouvons pas indiquer ici la limite de l'erreur que l'on peut commettre, en supposant l'accroissement des logarithmes proportionnel à celui des nombres. Nous ferons observer seulement, que l'inspection des tables montre que cette proportionnalité est à peu près exacte dans des limites assez écartées. La différence de deux logarithmes consécutifs varie, en effet, très-lentement ; et, au degré d'approximation que donnent les tables, elle reste souvent constante pendant plusieurs pages ; il en résulte évidemment que, pour les nombres entiers compris dans ces pages, l'accroissement des logarithmes est proportionnel à celui des nombres.

Lorsque l'on emploie cette proportion pour compléter le logarithme d'un nombre (**578**), l'erreur ne porte que sur les unités décimales d'un ordre inférieur au septième. Lorsqu'on l'applique à la recherche du nombre correspondant à un logarithme donné (**579**), elle ne peut fournir, au degré d'approximation des tables, que deux chiffres au plus, en sus des cinq chiffres que donne la lecture directe.

§ VI. Application de la théorie des logarithmes.

581. MOYEN D'EFFECTUER LA MULTIPLICATION, LA DIVISION, ETC. Lorsqu'un nombre inconnu résulte de multiplications, divisions, élévations aux puissances ou extractions de racines, effectuées sur des nombres donnés, pour déterminer sa valeur, on cherche celle de son logarithme, qui résulte d'opérations beaucoup plus simples. Le logarithme étant connu, on détermine le nombre correspondant, comme il a été dit (**379**).

EXEMPLE. Calculer l'expression :

$$x = \frac{\sqrt[7]{36926,5^3} \times \sqrt[5]{2629}}{\sqrt[3]{6258,96^2}}.$$

On a, d'après les principes (**365**) et suiv. :

$$\log x = \frac{3}{7}\log 36926,5 + \frac{1}{5}\log 2629 - \frac{2}{3}\log 6258,96.$$

On cherche les trois logarithmes dans les tables, et on effectue le calcul :

1° $\quad$ 36926 5673323
$\qquad\qquad$ 5...... $\qquad$ 59

$\log 36926,5 = 4,5673382$
$3\log 36926,5 = 13,7020146$
$\frac{3}{7}\log 36926,5 = \ldots\ldots\ldots\ldots\ldots$ 1,9574307

2° $\quad$ $\log 2629 \quad = 3,4197906$
$\frac{1}{5}\log 2629 \quad = \ldots\ldots\ldots\ldots\ldots$ 0,6839581

3° $\quad$ 62589 7964980
$\qquad\qquad$ 6 ...... $\qquad$ 42

$\log 6258,96 = 3,7965022$
$2\log 6258,96 = 7,5930044$
$\frac{2}{3}\log 6258,96 = \ldots\ldots\ldots\ldots$ 2,5310015

$\log x = \ldots\ldots\ldots\ldots$ 0,1103873

$\qquad$ 1103873
$\qquad$ 1103540 $\qquad\qquad$ 12893
$\qquad\qquad$ 333 $\qquad\qquad\qquad$ 99

Donc : $\qquad\qquad x = 1,289399.$

582. CAS OU QUELQUES UNS DES NOMBRES DONNÉS SONT PLUS PETITS QUE L'UNITÉ. D'après nos définitions, les nombres plus grands que l'unité ont seuls des logarithmes. Il est donc essentiel que les nombres, sur lesquels on opère, remplissent tous cette condition. Or on pourra toujours faire en sorte que cela ait lieu; car, si l'on a à multiplier un nombre par un nombre a inférieur à l'unité, on pourra le diviser par le nombre $\frac{1}{a}$, qui est plus grand que 1; et, si l'on a à le diviser par a, on pourra le multiplier, au contraire, par $\dfrac{1}{a}$.

EXEMPLE. Calculer l'expression :

$$x = \left(\sqrt[3]{13572 \times \frac{1}{11}} \right)^2.$$

On écrit :
$$x = \left(\sqrt[3]{\frac{13572}{11}} \right)^2 ;$$

et l'on a :
$$\log x = \frac{2}{3} (\log 13572 - \log 11).$$

Or on trouve :
$$\log 13572 = 4,1326439$$
$$\log 11 = 1,0413927$$
$$\log 13572 - \log 11 = 3,0912512$$
$$2 \,(\log 13572 - \log 11) = 6,1825024$$
$$\log x = \frac{2}{3} \,(\log 13572 - \log 11) = 2,0608341$$

$$0608341$$
$$0608111 \ldots \ldots \quad 11503$$
$$\overline{230 \ldots \ldots \quad\quad 608}$$

Donc :
$$x = 115,03608.$$

385. CAS OU LE NOMBRE A CALCULER EST MOINDRE QUE L'UNITÉ.
Si le nombre à calculer était lui-même moindre que 1, nos définitions ne lui assigneraient pas de logarithme. Dans ce cas, on le multiplierait, au préalable, par une puissance de 10 assez grande, pour que le produit surpassât l'unité; on appliquerait alors la méthode précédente, et l'on diviserait le résultat par cette puissance de 10.

EXEMPLE. Calculer l'expression :

$$x = \sqrt[5]{\frac{1}{375} \times 0,5142}.$$

Comme x est plus petit que 1, on le multipliera par 10^n, n devant être déterminé plus tard; et l'on aura :

$$10^n \times x = 10^n \times \sqrt[5]{\frac{1}{375} \times \frac{5142}{10000}} = \frac{10^n}{\sqrt[5]{\dfrac{375 \times 10000}{5142}}} ;$$

et, par suite,

$$\log (10^n \times x) = n - \frac{1}{5} (\log 375 + \log 10000 - \log 5142).$$

Or on trouve :
$$\log 375 = 2,5740313$$
$$\log 10000 = 4,$$
$$\log 5142 = \underline{3,7111321}$$
$$\log 375 + \log 10000 - \log 5142 = 2,8628992$$
$$\frac{1}{5} (\log 375 + \log 10000 - \log 5142) = 0,5725798.$$

On voit qu'il suffira de prendre $n = 1$, pour que la soustraction puisse s'effectuer. On aura donc :

$$\log 10x = 1 - 0,5725798 = 0,4274202.$$

On calcule ensuite le nombre correspondant :

$$0,4274202$$
$$0,4274050 \ldots \ldots 26755$$
$$\overline{\quad 152 \quad} \qquad 94$$

Ainsi : $\qquad 10x = 2,675594;$ d'où $x = 0,2675594.$

§ VII. Des caractéristiques négatives.

384. DÉFINITION DE LA CARACTÉRISTIQUE NÉGATIVE. Nos définitions n'assignent pas de logarithmes aux nombres plus petits que l'unité; et, pour étendre jusqu'à eux le bénéfice de ce procédé abrégé de calcul, nous venons de voir (**383**), qu'on doit les rendre supérieurs à 1, en les multipliant par une puissance convenable de 10. Mais ce n'est pas ainsi que l'on procède ordinairement dans la pratique. On ne change pas les nombres moindres que l'unité; on définit, par une convention formelle, les logarithmes de ces nombres, et l'on démontre que les propriétés, dont jouissent les logarithmes ordinaires (n°ˢ **365** et suiv.), s'étendent sans modifications aux logarithmes nouveaux.

Pour définir le logarithme d'un nombre A inférieur à l'unité, nous remarquerons qu'on peut toujours multiplier A par une certaine puissance n de 10, choisie de telle manière que le produit soit plus grand que 1, et ait par conséquent un logarithme (**357**). Or on a vu (**374**) que, lorsque l'on divise par 10^n un nombre plus grand que 10^n, la partie décimale de son logarithme ne change pas, mais la caractéristique (qui est au moins égale à n), est diminuée de n unités. On *convient* d'étendre ce théorème aux nombres plus petits que 10^n, lesquels, par la division, deviennent inférieurs à l'unité, et de *nommer logarithme de A le logarithme de* $(A \times 10^n)$ *diminué de n unités.*

Exemple. Quel est le logarithme de 0,0076807753 ?

Si, pour fixer les idées, on multiplie ce nombre par 1000, de manière à le rendre plus grand que 1 et plus petit que 10, le produit est . 7,6807753, et son logarithme est (378) 0,8854051.

On devra retrancher 3 du résultat pour avoir le logarithme cherché. Ainsi, par définition :

$$\log 0,0076807753 = 0,8854051 - 3.$$

Comme 3 est un nombre entier, on le retranche de la caractéristique qui devient négative, et la partie décimale reste positive. On écrit d'ailleurs ainsi le résultat :

$$\log 0,0076807753 = \overline{3},8854051.$$

Si pour rendre un nombre A plus grand que 1 et plus petit que 10, il faut le multiplier par 10^n, la caractéristique du produit, qui est zéro, devient $-n$ après la soustraction. On en conclut aisément, que *la caractéristique négative du logarithme d'un nombre inférieur à l'unité, contient un nombre d'unités égal au rang qu'occupe, à partir de la virgule, le premier chiffre significatif du nombre.*

585. Calculs relatifs aux nombres moindres que l'unité. Il résulte de la convention, qui sert de définition aux logarithmes des nombres inférieurs à l'unité, que *l'on calcule la partie décimale de ces logarithmes d'après les règles posées (577 et 578), c'est-à-dire en faisant abstraction de la virgule, et que l'on donne ensuite au résultat une caractéristique négative, dont la valeur est égale au rang du premier chiffre significatif du nombre après la virgule.*

Inversement, *on calcule les chiffres du nombre correspondant à un logarithme dont la caractéristique est négative, d'après les règles posées (579 et 580), c'est-à-dire en faisant abstraction de la caractéristique; et l'on place ensuite la virgule, de manière que le rang du premier chiffre significatif, à partir de la virgule, soit égal au nombre d'unités de la caractéristique.*

586. Extension des propriétés des logarithmes au cas ou les nombres sont moindres que l'unité. La propriété fondamentale des logarithmes consiste en ce que *le logarithme d'un produit de deux facteurs est égal à la somme des logarithmes des deux facteurs.* Nous allons montrer que cette propriété s'étend au cas où les facteurs sont moindres que l'unité.

Soient deux nombres, A, B, tous deux inférieurs à 1 : soient 10^p et 10^q les puissances de 10, par lesquelles on doit les multiplier, pour qu'ils deviennent plus grands que 1 et plus petits que 10. Les logarithmes des deux produits seront compris entre 0 et 1 (**575**) ; de sorte qu'en les désignant par $0,a$ et $0,b$, on aura :

$$\log (A \times 10^p) = 0,a, \qquad \log (B \times 10^q) = 0,b.$$

Il résulte alors de la définition (**584**), que :

$$\log A = 0,a - p, \qquad \log B = 0,b - q;$$

et par conséquent,

$$\log A + \log B = 0,a + 0,b - p - q. \qquad [1]$$

D'un autre côté, la propriété fondamentale (**565**), appliquée aux nombres $(A \times 10^p)$ et $(B \times 10^q)$, plus grands que 1, donne :

$$\log \{(A \times 10^p)(B \times 10^q)\} = \log (A \times 10^p) + \log (B \times 10^q),$$

ou

$$\log (AB \times 10^{p+q}) = 0,a + 0,b;$$

et par suite, si l'on applique au nombre AB, qui est plus petit que 1, la convention (**584**), c'est-à-dire,

$$\log AB = \log (AB \times 10^{p+q}) - (p+q),$$

on en conclut :

$$\log AB = 0,a + 0,b - (p+q). \qquad [2]$$

Comparant enfin les égalités [1] et [2], on en tire :

$$\log AB = \log A + \log B. \qquad [3]$$

C'est ce qu'il fallait démontrer. On démontrerait la proposition, dans le cas où l'un des nombres A, B, serait plus grand que 1, en suivant une marche analogue.

La propriété fondamentale étant ainsi étendue à tous les cas, les autres propriétés des logarithmes (**568, 569, 570**), se trouvent, par cela même, généralisées : car elles sont des conséquences de la première.

587. RÈGLES DE CALCUL POUR LES OPÉRATIONS A EFFECTUER SUR LES LOGARITHMES A CARACTÉRISTIQUE NÉGATIVE. Un logarithme, à caractéristique négative, doit être regardé comme un binome de la forme $(-a+b)$, dans lequel $-a$ représente la caractéristique et b la partie décimale. Par conséquent, si l'on rencontre un pareil nombre dans une addition, on devra additionner la

partie décimale, et soustraire la caractéristique. Si l'on a, au
contraire, à le soustraire, on devra retrancher la partie déci
male, et ajouter la caractéristique.

EXEMPLES.

Addition.	Soustraction.
2,7396452	$\overline{3}$,5236729
$\overline{3}$,6854386	$\overline{2}$,7854831
$\overline{2}$,6734895	$\overline{2}$,7381898
1,0985733	

Si l'on a à multiplier un nombre, à caractéristique négative
par un nombre entier, on multiplie séparément la partie déci
male et la caractéristique par le multiplicateur, et l'on fait en
suite la réduction.

EXEMPLE.

Multiplication.

$$\overline{3},89367386$$
$$24$$

357469544
178734772

21,44817264
— 72

Le produit est :   51,44817264.

S'il s'agit d'une division par un nombre entier, on divise d'a
bord la caractéristique négative du dividende par le diviseur ; e
si la division se fait exactement, on achève l'opération, en divi
sant la partie décimale. Mais, si la caractéristique du dividende
n'est pas exactement divisible par le diviseur, pour conserver au
quotient la forme qu'a le dividende, on prend le quotient pa
excès; on obtient ainsi la caractéristique négative du quotient
et un reste positif, que l'on ajoute à la partie décimale du divi
dende; et en divisant la somme par le diviseur, on trouve la
partie décimale positive du quotient.

EXEMPLES.

Division : 1er cas.	Division : 2e cas.
$\overline{12}$,7328642$\vert$6	$\overline{13}$,2672958$\vert$5
2$\vert\overline{2}$, 1221440	3$\vert\overline{3}$,453459J

Le premier cas n'a pas besoin d'explication. Quant au second, on remarque que, 13 n'étant pas divisible par 5, et le plus petit nombre, supérieur à 13 et divisible par 5, étant 15, on peut écrire le dividende sous la forme $-15 + 2{,}2672958$; que le quotient de -15 par 5 est -3, et que celui de $2{,}2672958$ par 5 est $0{,}4534591$; que par suite, le quotient complet est $\bar{3}{,}4534591$. Ce résultat s'obtient évidemment par la règle énoncée plus haut.

388. APPLICATION. Ces conventions nous permettent d'appliquer les procédés ordinaires du calcul des logarithmes, dans le cas où certains nombres sont moindres que l'unité, sans qu'il soit nécessaire de les rendre, au préalable, plus grands que 1. Reprenons, en effet, le calcul du n° **383**. On demande de calculer l'expression :

$$x = \sqrt[5]{\frac{1}{375} \times 0{,}5142}.$$

On a : $\qquad \log x = \frac{1}{5}\left(\log\frac{1}{375} + \log\ 0{,}5142\right).$

Or : $\qquad \log\frac{1}{375} = \log 1 - \log 375 = 0 - 2{,}5740313 = \bar{3}{,}4259687$;

puis $\qquad\qquad \log 0{,}5142 = \bar{1}{,}7111321$;

donc : $\qquad \log\frac{1}{375} + \log\ 0{,}5142 = \bar{3}{,}1371003,$

et $\qquad \frac{1}{5}\left(\log\frac{1}{375} + \log 0{,}5142\right) = \bar{1}{,}4274202.$

Par suite, le nombre correspondant est : $x = 0{,}2675594$.

§ VIII. Emploi des compléments.

389. DÉFINITION. On appelle *complément* d'un nombre N à 10, la différence $10 - N$. Si le nombre N est positif et plus petit que 10, les chiffres du complément sont les compléments à 9 des chiffres de N, à l'exception du dernier chiffre significatif de droite, qui est le complément à 10 du dernier chiffre de N.

EXEMPLES. $\qquad$ C$^t\, 3{,}72543 = 6{,}27457,$

$\qquad\qquad\qquad$ C$^t\, 7{,}28540 = 2{,}71460.$

Si le nombre est positif et plus grand que 10, on obtient la partie décimale du complément d'après la même règle ; et pour avoir la partie entière, on retranche 10 de la partie entière du nombre, on ajoute 1, et on donne au résultat le signe —.

EXEMPLE. $C^t 12,7258 = \overline{3},2742.$

Car on a à soustraire de 10 le nombre 12,7258 (**587**).

Si le nombre N a une caractéristique négative, on ajoute à 10 cette caractéristique, changée de signe, en la diminuant d'une unité, et l'on écrit, à la suite, le complément de la partie décimale.

EXEMPLE. $C^t \overline{3},74652 = 12,25348.$

Car on a à exécuter l'opération $10 + 3 - 0,74652$.

590. USAGE DES COMPLÉMENTS. Lorsque, dans les calculs logarithmiques, on est conduit à faire une soustraction, on la transforme le plus souvent en addition, à l'aide des compléments. On a, en effet, identiquement :

$$a - b = a + (10 - b) - 10.$$

Il suffit donc, pour calculer la différence $(a - b)$, d'ajouter à a le complément de b, et de retrancher 10 du résultat.

En général, pour calculer l'expression $(a - b + c - d + e - f)$, on la remplace par l'expression équivalente

$$(a + C^t b + c + C^t d + e + C^t f - 30),$$

dont la valeur s'obtient par une addition.

EXEMPLE. Calculer la cinquième puissance de $\frac{2}{37}$. On a :

$$\log 2 = \ldots\ldots\ldots \quad 0,30103000$$
$$\log 37 = 1,56820172$$
$$c^t \log 37 = \ldots\ldots\ldots \quad 8,43179828$$
$$\log \frac{2}{37} = \ldots\ldots\ldots \quad \overline{2},73282828 ;$$
$$\log \left(\frac{2}{37}\right)^5 = 5 \log \frac{2}{37} = \quad \overline{7},66414140.$$

$$\begin{array}{r} 6641414 \\ 6641341\ldots\ldots 46146 \\ \hline 73 \qquad\qquad 77 \end{array}$$

Donc $\left(\frac{2}{37}\right)^5 = 0,0000004614677.$

§ IX. Des différents systèmes de logarithmes.

591. IL Y A UN NOMBRE INFINI DE SYSTÈMES DE LOGARITHMES. On peut choisir à volonté deux progressions, l'une par différence et commençant par zéro, l'autre par quotient et commençant par 1; elles fourniront un système de logarithmes, qui jouira de toutes les propriétés démontrées (n^os **365** et suiv.). Ces systèmes sont donc en nombre infini. Ils sont liés les uns aux autres par une loi très-simple, qui résulte du théorème suivant.

592. THÉORÈME. *Le rapport des logarithmes de deux nombres est le même dans tous les systèmes.*

En effet, soient A et B deux nombres quelconques; et soit $\frac{m}{n}$ la fraction, à termes entiers, qui, dans un certain système, représente le rapport de leurs logarithmes. Nous aurons :

$$\frac{\log A}{\log B} = \frac{m}{n}; \quad \text{d'où} \quad n \log A = m \log B. \qquad [1]$$

Or cette dernière égalité équivaut à :

$$\log A^n = \log B^m; \quad \text{d'où} \quad A^n = B^m. \qquad [2]$$

Mais, si l'on considère un autre système de logarithmes, dans lequel les logarithmes soient indiqués par la notation log', on pourra prendre, dans ce système, les logarithmes des deux membres de l'égalité [2], et l'on aura :

$$n \log' A = m \log' B, \quad \text{d'où} \quad \frac{\log' A}{\log' B} = \frac{m}{n}. \qquad [3]$$

Par suite :

$$\frac{\log' A}{\log' B} = \frac{\log A}{\log B}. \qquad [4]$$

C'est ce qu'il fallait démontrer.

REMARQUE. La démonstration précédente suppose, que le rapport des deux logarithmes considérés est commensurable. S'il n'en était pas ainsi, on pourrait en considérer deux autres, aussi peu différents qu'on voudrait des premiers, et qui rempliraient cette condition : le théorème s'y appliquant, quelque rapprochés qu'ils soient des deux logarithmes proposés, nous regardons, comme évident, qu'il s'applique également à ceux-ci.

593. COROLLAIRE. On tire de l'égalité [4] :

$$\frac{\log' A}{\log A} = \frac{\log' B}{\log B}.$$ [5]

Ainsi, *le rapport des logarithmes d'un même nombre, dans deux systèmes différents, est le même pour tous les nombres.*

594. MODULE. Si, pour deux systèmes déterminés, on représente ce rapport constant par M, on a :

$$\log' A = M \log A.$$ [6]

Par conséquent, *lorsqu'on connaît les logarithmes de tous les nombres dans un certain système, pour avoir les logarithmes dans un autre système, il faut multiplier les premiers par un nombre constant* M. Ce nombre constant s'appelle le *module* du nouveau système par rapport au premier.

595. BASE. Il résulte du théorème précédent, qu'une table de logarithmes étant construite, on pourra en construire une seconde, pourvu que l'on connaisse un seul des logarithmes du nouveau système. Car on tire de l'égalité [4] :

$$\log' A = \log A \times \frac{\log' B}{\log B}.$$ [7]

Si donc on connaît $\log' B$, pour avoir le nouveau logarithme de A, il suffira de multiplier $\log A$ par le rapport connu $\dfrac{\log' B}{\log B}$.

Pour définir un système de logarithmes, on donne ordinairement le nombre qui a pour logarithme l'unité. Ce nombre se nomme la *base* du système.

La base du système vulgaire est 10.

596. CALCUL DU LOGARITHME D'UN NOMBRE DANS UN SYSTÈME QUELCONQUE. D'après ce qui précède, les tables de logarithmes vulgaires, calculées pour le cas où la base est 10, permettent de calculer le logarithme d'un nombre dans un système quelconque. Proposons-nous, par exemple, de calculer le logarithme de 7698, dans le système dont la base est 12. On trouve, dans les tables de Callet, que, dans le système dont la base est 10,

$$\log 7698 = 3,8863779, \qquad \log 12 = 1,0791812\mathord{.}.$$

Dans le système dont la base est 12, on a :

$$\log' 7698 = x, \qquad \log' 12 = 1.$$

Donc (**395**) : $\qquad x = 3,8863779 \times \dfrac{1}{1,07918125},$

ou $\qquad\qquad\qquad x = 3,60122815.$

597. CALCUL DE LA BASE D'UN SYSTÈME DANS LEQUEL ON CONNAIT LE LOGARITHME D'UN NOMBRE. Proposons-nous, par exemple, de trouver la base du système, dans lequel le logarithme de 25 est 0,78321. On a, dans ce système, en désignant la base par x :

$$\log' x = 1, \qquad \log' 25 = 0,78321.$$

Mais, dans le système vulgaire, on a :

$$\log 25 = 1,39794001,$$

Donc (**395**) : $\qquad \log x = \dfrac{1,39794001}{0,78321} = 1,7848853,$

et, par suite, $\qquad\qquad x = 60,93759.$

EXERCICES.

I. Quelle est la raison q d'une progression par quotient de 11 termes, dont le premier terme est 10, et dont le dernier est 100 ? Quelle est la somme S de cette progression ?

On trouve : $\qquad q = 1,258925, \quad S = 447,5910.$

II. Quelle est la base x d'un système de logarithmes dans lequel 6 est le logarithme de 729 ?

On trouve : $\qquad\qquad x = 3.$

III. Quelles sont les bases commensurables, telles que le logarithme de 20 soit commensurable ?

On trouve que la base est égale à 20^p, p étant entier.

IV. Quelle est la base x du système dans lequel un nombre entier donné a est égal à son logarithme ?

On trouve : $\qquad\qquad x = \sqrt[a]{a}.$

V. Résoudre le système :

$$x^2 + y^2 = a^2, \qquad \log x + \log y = \frac{m}{n}.$$

On remarque que la seconde équation équivaut à $xy = \sqrt[n]{10^m}$; et l'on est ramené à un problème connu.

VI. Résoudre le système :

$$x^4 + y^4 = a^4, \quad \log x + \log y = \frac{p}{q}.$$

Même méthode.

VII. Calculer l'expression :

$$x = \frac{\left(\sqrt[5]{3226727}\right)^6}{\left(\sqrt[7]{10732872}\right)^4}.$$

On trouve : $x = 6208,157.$

VIII. Calculer l'expression :

$$x = \frac{\left(\sqrt[12]{0,0000782567}\right)^{25}}{\left(\sqrt[16]{0,000389672}\right)^{30}}.$$

On trouve : $x = 0,006875045.$

IX. Calculer l'expression :

$$x = \frac{\sqrt[4]{(b^2 - a^2)^6 \times c^2}}{\sqrt[3]{a + d\sqrt{e}}},$$

dans laquelle $a = 4,528627$, $b = 21,72857$, $c = \frac{30}{59}$, $d = 0,00875$, $e = 4839$.

On trouve : $x = 3966,30.$

X. Calculer l'expression : $x = \frac{\sqrt[3]{a^2 + b\sqrt{c}}}{10\sqrt[4]{d - ae^2}},$

dans laquelle $a = 27,35825$, $b = 3,2782$, $c = \frac{52}{79}$, $d = 38,54$, $e = 0,003528.$

On trouve : $x = 0,3648341.$

———

CHAPITRE III.

DES INTÉRÊTS COMPOSÉS ET DES ANNUITÉS.

§ I. Des intérêts composés.

598. Définitions. Lorsqu'un *capital* est prêté pendant un certain temps, il produit un bénéfice que l'on nomme son *intérêt*. Le *taux* est l'intérêt que rapporte un capital de 100 fr. prêté pendant un an. Ordinairement le prêteur reçoit, à la fin de chaque année, les intérêts *simples* de son capital. Mais lorsque, au lieu de toucher ses intérêts, il les ajoute au capital, à mesure qu'ils sont *échus*, le capital augmente, les intérêts grandissent chaque année; et l'on dit alors que le capital est placé à *intérêts composés.*

Dans les formules que nous allons démontrer, nous représenterons le capital prêté par C, le capital accru de ses intérêts composés par A, et la durée du prêt (évaluée en années) par n. Nous désignerons par r l'intérêt rapporté par 1 franc en un an; de sorte que r sera le centième du taux.

399. FORMULE GÉNÉRALE DES INTÉRÊTS COMPOSÉS. Puisque 1^f rapporte r^f par an, et devient, par suite $(1 + r)$, au bout d'une année, un capital C deviendra, au bout du même temps, $C(1+r)$. Ainsi, pour calculer ce que devient un capital, placé pendant un an, il faut le multiplier par $(1 + r)$.

Ce capital $C(1+r)$, placé au commencement de la seconde année, pour un an, deviendra donc $C(1+r)(1+r)$, ou $C(1+r)^2$. Cette nouvelle somme, placée pendant une troisième année, se multiplie encore par $(1+r)$, et devient $C(1+r)^3$. Et, en général, la somme placée, se multipliant chaque année par $(1+r)$, devient après n années :

$$A = C(1+r)^n. \qquad [1]$$

C'est la formule des intérêts composés.

400. CAS OU LE TEMPS DU PLACEMENT COMPREND UNE FRACTION D'ANNÉE. Si la durée du prêt se compose de n années et de k jours, on calcule d'abord ce que devient le capital C, après n années, par la formule [1]. Puis, remarquant que 1 franc rapporte $\dfrac{kr}{t}$ en k jours, à intérêts simples (t est le nombre de jours de l'année), on en conclut, que 1 franc devient, après ce temps $\left(1 + \dfrac{kr}{t}\right)$, et que A devient $A\left(1 + \dfrac{kr}{t}\right)$. Donc, en désignant par A' le capital cherché, et en remplaçant A par sa valeur [1], on a :

$$A' = C(1+r)^n \left(1 + \frac{kr}{t}\right). \qquad [2]$$

401. PROBLÈMES. Ces formules servent à résoudre quelques problèmes, pour lesquels l'emploi des logarithmes est indispensable.

1° *Que devient une somme donnée* C, *placée à un taux donné* 100 r, *pendant un temps donné?* On emploie la formule [1] ou la formule [2], selon que le temps donné se compose d'un nombre exact n d'années, ou qu'il renferme, en outre, un nombre k de jours.

2° *Quelle somme faut-il placer aujourd'hui, à un taux donné* 100 r, *pour obtenir une somme déterminée* A, *après un temps donné?* On emploie encore l'une des formules [1] et [2]; et l'on a, suivant les cas :

$$[3] \qquad C = \frac{A}{(1+r)^n}, \quad \text{ou} \quad C = \frac{A}{(1+r)^n \left(1 + \dfrac{kr}{t}\right)}. \qquad [4]$$

3° *Un capital donné* C *a été placé aujourd'hui; il a produit une somme donnée* A, *après un temps donné. Quel est le taux de l'intérêt?* Si le temps est un nombre entier d'années, on tire de la formule [1] :

$$(1+r) = \sqrt[n]{\frac{A}{C}}. \qquad [5]$$

Mais, si le temps se compose de n années et de k jours, il faut employer l'équation [2], qui est du $(n+1)^{me}$ degré par rapport à r, et dont la résolution appartient à l'algèbre supérieure. On peut, cependant, par quelques tâtonnements convenablement dirigés, obtenir promptement une valeur approchée du taux. On remarque, en effet, que, d'après la formule,

$$A = C(1+r)^n \left(1 + \frac{kr}{t}\right), \qquad [2]$$

le capital A augmente avec le taux r, et diminue avec lui. Si donc on donne à r une première valeur arbitraire r', et qu'on calcule, par logarithmes, la valeur du second membre, on trouvera une valeur A', plus grande que A, si r' est trop grand, et plus petite que A, si r' est trop petit. En comparant la valeur trouvée A' avec la valeur donnée A, on saura donc, si r' est plus grand ou plus petit que le taux inconnu. On choisira, d'après cela, une autre valeur pour r, laquelle donnera lieu à un nouveau calcul et à une nouvelle comparaison; et, à l'aide de quelques essais, on resserrera aisément r entre deux limites, qui en fourniront promptement une valeur approchée.

4° *Pendant combien de temps faut-il placer un capital donné* C, *pour qu'il produise une somme déterminée* A, *à un taux donné* 100r? Comme on ne sait pas si le temps inconnu est ou n'est pas composé d'un nombre entier d'années, on n'a pas le droit d'employer la formule [1], qui a été construite pour le cas où n est entier. Cependant, si l'on en fait usage, on a :

$$(1+r)^n = \frac{A}{C};$$

d'où l'on tire, en prenant les logarithmes des deux membres, et en divisant ensuite par $\log (1+r)$:

$$n = \frac{\log A - \log C}{\log (1+r)}. \qquad [6]$$

Si le quotient de $(\log A - \log C)$ par $\log (1+r)$ est un nombre entier, il est évidemment le nombre d'années cherché; car la formule [6] entraîne la formule [1]. Si le quotient n'est pas entier, il faut en conclure que le temps inconnu n'est pas un nombre entier d'années. Cependant on peut prouver que, dans ce cas, *la partie entière du quotient est la partie entière du temps inconnu.* Car désignons par p et $(p+1)$ les deux nombres entiers consécutifs qui comprennent la fraction [6]; nous aurons :

$$p < \frac{\log A - \log C}{\log (1+r)} < p+1;$$

d'où l'on tire :

$$p \log (1+r) < \log A - \log C < (p+1) \log (1+r),$$

ou

$$\log (1+r)^p < \log \frac{A}{C} < \log (1+r)^{p+1}.$$

De là, revenant aux nombres, on conclut :

$$(1+r)^p < \frac{A}{C} < (1+r)^{p+1}, \quad \text{ou} \quad C(1+r)^p < A < C(1+r)^{p+1}, \quad [7]$$

inégalités qui prouvent le théorème énoncé.

Si l'on veut maintenant connaître le nombre k de jours qui complètent le temps cherché, on remarquera que la formule [2], que l'on aurait dû appliquer dans ce cas, donne, en y remplaçant n par p :

$$\log A = \log C + p \log(1+r) + \log\left(1 + \frac{kr}{t}\right):$$

d'où :
$$\frac{\log A - \log C}{\log(1+r)} = p + \frac{\log\left(1 + \frac{kr}{t}\right)}{\log(1+r)}.$$

Or p est le plus grand nombre entier contenu dans $\dfrac{\log A - \log C}{\log(1+r)}$. Si donc on désigne par R le reste de cette division, l'égalité précédente pourra s'écrire :

$$p + \frac{R}{\log(1+r)} = p + \frac{\log\left(1 + \frac{kr}{t}\right)}{\log(1+r)};$$

donc
$$\log\left(1 + \frac{kr}{t}\right) = R. \qquad [8]$$

On connaîtra donc le logarithme de $\left(1 + \dfrac{kr}{t}\right)$, et il sera facile d'en tirer $\left(1 + \dfrac{kr}{t}\right)$, et, par suite, k.

Donnons maintenant quelques applications numériques.

402. APPLICATIONS NUMÉRIQUES. EXEMPLE I. *Calculer ce que devient un capital de 8000 francs, au bout de 39 ans, au taux de $4\frac{1}{2}$ pour 100 par an.*

Formule [1] : $\qquad \log A = \log C + n \log(1+r)$.

$$\log C = \log 8000 = \ldots\ldots\ldots = 3,9030900$$
$$\log(1+r) = \log(1,045) = 0,0191162904$$
$$n \log(1+r) = 39 \log(1,045) = \ldots\ldots\ldots = 0,7455353$$
$$\log A = \ldots\ldots\ldots = 4,6486253;$$

d'où $\qquad\qquad A = 44527^f,19.$

EXEMPLE II. *Si l'on avait placé 1 centime à 5 pour 100, au commencement de l'ère chrétienne, que serait-il devenu, au commencement de l'année 1863, c'est-à-dire pendant 1862 ans ?*

Formule [1] : $\qquad \log A = \log C + n \log(1+r)$.

$$\log C = \log(0,01) = \ldots\ldots\ldots = \bar{2}$$
$$\log(1+r) = \log(1,05) = 0,02118929907$$
$$n \log(1+r) = 1862 \log(1,05) = \ldots\ldots\ldots = 39,3234475$$
$$\log A = \ldots\ldots\ldots = 37,3234475;$$

d'où : $\qquad$ A $= 21059472 \times 10^{30}$ francs (approximativement),

nombre de 38 chiffres.

Afin de représenter cette somme énorme sous une forme plus appréciable, calculons les dimensions d'une sphère en or, qui équivaut à la somme indiquée.

La densité de l'or est 19,5, et le prix du kilogramme d'or est $\dfrac{31000}{9}$ de franc.

Désignons, pour cela, par x le rayon de la sphère en mètres; son volume sera $\dfrac{4\pi x^3}{3}$; son poids sera donc $\dfrac{4\pi x^3}{3} \times 19500$ kilogrammes; et, par suite, sa valeur en francs sera $\dfrac{4\pi x^3}{3} \times 19500 \times \dfrac{31000}{9}$. On aura donc :

$$A = \frac{4\pi x^3 \times 19500 \times 31000}{27};$$

et, par suite :

$$x^3 = \frac{27A}{4\pi \times 19500 \times 31000}.$$

$$
\begin{aligned}
\log 27 &= 1,43136376 \\
\log A &= 37,32344749 \\
C^t \log 4 - 10 &= \overline{1},39794001 \\
C^t \log \pi - 10 &= \overline{1},50285013 \\
C^t \log 19500 - 10 &= \overline{5},70996539 \\
C^t \log 31000 - 10 &= \overline{5},50863831 \\
\hline
\log x^3 &= 28,87420509, \\
\log x &= 9,6247350;
\end{aligned}
$$

d'où : $\qquad x = 4214392 \times 10^3$ mètres.

Ainsi le rayon de la sphère vaut à peu près 4214392 kilomètres; et son volume serait, par conséquent, plus de 290 millions de fois le volume de la terre.

EXEMPLE III. *Quelle est la valeur actuelle d'une somme de 7220 fr. payable dans 33 ans, l'intérêt étant à 5 pour 100 par an?*

Formule [3] : $\qquad \log C = \log A - n \log (1+r)$.

$$
\begin{aligned}
\log A = \log 7220 &= \ldots\ldots\ldots = 3,85853720 \\
\log (1+r) = \log (1,05) &= 0,021189299 \\
n \log (1+r) = 33 \log (1,05) &= \ldots\ldots\ldots = 0,69924687 \\
\hline
\log C &= \ldots\ldots\ldots = 3,15929033;
\end{aligned}
$$

d'où $\qquad$ C $= 1443^f,08.$

Et cette somme deviendra, par accumulation des intérêts à 5 pour 100, et pendant 33 ans, 7220 fr.

EXEMPLE IV. *Une somme de 28895 fr. a été placée, il y a 73 ans : elle a produit 250000 fr. Quel était le taux de l'intérêt?*

Formule [5] : $\qquad \log (1+r) = \dfrac{\log A - \log C}{n}.$

$$\log A = \log 250000 = 5,3979409$$
$$\log C = \log \;\;28895 = 4,4608227$$
$$\log A - \log C = \overline{0,9371173};$$
$$\log (1 + r) = 0,01283722 \,;$$

d'où : $1 + r = 1,03000.$

Le taux de l'intérêt est donc 3 pour 100.

EXEMPLE V. *En combien de temps un capital de 7700 fr. devient-il 42850 fr., l'intérêt étant à 4 pour 100 par an ?*

Formule [6] : $n = \dfrac{\log A - \log C}{\log (1 + r)}.$

$$\log A = \log 42850 = 4,6319508$$
$$\log C = \log 7700 \;\;= 3,8864907$$
$$\log A - \log C = \overline{0,7454601},$$
$$\log (1 + r) = \log (1,04) = 0,0170333.$$

Donc n est la partie entière du quotient $\dfrac{0,7454601}{0,0170333}$. On trouve :

$$n = 43 \text{ ans}, \quad \text{et} \quad R = 0,0130282.$$

Donc, formule [8] : $\log \left(1 + \dfrac{kr}{t}\right) = 0,0130282.$

Par suite : $1 + \dfrac{kr}{t} = 1,030453.$

De là : $\dfrac{kr}{t} = 0,030453,$ et $k = \dfrac{0,030453 \times 365}{0,04} = 278.$

Ainsi le temps cherché est 43 ans, 278 jours.

§ II. Des annuités.

403. DÉFINITION. Une personne emprunte aujourd'hui une somme C, pour n années, au taux r pour un franc : pour s'acquitter, elle paye, à la fin de chaque année, une somme déterminée a, calculée de manière qu'après n payements égaux à a, elle a tout remboursé, capital et intérêts composés. La somme a, qu'elle donne ainsi annuellement, se nomme *annuité*.

404. FORMULE GÉNÉRALE DES ANNUITÉS. Proposons-nous de trouver la formule qui lie le capital C, l'annuité a, le taux r et la durée n du prêt.

PREMIÈRE MÉTHODE. Si l'emprunteur attendait, pour opérer le remboursement de sa dette, la fin de la n^e année, il devrait, à cette époque (**399**), $C(1+r)^n$. Mais il paye, à la fin de la première année, une première somme a; en avançant ainsi de $(n-1)$ années ce remboursement partiel, il se libère d'une somme dont la valeur, dans le compte final, doit être égale à $a(1+r)^{n-1}$; car elle aurait porté intérêt, pendant $(n-1)$ années, entre ses mains, s'il l'avait gardée. De même la somme a, payée à la fin de la seconde année, équivaut à une somme $a(1+r)^{n-2}$, payée à la fin des n années. On verra, de la même manière, que la somme a, payée à la fin de l'avant-dernière année, doit être comptée pour une valeur égale à $a(1+r)$; et que la somme a, payée à la fin de la n^e année, entre dans le compte final pour sa valeur a. On doit donc avoir l'équation :

$$C(1+r)^n = a(1+r)^{n-1} + a(1+r)^{n-2} + \ldots\ldots + a(1+r) + a.$$

Comme le second membre, étant renversé, est la somme des n termes d'une progression géométrique croissante, dont le premier terme est a, et la raison $(1+r)$, on applique la formule [7] du n° **547**, et l'on a :

$$C(1+r)^n = \frac{a(1+r)^n - a}{r},$$

ou, en chassant le dénominateur r,

$$a\{(1+r)^n - 1\} = Cr(1+r)^n. \qquad [1]$$

Telle est la formule générale des annuités.

405. Deuxième méthode. On peut obtenir cette formule d'une autre manière. L'emprunteur, recevant aujourd'hui une somme C, doit, à la fin de la première année, $C(1+r)$; comme il rembourse alors une somme a, sa dette se réduit à $C(1+r) - a$. A la fin de la seconde année, cette dette s'est accrue des intérêts d'un an; elle est donc devenue $\{C(1+r) - a\}(1+r)$, ou $C(1+r)^2 - a(1+r)$; mais alors il rembourse une nouvelle somme a; ce qui réduit la dette à $C(1+r)^2 - a(1+r) - a$. Il est évident, qu'à la fin de la troisième année, cette dette qui s'est augmentée des intérêts d'un an, mais qui s'est diminuée d'une nouvelle annuité a, est égale à $C(1+r)^3 - a(1+r)^2 - a(1+r) - a$. Et, à la fin de la n^{me} année, elle est égale à

$$C(1+r)^n - a(1+r)^{n-1} - \ldots - a(1+r) - a.$$

Or, à cette époque, elle doit être nulle; il faut donc que l'expression précédente soit égale à zéro ; et, par suite, que l'on ait l'équation :

$$C(1+r)^n = a(1+r)^{n-1} + a(1+r)^{n-2} + \ldots + a(1+r) + a,$$

comme dans la première méthode.

406. REMARQUE. On peut enfin arriver à la formule [1], sans avoir à sommer une progression par quotient. Supposons, en effet, qu'un individu prête à un autre une somme $\frac{a}{r}$, pour n années. Le débiteur devra payer, chaque année, l'intérêt simple $\frac{a}{r} \times r$ ou a ; et, à la fin, il devra encore la somme empruntée $\frac{a}{r}$. Or, concevons que cet intérêt soit versé, au moment où il est dû, entre les mains d'une personne tierce, chargée de le faire valoir, cette dernière recevra ainsi, par annuités, n sommes égales à a ; et elle aura entre les mains, après les n années, tout ce dont le capital $\frac{a}{r}$ s'est *bonifié* pendant ce temps. Or cette augmentation du capital est $\frac{a}{r}(1+r)^n - \frac{a}{r}$. Donc cette expression représente le total des annuités remboursées ; et comme, par hypothèse, ces remboursements doivent acquitter la dette, on doit avoir :

$$\frac{a}{r}(1+r)^n - \frac{a}{r} = C(1+r)^n,$$

formule qui ne diffère pas de l'équation [1].

407. PROBLÈMES. La formule [1] sert à résoudre quatre problèmes différents, suivant que l'on prend pour inconnue l'une ou l'autre des quatre lettres qui y entrent.

1° *Quelle annuité* a *faut-il payer, à la fin de chaque année, pour amortir, en* n *années, un emprunt donné* C, *et ses intérêts composés, le taux étant* r *pour* 1 *franc?* La formule [1] donne :

$$a = \frac{Cr(1+r)^n}{(1+r)^n - 1}. \qquad [2]$$

Pour appliquer cette formule, on calcule d'abord $(1+r)^n$ par

logarithmes; on en retranche l'unité, ce qui donne le dénominateur. Puis, à l'aide de la formule :

$$\log a = \log Cr + n \log (1+r) - \log \{ (1+r)^n - 1 \},$$

on calcule $\log a$, et, par suite, a.

2° *Quelle somme C peut-on emprunter aujourd'hui, en offrant de
la rembourser, en n années, par n annuités égales à a, le taux étant
r pour un franc ?* La formule [1] donne :

$$C = \frac{a \{ (1+r)^n - 1 \}}{r(1+r)^n}. \qquad [3]$$

Même observation que ci-dessus pour le calcul par logarithmes.

3° *On emprunte aujourd'hui une somme C, au taux r; on se propose de la rembourser, au moyen d'annuités égales à a; pendant
quel temps devra-t-on payer l'annuité ?* La formule [1] donne, en
la résolvant par rapport à $(1+r)^n$:

$$(1+r)^n = \frac{a}{a - Cr},$$

d'où l'on conclut :

$$n = \frac{\log a - \log (a - Cr)}{\log (1+r)}. \qquad [4]$$

Le problème n'est possible, que lorsque $(a - Cr)$ est positif ;
car les nombres négatifs n'ont pas de logarithmes réels. On voit,
d'ailleurs, *a priori*, qu'il doit en être ainsi; car Cr représente
l'intérêt simple du capital prêté; et il est évident que l'annuité
a doit être supérieure à cet intérêt, pour qu'on arrive à rembourser la dette.

Si la formule [4] donne pour n un nombre entier, ce nombre
résoudra la question. Mais si la division ne se fait pas exactement, le problème est impossible. Cependant, on peut prouver
que, dans ce cas, *si l'on désigne par p et (p + 1) les deux nombres
entiers consécutifs qui comprennent la fraction [4], un nombre* p
*d'annuités n'acquitterait pas la dette, tandis qu'une annuité de
plus serait plus que suffisante.* En effet, puisque l'on a :

$$p < \frac{\log a - \log (a - Cr)}{\log (1+r)} < p+1,$$

on aura aussi :

$$p \log (1+r) < \log a - \log (a - Cr) < (p+1) \log (1+r),$$

ou $$\log (1+r)^p < \log \frac{a}{a-Cr} < \log (1+r)^{p+1} ;$$

et, par suite, $$(1+r)^p < \frac{a}{a-Cr} < (1+r)^{p+1}.$$

On peut encore chasser le dénominateur, puisqu'il est positif ;

et il vient : $(a - Cr)(1+r)^r < a < (a - Cr)(1+r)^{p+1}$;

d'où l'on tire aisément :

$$\frac{a\{(1+r)^p - 1\}}{r} < C(1+r)^p, \quad \frac{a\{(1+r)^{p+1} - 1\}}{r} > C(1+r)^{p+1}.$$

Ces deux inégalités prouvent la proposition énoncée.

On appliquera donc, dans tous les cas, la formule [4]; elle donnera le nombre p des annuités à payer; s'il y a un reste, on calculera facilement la différence, $C(1+r)^p - \dfrac{a\{(1+r)^p - 1\}}{r}$, due au commencement de la $(p+1)^{\text{me}}$ année; et l'on en fera l'objet d'un payement spécial, ou d'une convention particulière.

4° *On emprunte aujourd'hui une somme* C, *et l'on se propose de la rembourser, avec ses intérêts composés, en payant, pendant* n *années une annuité* a; *quel est le taux de l'intérêt?*

La formule [1] est, par rapport à r, une équation du $(n+1)^{\text{me}}$ degré, qu'on ne peut résoudre qu'à l'aide de procédés particuliers. On arrive promptement à une valeur approchée de r, en s'appuyant sur la remarque suivante.

Lorsque C *et* a *sont donnés, le nombre* n *des annuités augmente ou diminue, quand le taux* r *augmente ou diminue lui-même*. Il suffit, en effet, pour s'en assurer, de reprendre la seconde méthode (405), qui fournit la formule générale des annuités; on reconnaît que la dette, à la fin de la première année, $C(1+r) - a$, est d'autant plus grande que r est plus grand ; qu'il en est de même à la fin de chaque année, puisqu'on multiplie chaque fois la dette précédente par $(1+r)$, et qu'on diminue ensuite le produit d'une quantité fixe a. Par conséquent, si n payements suffisent pour annuler la dette, lorsque le taux a une certaine valeur r, ils ne suffiront plus, lorsque le taux sera plus élevé.

Cela posé, reprenons la formule [1] sous la forme :

$$n = \frac{\log a - \log (a - Cr)}{\log (1 + r)}, \qquad [4]$$

formule dans laquelle r est l'inconnue. Si l'on donne arbitrairement à r une valeur r', et que cette valeur soit moindre que celle que l'on cherche, la valeur correspondante n' de la fraction [4] sera moindre que la valeur donnée n; et au contraire, n' sera plus grand que n, si r' est plus grand que r. On saura donc, en comparant n' à n, si la valeur, attribuée arbitrairement à r, est trop forte ou trop faible; et l'on pourra, par suite, à l'aide de quelques tâtonnements convenablement dirigés, obtenir rapidement une valeur suffisamment approchée de r.

408. APPLICATIONS NUMÉRIQUES. EXEMPLE I. *Quelle est l'annuité qui amortit, en 51 ans, une somme de 34 600 fr., l'intérêt étant à 4 pour 100 par an ?*

Formule [2] : $\log a = \log Cr + n \log (1 + r) - \log \{ (1+r)^n - 1 \}$.

$$\log (1 + r) = \log (1,04) = 0,0170333393$$

$$n \log (1 + r) = 51 \log (1,04) = 0,8687003;$$

d'où : $\qquad (1 + r)^n = 7,390950.$

Cela posé :

$$\log Cr = \log 1384 \ldots\ldots\ldots\ldots\ldots\ldots\ldots = 3,1411361$$
$$n \log (1 + r) = \ldots\ldots\ldots\ldots\ldots\ldots\ldots = 0,8687003$$
$$\log \{ (1+r)^n - 1 \} = \log 6,39095 = 0,8055654$$
$$C' \log \{ (1+r)^n - 1 \} - 10 = \ldots\ldots\ldots\ldots = \overline{1},1944346$$
$$\log a = \ldots\ldots\ldots\ldots\ldots\ldots\ldots\ldots\ldots = 3,2042710.$$

Donc : $\qquad x = 1600^f,556.$

EXEMPLE II. *On place, au commencement de chaque année, une somme de 50 fr. au taux de 6 pour 100 : quelle somme x devra-t-on recevoir au bout de 24 ans ?*

Formule : $\qquad x = \dfrac{a \{ (1+r)^{n+1} - (1+r) \}}{r}.$

$$\log (1 + r) = \log (1,06) = 0,0253058653$$

$$(n + 1) \log (1 + r) = 25 \log (1,06) = 0,6326466;$$

d'où : $\qquad (1 + r)^{n+1} = 4,29187;$

or : $\qquad 1 + r = 1,06$

donc : $\qquad (1 + r)^{n+1} - (1 + r) = 3,23187.$

Cela posé :

$$\log a = \log 50 = 1,6989700$$
$$\log \{ (1+r)^{n+1} - (1+r) \} = \log 3,23187 = 0,5094539$$
$$C^t \log r - 10 = C^t \log 0,06 - 10 = \overline{1,2218488}$$
$$\log x = 3,4302727$$

Donc : $x = 2693^f,225.$

EXEMPLE III. *Quelle somme* C *peut-on emprunter aujourd'hui, en offrant de payer, pendant* 37 *ans, une annuité de* 825 *fr. le taux étant à* $4\frac{1}{2}$ *pour* 100?

Formule [3] :

$$\log C = \log a + \log \{ (1+r)^n - 1 \} - \log (1+r)^n - \log r.$$

$$\log (1+r) = \log (1,045) = 0,01911629$$

$$n \log (1+r) = 37 \log (1,045) = 0,7073027;$$

d'où : $(1+r)^n = 5,09686.$

Cela posé :

$$\log a = \log 825 = 2,9164540$$
$$\log \{ (1+r)^n - 1 \} = \log 4,09686 = 0,6124512$$
$$C^t \log (1+r)^n - 10 = \ldots\ldots\ldots = \overline{1,2926973}$$
$$C^t \log r - 10 = C^t \log 0,045 - 10 = 1,3467875$$
$$\log C = 4,1683900;$$

d'où $C = 14736^f,35.$

EXEMPLE IV. *En combien de temps une somme de* 260 000 *fr. sera-t-elle amortie par une annuité de* 10000 *fr., au taux de* $3\frac{1}{4}$ *pour* 100?

Formule [4] : $$n = \frac{\log a - \log (a - Cr)}{\log (1+r)};$$

$$\log a = \log 10000 = 4$$
$$\log (a - Cr) = \log 1550 = 3,1903317$$
$$\log a - \log (a - Cr) = 0,8096683$$

$$\log (1+r) = \log (1,0325) = 0,0138901.$$

Donc : $$n = \frac{0,8096683}{0,0138901} = 58\ldots\ldots$$

On devra donc payer 58 annuités de 10 000 fr. Mais, comme la division laisse un reste, la somme donnée ne sera pas amortie entièrement. Pour terminer le compte, il faut calculer, d'une part, ce qui est dû au bout de 58 ans, c'est-à-dire $s = 260000 \times (1,0325)^{58}$; calculer, de l'autre, ce qui a été payé par les annuités, c'est-à-dire $p = \dfrac{10000 \times \{ (1.0325)^{58} - 1 \}}{0,0325}$; et prendre la différence $(s - p).$

log 260000 = 5,41497335   log 10000 = 4

58 log (1,0325) = 0,80562348 |log 5,391804 = 0,7317341

log s = 6,22059683;   C^t log 0,0325 — 10 = 1,4881166

d'où : s = 1661869^f.   log p = 6,2198507;

De plus $(1,0325)^{58}$ = 6,391804. p = 1659017^f.

Donc la somme qui reste due, $(s — p)$ = 2852 fr.

EXEMPLE V. *On emprunte aujourd'hui une somme de* 35 000 *fr.; on la rembourse, ainsi que ses intérêts composés, par* 52 *annuités de* 1600 *fr. chacune. Quel est le taux de l'intérêt ?*

Formule [4] : $$n = \frac{\log a - \log (a - Cr)}{\log (1 + r)}.$$

Supposons d'abord : r=0,04 ; il en résulte : $a — Cr$ = 200.

$$\log a = \log 1600 = 3,2041200$$
$$\log (a — Cr) = \log 200 = 2,3010300$$
$$\log a — \log (a — Cr) = 0,9030900;$$
$$\log (1 + r) = \log (1,04) = 0,0170333.$$

En divisant 0,9030900 par 0,0170333, on trouve pour quotient 53, nombre plus grand que 52. Donc le taux est moindre que 4.

. Supposons r = 0,035; alors $a — Cr$ = 375.

$$\log a = \log 1600 = 3,2041200$$
$$\log (a — Cr) = \log 375 = 2,5740313$$
$$\log a — \log (a — Cr) = 0,6300887;$$
$$\log (1 + r) = \log (1,035) = 0,0149403.$$

En divisant 0,6300887 par 0,0149403, on trouve pour quotient 42, nombre beaucoup trop faible. Donc le taux est beaucoup plus voisin de 4 que de $3\frac{1}{2}$.

Supposons donc r = 0,039; alors $a — Cr$ = 235.

$$\log a = \log 1600 = 3,2041200$$
$$\log (a — Cr) = \log 235 = 2,3710679$$
$$\log a — \log (a — Cr) = 0,8330521;$$
$$\log (1 + r) = \log (1,039) = 0,0166155.$$

Le quotient de 0,8330521 par 0,0166155 est 50, nombre trop faible : donc le taux est supérieur à 3,90.

Supposons r = 0,0395; alors $a — Cr$ = 217,50.

$$\log a = \log 1600 = 3,2041200$$
$$\log (a — Cr) = \log 217,50 = 2,3374593$$
$$\log a — \log (a — Cr) = 0,8666607;$$
$$\log (1 + r) = \log (1,0395) = 0,0168245.$$

Le quotient de 0,8666607 par 0,0168245 donne 51 Le taux est donc supérieur à 3^f,95. Il est donc compris entre 3^f,95 et 4. On le connaît ainsi à 0^f,05 près ; et l'on peut aisément pousser plus loin l'approximation.

409. CAS DES RENTES PERPÉTUELLES. La valeur de l'annuité a, destinée à acquitter un emprunt C, dans un temps donné n, diminue quand n augmente : car, en divisant les deux termes du second membre par $(1+r)^n$, la formule [2] peut s'écrire :

$$a = \frac{Cr}{1 - \dfrac{1}{(1+r)^n}};$$

et l'on voit que, plus n est grand, plus $\dfrac{1}{(1+r)^n}$ est petit ; plus le dénominateur est grand, et plus la valeur de a est petite. Si donc l'époque du remboursement s'éloigne indéfiniment, c'est-à-dire, si n grandit indéfiniment, la valeur de a, toujours supérieure à Cr, puisque le dénominateur est moindre que 1, diminue, et a pour limite Cr, c'est-à-dire l'intérêt simple de la somme prêtée. C'est le cas de la rente perpétuelle.

EXERCICES.

I. Un capital de 8500 francs est placé à $4\frac{1}{2}$ pour 100 : que devient-il au bout de 41 ans ?

On trouve 51663^f,86.

II. Une population de 200000 âmes augmente par an de $1\frac{1}{4}$ pour 100 : à combien montera-t-elle dans un siècle ?

On trouve 692681.

III. Combien de temps un capital de 3500 francs doit-il être placé, à 5 pour 100, pour s'élever à la même somme que 4300 francs, placés à 4 pour 100, pendant 18 ans ?

On trouve 18^{ans},75^{jours}.

IV. Deux capitaux sont placés à intérêts composés : l'un de 38000 francs, à $4\frac{1}{2}$ pour 100; l'autre de 99398 francs, à $3\frac{1}{2}$ pour 100 ; en combien de temps s'élèveront-ils à la même somme ?

On trouve 100 ans.

V. Quelle est la valeur actuelle d'une rente annuelle de 1500 francs, payable pendant 36 ans, l'intérêt étant à 5 pour 100, et le premier payement devant se faire dans un an ?

La formule est :

$$A = \frac{1500 \times \{ (1,05)^{36} - 1 \}}{(1,05)^{36} \times 0,05} ;$$

et l'on trouve 24820^r,32.

VI. On veut payer une dette de 25000 francs, en 7 payements annuels égaux, l'intérêt étant à 4 pour 100. Quelle doit être la valeur de l'annuité?

On trouve 4165^r,16.

VII. Quelle est l'annuité qui amortit en 48 ans, un emprunt de 36000 francs, au taux de $3\frac{3}{4}$ pour 100 ?

On trouve 1628^r,14.

VIII. On veut acheter une rente de 3000 francs pour 91650 francs. Pour combien d'années, à raison de 3 pour 100, doit-on concéder la rente?

On trouve 84 ans.

IX. Quelle est la valeur actuelle, au taux de 5 pour 100, de 24 annuités, dont la première est de 1000 francs, payable dans un an, et qui croissent en progression géométrique dont la raison est $\frac{11}{10}$? Calculer le montant de la dernière annuité.

La formule est :

$$S = \frac{a}{1+r} \times \frac{\left(\dfrac{q}{1+r}\right)^n - 1}{\dfrac{q}{1+r} - 1},$$

dans laquelle : $a = 1000$, $q = \dfrac{11}{10}$, $r = 0,05$, $n = 24$.

On trouve : $S = 50817^r,41$.

La dernière annuité est de 8954^r,30.

X. Un ouvrier dépose, au commencement de chaque semaine, une somme a à la caisse d'épargne, pendant n années consécutives. Quel est, après ce temps, le montant M de son livret, le taux étant r pour 1 franc, et les intérêts se capitalisant à la fin de chaque année?

On trouve : $M = a\left(52 + \dfrac{53r}{2}\right)\dfrac{(1+r)^n - 1}{r}.$

XI. Une personne verse, dans une banque de prévoyance, une somme v, au commencement de chaque année, pendant n années consécutives. On demande quelle somme a elle doit recevoir, au commencement de chaque année, pendant les 2n années suivantes, pour être entièrement remboursée de ses avances.

On trouve : $a = \dfrac{v(1+r)^n}{(1+r)^n + 1}.$

XII. Les conditions étant les mêmes que dans le problème précédent, quel doit être le nombre n, pour que la somme a soit au moins égale à k fois la somme v?

On trouve la condition :

$$(1 + r)^n \geqq \frac{k + \sqrt{k(k+4)}}{2},$$

d'où l'on déduit une limite inférieure pour n.

FIN DE LA PREMIÈRE PARTIE.

TABLE DES MATIÈRES.

FIN DE LA TABLE.

PARIS. — TYPOGRAPHIE LAHURE
Rue de Fleurus, 9

www.ingramcontent.com/pod-product-compliance
Lightning Source LLC
Chambersburg PA
CBHW060139200326
41518CB00008B/1080